Bis(s) ins Innere des Protons

Boris Lemmer

Bis(s) ins Innere des Protons

Ein Science Slam durch die Welt
der Elementarteilchen, der Beschleuniger
und Supernerds

 Springer Spektrum

Boris Lemmer
II. Physikalisches Institut
Georg-August-Universität Göttingen
Göttingen, Deutschland
boris.lemmer@cern.ch

ISBN 978-3-642-37713-6   ISBN 978-3-642-37714-3 (eBook)
DOI 10.1007/978-3-642-37714-3

Die Deutsche Nationalbibliothek verzeichnet diese Publikation in der Deutschen Nationalbibliografie;
detaillierte bibliografische Daten sind im Internet über http://dnb.d-nb.de abrufbar.

Springer Spektrum

Planung und Lektorat: Dr. Vera Spillner, Anja Groth
Einbandentwurf: deblik, Berlin
Einbandabbildung: Foto: © Konrad Gös
Korrektorat: Redaktion ALUAN, Köln

Gedruckt auf säurefreiem und chlorfrei gebleichtem Papier.

Springer Spektrum ist eine Marke von Springer DE. Springer DE ist Teil der Fachverlagsgruppe Springer
Science+Business Media
www.springer-spektrum.de

Vorwort

„Die Lokführer streiken am Wochenende" lese ich in der Zeitung. Was ein Lokführer macht, kann ich mir recht gut vorstellen. Und was passiert, wenn er seine Arbeit nicht macht, auch. Auf den Bahngleisen wird nichts los sein, dafür aber in den Bahnhöfen umso mehr. Vielleicht sollte ich für den Besuch bei meinen Eltern ein paar Stunden mehr einplanen. Vielleicht sollte ich ihn auch ganz bleiben lassen. Es gibt aber auch Menschen mit Berufen, von denen wir im Alltag eher weniger mitbekommen. O. k., ein Wissenschaftler forscht. Vielleicht macht er dabei Dinge und benutzt Formeln, die man nicht so leicht versteht. Wenn zum Beispiel ein Mediziner forscht, wird er vielleicht einmal Medikamente und Therapieformen erfinden, die Menschen heilen. Das versteht man. Es gibt da aber noch so eine ganz besondere Spezies der Wissenschaftler: die Teilchenphysiker. Die kennt man jetzt aus dem Alltag eher nicht so sehr. Teilchenphysiker sind Menschen, die nachts in den Himmel schauen und dabei ins Staunen kommen. Tausende von Sternen, und dann auch noch so viel drumherum, das man nicht sehen kann. Da fragen sie sich: „Aus was besteht unser Universum eigentlich? Wie funktioniert es?" Und das, obwohl sie selbst im Vergleich dazu so winzig sind. Teilchenphysiker sind Menschen, die sich morgens beim Schmieren ihres Wurstbrots auf die Hand schauen und zu sich sagen: „Millionen von Zellen mit Millionen winziger Moleküle, die ihre Arbeit erledigen. Woraus die wohl bestehen und was sie wohl zusammenhält?" Teilchenphysiker haben ihre kindliche Neugierde zum Beruf gemacht und gehen dabei an die Grenzen unserer Vorstellung und vielleicht noch darüber hinaus. Sie wollen an jede Frage ein „Und woraus besteht das? Und das dann wiederum?" dranhängen. Für ihre Experimente gehen sie an die Grenzen des technisch Machbaren. Und bei ihrer Arbeit überschreiten sie jede Grenze von Kultur, Herkunft und Politik.

Der typische Physiker ist nicht gerade eine Rampensau, die die Bühne sucht, hinaufrennt und sagt: „So, ich erzähl euch jetzt mal was über Physik! Ist gar nicht schwer, könnt ihr alle verstehen! Und witzig wird's auch!" Noch dazu geht der typische Nicht-Physiker auch nicht gerade abends mit Freunden in einen Hörsaal, wo vorne eine Handvoll Physiker auf der Bühne stehen, um sich dann erzählen zu lassen, was die Jungs so forschen. So weit die Vorurteile. Die hatte ich auch. Doch im Februar 2011 musste ich mich eines Besseren belehren lassen. Meine Freunde leiteten mir eine Mail weiter und schrieben dazu: „Mach da auch mal mit!" Es ging um einen *Science Slam*. Das ist eine Veranstaltung, bei der tatsächlich eine Handvoll junger Forscher auf die Bühne geht und die Jungs dann in zehn Minuten auf unterhaltsame und verständliche Weise erzählen, was sie so forschen. Im Publikum sitzen ganz normale Menschen, jung und alt. Und die wollen etwas lernen und dabei lachen. Tun sie auch. Zu solchen Science Slams kommen sogar über 1000 Menschen, trinken Bier und haben Spaß. Und am Ende darf das Publikum dann einen Sieger bestimmen, der den schönsten Vortrag gehalten hat. Dazu gibt's dann noch einen symbolischen Preis. In Münster ist das z. B. ein Plastikhirn im Einmachglas. Zugegeben, ich fand das Konzept des Science Slams an sich schön und interessant. Aber selbst auf die Bühne gehen? Nee, nee. Zum Glück blieben meine Freunde und Kollegen hart und haben mich dazu gedrängt, selbst mitzumachen. Am 2. Februar 2011 stand ich dann zum ersten Mal auf der Bühne, beim Science Slam der IdeenExpo in Hannover. Boah, war ich nervös. Ich sprach zehn Minuten über Teilchenphysik und die Menge hat getobt. Total irre. In den Vortrag hatte ich viel Arbeit gesteckt und mich gefragt: „Was ist denn besonders spannend?" Und eigentlich habe ich versucht, all das, was in diesem Buch steht, in zehn Minuten zu erklären. Als Titel brauchte ich einen Wortwitz, am besten in Verbindung mit einem Film, den jeder kennt. Kommt immer gut. Und so kam es dann zu *Elementarteilchen – Bis(s) ins Innere des Protons*. Denn im Proton, da passiert so einiges. Und es ist verrückt, total verrückt. Daher werden wir in diesem Buch auch mal tief ins Proton reinbeißen und bis in sein Innerestes schauen – und noch weiter!

Zugegeben, Teilchenphysiker sitzen auch nicht unbedingt bei Stefan Raab oder Günther Jauch auf dem Sofa und plaudern munter drauf los, was sie so tun: Wie sie rausfinden, woraus wir gemacht sind. Wie sie 27 km lange Tunnel graben, eine gigantische Maschine hineinbauen, Teilchen auf nahezu Lichtgeschwindigkeit beschleunigen und zur Kollision bringen. Wie sie dabei aus dem Nichts pure Energie in Materie umwandeln, von der zuvor noch kein Mensch wusste, dass sie existiert. Wie sie Maschinen entwickeln, die von diesen Kollisionen Fotos machen müssen, und zwar 40 Millionen Mal pro Sekunde. Wie sie mit 3000 Kollegen aus allen Ecken der Welt an einem Experiment arbeiten, am Tag, in der Nacht und am Wochenende. Ohne bezahlte Überstunden, getrieben nur von ihrer Neugierde. Und wie sie dabei ganz beiläufig Dinge wie das World Wide Web entwickeln und an den Rest der Welt völlig selbstverständlich weitergeben, auch ohne Bezahlung.

Wer jetzt denkt, dass solche Leute durchaus mal bei Raab oder Jauch auf dem Sofa sitzen könnten und dass er selbst gerne mehr davon hören würde, den lade ich herzlich ein, weiterzulesen. Wer jetzt denkt, dass all die Sachen, die Teilchenphysiker machen, unverständlich sind und man sowieso nichts verstehen werde, den lade ich ebenso herzlich ein, weiterzulesen. Denn auch die kompliziertesten Dinge lassen sich immer durch praktische Beispiele aus dem Alltag darstellen: die Grundlage der Kernfusion beispielsweise durch zwei Äffchen auf Skateboards, die sich einen Medizinball zuwerfen. Also: Bereit für eine Reise durch die Welt der Elementarteilchen? Bereit, selbst ein Experte zu werden? Dann mal los!

Hier rasch noch ein paar nützliche Informationen: An einigen Stellen des Buches befinden sich Links zu Websites und Videos, die einige Dinge anschaulich erklären. So kann man zum Beispiel ein Stück eines Teilchenbeschleunigers am CERN direkt anschauen, nachdem man gelernt hat, wie er funktioniert. Für solche Links werden sogenannte QR-Codes verwendet. Man kann sie mit dem Handy und einem entsprechenden Programm scannen und direkt zum Link gelangen. Alternativ sind aber auch noch mal alle Links auf folgender Seite gesammelt: http://buchlinks.borislemmer.de

Während die Links Dinge oft besonders anschaulich darstellen, gibt es manchmal Erklärungen, die etwas in die Tiefe und ins Abstrakte gehen. Da braucht man dann auch schon mal echte Formeln. Solche Abschnitte sind in den „Schlauboxen" untergebracht. Man erkennt sie leicht und muss sie auch nicht unbedingt lesen, um zu verstehen, wie es weitergeht. Aber alle Interessierten sind herzlich eingeladen, einen Blick darauf zu werfen.

Mein herzlicher Dank gilt an dieser Stelle all den Menschen, die mir bei der Entstehung des Buches behilflich waren. Anja Groth und Vera Spillner von Springer Spektrum danke ich für die hervorragende Zusammenarbeit. Besten Dank auch an all die freundlichen Bild-Spender, die unter der jeweiligen Abbildung erwähnt werden. Sie halfen, dieses Buch so lebendig zu machen. Insbesondere danken möchte ich ich Dana Burghardt, CERN, Matthias George, John Jowett, Andrea Knue, Alexander Wastl sowie den Foto-Models Lisa Brück, Julia Geller, Linda Pfaff und Joana Schulze.

Inhaltsverzeichnis

1

Kindlicher Spieltrieb: Motivation und Leben der Teilchenphysiker

© Boris Lemmer

In meinem Alter falle ich ja nicht mehr auf Tricks rein. Vor allem nicht als Physiker. Jeder von uns kennt es: das Süßigkeitenregal im Supermarkt direkt vor der Kasse. Als kleine Belohnung für den anstrengenden Einkauf soll ich mir etwas gönnen. So hätte der Supermarkt das vielleicht gerne. Aber nein, nicht mit mir. Brauche ich nämlich gar nicht. Dann aber fällt mein Blick auf etwas, was mich ergreift. Gerade als Physiker. Es weckt meine innersten Instinkte. Ich muss es einfach kaufen.

Es ist ein Überraschungsei. Es ist ja so viel mehr als nur eine in Eiform gepresste Schokolade. Es enthält ein Geheimnis in seinem Inneren. „Na, was meinst du wohl, was in mir drin ist?", scheint es mir zuzurufen. Und das Ge-

B. Lemmer, *Bis(s) ins Innere des Protons*, DOI 10.1007/978-3-642-37714-3_1,
© Springer-Verlag Berlin Heidelberg 2014

fühl kennen wir alle, schon seit dem Kindesalter. Sei es nun eine Schatzkiste, ein Sparschwein des kleinen Bruders oder eben so ein Schokoladenei. Die Antwort auf unsere innere Stimme zu finden, scheint recht simpel: Aufmachen und Reinschauen. Jetzt könnte ich mich natürlich damit zufriedengeben, rausgefunden zu haben, dass ein Airbus A380 in dem Ei steckte, das wir auf der Titelseite dieses Kapitels gesehen haben.

Wo hören die Fragen auf? Aber was, wenn mein Wissensdurst nach mehr verlangt? Wenn ich die Frage „Und was ist darin?" einfach immer weiter stelle, bis ich als Antwort bekomme: „Das war's!"? Exakt das ist der kleine Unterschied, der ein neugieriges Kind – und das steckt sicherlich in jedem von uns – von einem Teilchenphysiker unterscheidet. Der Teilchenphysiker geht nämlich bis ans Limit. Aber Kind und Physiker treibt doch letztlich die gleiche Motivation.

Die Welt ist voller schöner Dinge, die man gerne verstehen oder nachbauen können würde. Und daher gehen die Teilchenphysiker auch hier wieder bis ans Limit. Nicht nur die Zutaten und Rezepte zum Kochen und Backen wollen wir rausfinden, sondern die der Welt. Ach, was soll der Geiz, die des ganzen Universums! Auf einer Jacke von mir steht all das, was wir Teilchenphysiker bisher an Bausteinen und Rezepten gesammelt haben. Ein Foto davon gibt's in Abb. 1.1.

Auf den ersten Blick sieht diese Formel ziemlich fies aus. Aber wir werden im Laufe des Buches rausfinden, was es mit den geheimen Schriftzeichen so alles auf sich hat. Wir werden sehen, welcher Teil erklären kann, wieso das menschliche Herz schlägt, wie wir eine SMS auf ein anderes Handy schicken können und wieso die Sonne scheint. Und wir werden sehen, welchen Teil der Formel wir bisher nur für richtig halten – ohne es wirklich hundertprozentig zu wissen – und welcher für uns bislang eines der größten ungelösten Rätsel darstellte, das vielleicht im Sommer 2012 gelöst wurde.

Und bevor wir uns durch das Getümmel des Teilchenzoos schlagen, möchte ich einen kurzen Einblick in das Leben eines Teilchenphysikers geben. Und hinterher sieht man: Das erklärt so einiges.

Die Welt der Teilchenphysiker scheint ja dem Alltag ein wenig fremd zu sein: Die Maschinen sind besonders groß, die Teilchen besonders klein, die Computer besonders schnell und die Menschen besonders ... besonders. Begleiten wir die Teilchenphysiker mal an den Ort, wo es für sie derzeit besonders spannend ist, nämlich an das Forschungszentrum *CERN* bei Genf, Heimat des größten Teilchenbeschleunigers LHC und seiner Experimente.

Abb. 1.1 Meine Jacke. Hält warm und hat eine Art Weltformel auf der Rückseite. (Foto: © Boris Lemmer)

1.1 Jederzeit, überall und international: ein Meeting

Teilchenphysik ist Teamsport. Das sieht man schon daran, dass bei den LHC-Experimenten ATLAS und CMS (mehr zu den Experimenten später in Kap. 5) jeweils mehr als 3000 Physiker arbeiten. Jeder ist Experte auf einem ganz speziellen Gebiet und die großen Ergebnisse werden immer zusammen erarbeitet. Dafür muss natürlich auch viel besprochen und koordiniert werden.

Jetzt kann es sein, dass der Kollege, mit dem man gerade dringend etwas bereden muss, auf dem gleichen Flur arbeitet. Kann aber auch sein, dass er gerade in Tokio sitzt. Oder Toronto. Oder auf nem Boot. Was macht man dann? Man kann ja nicht immer hinfahren.

Unsere Meetings finden daher immer online statt. Wenn gerade besonders viele Menschen am gleichen Ort sind, kann man sich auch schon mal als Gruppe in einen Raum setzen, der eine Videokonferenzanlage hat. Aber in der Regel wählen sich die Leute online ein und können so miteinander reden oder sogar noch ein Bild von sich mit übertragen. Egal von wo. So sieht man auch schon mal eine Bühne mit einem leeren Rednerpult, wenn der Sprecher selbst nur zugeschaltet ist. Witzig ist auch, wenn sich jemand von zu Hause aus zuschaltet und vergisst, seine Kamera auszuschalten.

Manchmal wird es schwierig, eine passende Zeit für ein Meeting zu finden. Nicht nur weil die Physiker an ihrer Uni zu Hause noch andere Meetings oder Vorlesungen haben. Das Ganze wird noch mal ein wenig kniffliger, weil die Kollegen aus Japan und Amerika ja etwas andere Zeitzonen haben. Da kann es schon mal passieren, dass der eine meckert, weil er so früh aufstehen muss, während der andere vor dem Rechner einschläft.

Kein Rang, keine Vorurteile Ein Online-Meeting mag jetzt ein wenig unpersönlich erscheinen. Ist es auch. Und es geht auch nichts über ein persönliches Treffen. Aber man muss eben einfach schauen, was möglich ist.

Auch wenn sie nicht so gut sind wie echte Meetings, hat die Online-Variante einige Vorteile. Ich kann mir z. B. aussuchen, von wo aus ich an einem Meeting teilnehme. Ich muss zu keinem Raum hetzen, sondern kann in meinem Büro sitzen bleiben. Wenn ich selber keinen Vortrag halte, kann ich sogar nebenbei zu Mittag essen, ohne dass es jemanden stört. Und wenn das Meeting mal besonders früh ist, macht's auch nichts, wenn ich noch zu Hause bin und im Bett liege. Nur wach sollte ich sein.

Auch eine Fahrt mit dem Schlauchboot geht klar, wenn der Internetempfang gut genug und die Konferenz-App auf dem Smartphone installiert ist. Aber der Komfort des „Überall ist alles möglich"-Gefühls ist nicht das Beste an Online-Meetings. Denn der Nachteil, Menschen nicht persönlich zu treffen, kann auch ein Vorteil sein. Bei den Teilnehmerlisten in den Meetings sehe ich immer nur den Vor- und Nachnamen. Keinen Titel, keinen Rang. Es kann also sein, dass ein noch sehr junger und unerfahrener Student eine sehr gute Idee hat und prompt von allen ernst genommen wird. Das wäre vielleicht nicht unbedingt der Fall, wenn der junge Mann als „der Neue" vorgestellt worden wäre.

Umgekehrt gilt auch: Nur weil einer seit vielen Jahren Professor an einer Eliteuni ist, hat er nicht automatisch recht. Es kommt in den Online-Meetings nur darauf an, was man kann und weiß. Und nicht auf irgendwelche Äußerlichkeiten. Das führt dazu, dass es viel auf Können ankommt und weniger auf früher mal Gekonntes. Das bietet gute Aufstiegschancen für junge Wissenschaftler.

Ich hatte zum Beispiel mal einen Kollegen, der leitete immer das Meeting zu meinem Forschungsthema. Gesehen hatte ich ihn nie, er sitzt im Ausland.

Von der Stimme her dachte ich: „Wow, der Kerl klingt mächtig. Er muss groß sein. Und alt." Nach einem Jahr traf ich in dann endlich mal in echt und stellte fest: Das Gegenteil war der Fall. Witzig!

1.2 Teamwork

Wie Teilchenphysiker ihre Ergebnisse zusammen besprechen, ist jetzt jedem klar. Aber sie reden nicht nur gemeinsam, sondern arbeiten auch gemeinsam. Und das geht genauso über alle Ländergrenzen hinweg wie das Reden.

Programmieren im Team Bei meinen Kollegen und mir geht es meist ums Programmieren. Damit man auch halbwegs komfortabel am gleichen Programmcode arbeiten kann, braucht man entsprechende Programme. Ein wichtiges Werkzeug heißt *SVN* (Subversion).

Eine Kopie des Codes wird online gelagert und es ist geregelt, welche Nutzer Zugriff darauf haben. Sehen kann bei uns in der Kollaboration prinzipiell jeder immer alles. Das ist auch ein wichtiger Grundgedanke: Alles, was ich erarbeite, stelle ich allen zur Verfügung. Meine Programme müssen für jeden einsehbar und benutzbar sein. So kann man alles, was ich tue, auf Richtigkeit überprüfen und im Notfall kann auch mal jemand anderes meine Programme laufen lassen, falls ich vom Bus angefahren werde und dadurch zu einem ungünstigen Zeitpunkt für eine Woche ausfalle.

Man kann sich aber auch die Schreibrechte am eigenen Code mit anderen Menschen teilen. Jeder Mitprogrammierer bekommt dann eine lokale Kopie des Codes und kann damit machen, was er will. Im Idealfall natürlich das, was vorher koordiniert wurde. Und das kann man dann wiederum von überall machen. Zum Beispiel im Zug auf dem Weg von Genf nach Gießen. Wenn die Internetverbindung dann wieder da ist, kann man den Code mit der Online-Version synchronisieren. Man sieht dann, welcher Nutzer welche Änderungen gemacht hat.

Wenn zwei Nutzer gleichzeitig aus einer Zeile Code zwei verschiedene neue Versionen machen, meckert SVN rum und man muss den Konflikt manuell lösen. Ansonsten werden immer die Änderungen aller Nutzer zusammengeführt. Ein weiterer großer Vorteil von SVN ist, dass alle Änderungen protokolliert werden. Wenn ich also morgens ins Büro komme, mein Programm nicht mehr funktioniert und ich dann im Logbuch sehe, dass ich am Vorabend nach der Weihnachtsfeier noch mal „schnell eine total gute Idee einbauen wollte" und der Plan in die Hose ging, reicht ein Knopfdruck und es ist wieder alles wie vorher.

Der Chef, dein Kollege Wie in den Meetings selbst sind auch im Alltag während der Arbeit die Hierarchien sehr flach. Natürlich lernen die Jungen erst mal mehr von den Alten. Aber wenn es mal klemmt, packen alle gemeinsam mit an. Generell duzen sich auch alle in der Kollaboration und nennen sich beim Vornamen. Das ist manchmal etwas gewöhnungsbedürftig, wenn im Kontrollraum der große Professor neben einem sitzt und man sagt: „Hier Horst, bei dir leuchtet ein Lämpchen rot, schau da mal nach!"

Die Bürotüren der Teilchenphysik-Professoren stehen meist offen und man kann jederzeit vorbeischauen und etwas fragen, so wie bei seinen Kollegen auch. Das mit dem Du gilt zum Beispiel auch für unseren aktuellen Chef bei ATLAS (das ist das Experiment, an dem ich arbeite). Er wird übrigens bewusst von uns nicht Chef genannt, sondern *Spokesperson*, also Sprecher. Ansonsten hat jede Teilgruppe einen *Convener* („Zusammentrommler"), der die Meetings einberuft und die Arbeit ein wenig koordiniert.

Interessant ist es immer, wenn jemand fragt: „Wer ist eigentlich dein Chef?" Tja, in welcher Hinsicht? Es gibt meinen Doktorvater, meinen Betreuer, die Chefin der Göttinger Studenten am CERN, die Chefs meiner Analysegruppen-Meetings, den Chef von ATLAS und den Chef vom CERN. Zum Glück kommen die sich alle nicht in die Quere. Denn auch hier gilt: Man spielt und gewinnt gemeinsam, als Team.

Mir gefällt auch die Internationalität unserer Teams. Menschen aus 38 Ländern arbeiten allein bei ATLAS zusammen. Die tägliche Zusammenarbeit gibt einem viele Möglichkeiten, Vorurteile aus dem Weg zu räumen. Klar, es gibt ab und an ein paar kleine kulturelle Missverständnisse. Wenn jemand etwas „sofort" braucht, kann das entweder „innerhalb der nächsten Minuten" heißen oder „irgendwann nächste Woche, wenn's nicht zu viel Stress macht". Aber unterm Strich ist die Herkunft der Menschen wirklich egal. Ein „Woher kommst du?" hat sowieso immer verschiedene Antworten. Geht es um das Land der Uni, die einen bezahlt und zum CERN schickt? Oder um das Land, in dem man wohnt? Das Land, in dem man geboren ist? Man profitiert viel von dem kulturellen Austausch und sieht sogar an solch schönen Aktionen wie einem „Israelisch-palästinensischen Freundschaftsfest" unter den Sommerstudenten am CERN, wie überflüssig und unsinnig ideologische Feindschaften und Vorurteile sind.

1.3   Überall auf der Welt zu Hause

Über einen Standardphysiker macht man schon mal gerne so seine Witzchen. Zum Beispiel darüber, dass er sich am liebsten in dunklen Kellerräumen aufhält. Oder dass seine Stärke in Mathematik und Physik immer mit einer

Schwäche in den Sprachen verbunden ist. Und deshalb würden Physiker auch nicht viel sprechen, besonders nicht mit anderen Menschen. Was ist da dran?

Ich muss ja sagen, ich war früher auch so. Rausgehen und mit anderen Menschen sprechen war nicht so mein Ding. Doch statt mich die Physiker-Vorurteile ausleben zu lassen, hat die Teilchenphysik mich tatsächlich umgeschult. Sie hat mir gezeigt, dass die Physik nicht mehr nur im Keller gemacht werden kann und dass man andere Menschen sehr wohl zum Forschen braucht.

Schon bei meiner Diplomarbeit studierte ich in Gießen und mein Experiment stand in Mainz. Wenn ich Fragen hatte, saßen die Experten, wenn sie nicht zufällig auch mal in Mainz waren, in den USA, Italien oder Schottland. Wenn wir uns zu Meetings trafen, hat jeder mal zu sich nach Hause eingeladen.

Und so kam es dann, dass ich als kleiner Diplomand mal in Schottland über meine Ergebnisse reden sollte. Das war schon ziemlich aufregend. Ist aber auch schnell normal geworden. Eine tolle Sache, denn man baut Ängste und Grenzen im Kopf ab. Und das nicht nur, was die Physik angeht.

Man trifft sich – irgendwie, irgendwo, irgendwann Ich hatte vorhin kurz vom „Israelisch-palästinensischen Freundschaftsfest" gesprochen, das von Sommerstudenten am CERN organisiert wurde. Wer sind überhaupt diese Sommerstudenten? Wenn ein Student der Teilchenphysik im Sommer endlich Semesterferien hat, alle Klausuren rum sind und draußen bei wolkenlosem Himmel und angenehmen 25 °C die Sonne strahlt, gibt es für ihn nichts Schöneres als … forschen! Und genau dafür wurden die Sommerschulen erfunden.

Die großen Forschungszentren wie zum Beispiel DESY, die GSI und das CERN laden Studenten aus aller Welt für ca. zwei Monate zum Forschen ein. Man wird in eine echte Forschungsgruppe reingesteckt, angelernt, bekommt Vorlesungen und viele praktische Übungen und hat am Ende seine erste eigene wissenschaftliche Arbeit geleistet – und war quasi „bei den ganz großen Jungs dabei". Man sammelt in diesen zwei Monaten nicht nur unglaublich viel Wissen über Physik und wird schon mal motiviert, später in die Forschung einzusteigen, sondern sammelt auch Freunde aus aller Welt. Man wohnt eng beisammen, kocht gemeinsam, singt am Lagerfeuer, zieht zum Feiern in die Stadt und erzählt von seiner Heimat. Und noch Jahre später trifft man sich regelmäßig auf Tagungen, Partys oder einfach mal zufällig im Bus.

Mein lustigstes Erlebnis: Im Sommer 2012 wanderte ich durch das Juragebirge in der Nähe vom CERN. Unterwegs liefen mir einige einheimische Franzosen entgegen und meinten, ich solle lieber verschwinden, ein Gewitter sei im Anmarsch. Nicht, dass ich auch nur ein Wort Französisch sprechen würde, aber kurz vor dem Gipfel des Reculet (wie's dort oben aussieht, kann man übrigens auf dem Titelbild von Kap. 8 sehen) fing es plötzlich zu regnen an, und dunkle Wolken zeigten mir den mutmaßlichen Grund für die mahnenden Worte der Franzosen. Ich machte mich geschwind auf die Suche nach einer Felskante zum Unterstellen, da hörte ich plötzlich aus der Ferne jemanden meinen Namen rufen. „Kann ja nicht sein", dachte ich und irgnoriete es. Dann noch mal. Plötzlich waren da noch andere Menschen, die den mahnenden Worten der Franzosen ebenfalls nicht gefolgt waren. Ich schaute zunächst etwas ungläubig und erkannte die Menschen nicht. Aber nach einem „Du bist doch der Boris von Clemens' Party, oder?" war mir klar: Das waren die Freunde von Clemens, den ich auf seiner Diplomfeier in Aachen besucht hatte. Und ihn wiederum kannte ich von einer Sommerschule in Hamburg. Und jetzt treffen wir uns irgendwo in Frankreich. Witzig. Genauso traf ich in der Genfer Straßenbahn einen Bekannten von einer Tagung in der Ukraine oder in Madison zum ersten Mal zufällig einen Kollegen, mit dem ich seit einem Jahr über Online-Meetings zusammenarbeitete.

Man sieht: Als Teilchenphysiker kommt man heil aus dem Gewitter, raus aus dem Keller und rund um die Welt. Vorurteile und Sprachbarrieren sind schneller abgebaut, als man denkt. Und für ein einfaches Wissenschaftler-Englisch reichts dann doch recht flott. Außerdem lernt man: Selbst wenn auf einer Konferenz jemand sagt, er komme von der Uni Göttingen, kann er immer noch ein Kanadier, eine Iranerin, ein Georgier, ein Amerikaner, eine Griechin, eine Argentinierin, ein Russe oder ein Franzose sein. Ach so, ja: oder eben auch ein Deutscher.

1.4   CERN – ein Dorf

Teilchenphysiker leben also auf der ganzen Welt verstreut. Da liegt die Frage nahe: „Gibt's da irgendwo ein Nest?" Und es gibt tatsächlich einige Orte auf der Welt, wo es vor Teilchenphysikern nur so wimmelt. Das ist in der Regel dort, wo sie ihre Experimente aufgestellt haben: die großen Teilchenbeschleuniger.

Zu den größten Forschungsnestern gehören das Fermilab bei Chicago (USA), SLAC bei San Francisco (USA), KEK bei Tokio (Japan), das BNL bei New York (USA), die GSI bei Darmstadt, das DESY in Hamburg und das CERN bei Genf. Weil ich jetzt gerade die Ehre hatte, das letzte Jahr am CERN zu forschen, möchte ich kurz erzählen, wie es sich dort so lebt.

Friedliche Forschung über Ländergrenzen hinweg Der Zweite Weltkrieg war gerade erst ein paar Jahre beendet, da trafen einige Wissenschaftler einen visionären Entschluss: Es müsse doch möglich sein, über die Ländergrenzen und politischen Barrieren hinweg gemeinsam friedliche Forschung betreiben zu können. Europa, noch am Boden, sollte wissenschaftlich schnell wieder auf die Beine kommen und gerade die teuren und aufwändigen Projekte im Bereich der Kernphysik sollten gemeinsam finanziert werden, um sie zu ermöglichen.

Im Jahre 1952 wurde ein provisorischer „Europäischer Rat für Kernforschung" gegründet, auf Französisch „Conseil Européen pour la Recherche Nucléaire" – CERN. Zwei Jahre später, am 29. September 1954, wurde das CERN offiziell gegründet und in der Nähe von Genf aufgebaut. Ratifiziert wurde der CERN-Vertrag von anfangs zwölf Mitgliedsstaaten, mittlerweile sind es 20. Drei Jahre nach der Gründung wurde der erste Teilchenbeschleuniger am CERN, das *Synchrocyclotron* (SC) mit einer Energie von 600 MeV gebaut (Die Einheit MeV lernen wir später noch besser kennen, wenn es um Teilchenbeschleuniger geht. Dann sieht man auch, woher sie kommt.). Und ab da ging es stetig weiter und das CERN ist gewachsen.

Die Idee des europäischen Forschungszentrums hört sich jetzt so an, als wäre das CERN ein eigenes Dorf. Ist es irgendwie auch. Das Hauptgelände liegt im Norden von Genf, nicht weit vom Flughafen. Die ersten Vorbeschleuniger für den LHC, die noch über der Erde liegen, sind auf diesem Gelände. Es liegt an dem Punkt des LHC, an dem auch das ATLAS-Experiment angesiedelt ist.

Ungefähr die Hälfte des Gebietes liegt auf schweizerischem Gelände, die andere Hälfte auf französischem. Da fragt man sich jetzt, zu welchem Land das CERN eigentlich gehört. Zu gar keinem so recht! Denn beide Länder haben Abkommen unterzeichnet, in dem sie dem CERN besondere Rechte geben bzw. eigene Rechte abtreten. Die Staaten haben auf dem Gelände nichts zu suchen, dürfen dort keine Polizei einsetzen, Durchsuchungen veranlassen oder Ähnliches. Damit wurde dem CERN quasi ein Stück Land abgegeben, auf dem die Forscher machen können, was sie wollen. Sie haben dort sozusagen ihr eigenes CERN-Land. Und so ein CERN-Land braucht natürlich auch einen Landesvater und eine Regierung.

Der aktuelle Chef des CERN ist der Deutsche Rolf-Dieter Heuer. Am CERN heißt er aber weder Präsident noch König, sondern *Generaldirektor*. Weil er auf den LHC und seine Vorbeschleuniger aufpasst und noch dazu aussieht wie der Zauberer Gandalf, nennt man ihn auch gerne mal den „Herrn der Ringe".

Der *CERN Council* stellt so etwas wie das Parlament und das höchste Entscheidungsgremium des CERN dar. Alle 20 Mitgliedsstaaten entsenden je zwei Repräsentanten: einen wissenschaftlichen und einen politischen. Der Council tagt vier Mal im Jahr und trifft alle wichtigen Entscheidungen wie zum Beispiel: „Lasst uns mal einen LHC bauen, das scheint eine ganz gute Idee zu sein!"

Seit Ende 2012 hat das CERN sogar Beobachterstatus bei der Generalversammlung der Vereinten Nationen. Das bedeutet, es kann an Sitzungen teilnehmen, Statements abgeben und der Wissenschaft und Forschung eine starke Stimme verleihen, vor allem in Bezug auf offene, internationale und interkulturelle Zusammenarbeit. Als eine Art eigenes Land wäre es ja ganz witzig, dort auch zu wohnen. Geht aber nicht. Am CERN gibt es nur ein paar Hotels, aber keine Wohnungen. Die Forscher wohnen entweder in der Schweiz oder in Frankreich. Man bekommt auch keinen CERN-Pass, aber dafür ein paar Sonderrechte innerhalb der Schweiz und Frankreichs. So genießt man zum Beispiel „Immunität vor den Gerichten im Rahmen der Ausübung dienstlicher Tätigkeiten". Was in diese Kategorie so alles fällt, weiß ich nicht, weil ich meine Karte selbst nie der Polizei vorzeigen musste. Sicherlich gilt kein „Sorry, ich musste dem Franzosen eben einfach sein Baguette klauen, weil ich gerade auf dem Weg zu meiner Nachtschicht bin und es dort nichts Gutes zu essen gibt", aber vielleicht mal zu schnelles Fahren auf dem Weg zu einem LHC-Zugangsschacht bei einem technischen Notfall.

Die Botschaft hinter dieser Immunität ist: Ihr seid hier freie Wissenschaftler und herzlich willkommen. Auch sonst gibt es noch den ein oder anderen Sonderstatus, durch den man sich fast schon mehr wie ein Diplomat als wie ein Forscher fühlt.

Das Hirn des CERN: Restaurant 1 Auch wenn die Physiker nicht direkt am CERN wohnen, so verbringen sie doch die meiste Zeit auf dem Gelände. Kaum ein Physiker arbeitet am CERN für Geld (zumindest nicht nur), sondern im Wesentlichen aus Leidenschaft. Da arbeitet niemand so lange, wie es der Vertrag vorschreibt, und schreibt auch keine Überstunden auf, sondern arbeitet, solange es ihm Spaß macht. Ein zentraler Punkt für stets gut gelaunte Physiker ist das *Restaurant 1* oder kurz R1. Hier gibt's Essen, Kaffee, Kuchen bis tief in die Nacht.

Damit lockt man die Physiker auch am Wochenende zur Arbeit. Aber das R1 wird nicht nur für kleine Auszeiten und Erholung genutzt. Man kann dort auch seine Freunde treffen, denn die sind ja meist auch alle am CERN. Entweder die Freunde, die sowieso permanent am CERN sind, oder die, die mal für einen kurzen Forschungsbesuch vorbeikommen. Denn egal, auf welchen Fleck der Erde es einen Teilchenphysiker verschlagen hat: Am CERN trifft man sich immer wieder.

Neben den Freundschaften pflegt man im R1 auch intensiven wissenschaftlichen Kontakt. Sicher, man arbeitet von überall auf der Welt mit Kollegen aus aller Welt zusammen: alles kein Problem dank des Internets. Ich kann also den

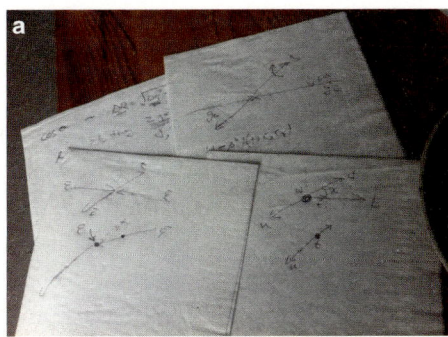

Abb. 1.2 **a** Servietten mit Formeln und Skizzen, entstanden beim Gespräch mit einem Theoretiker im Restaurant 1. **b** Ein Tierheim für Computermäuse, aufgestellt vor dem CERN Computer Center. (Fotos: © Boris Lemmer)

größten Experten der Welt einfach eine E-Mail schreiben und um Hilfe fragen. In der Regel bekomme ich dann auch eine Antwort. Nur kann es ein wenig dauern, bis die eintrudelt. Und es kann sein, dass der Fragende und der Antwortende ein wenig aneinander vorbeigeredet haben. Dagegen gibt es ein gutes Rezept: ein echtes Treffen! Und dafür ist das R1 auch sehr beliebt. Denn wieso dem Experten eine Mail schreiben und dann ein großes Problem innerhalb einer Woche klären, wenn man den Experten auch direkt am CERN im R1 auf einen Kaffee einladen und dann in fünf Minuten gleich drei große Probleme lösen kann?

Es wird also im R1 nicht nur gegessen, sondern auch große Physik gemacht. Was dabei so rauskommt, sieht man in Abb. 1.2a. Ein Theoretiker, der das vorhersagt, was ich mal messen soll, war zufällig am CERN. Wir trafen uns im R1 und unterhielten uns ein Weilchen. Dabei machten wir auch Notizen. Und dafür mussten dann mal ein paar Servietten herhalten. Typische R1-Physik also.

Spaß, Sport und Sommerstudenten Selbst das gute R1 hat aber irgendwann einmal geschlossen. Dann übernehmen die Automaten das Kommando: Süßigkeiten und warme Gerichte gibt es ja bei denen öfters mal. Aber seit Mitte 2012 gibt es auch einen neuen Automaten, der nun endgültig jeden Supermarkt überflüssig macht. Er versorgt die Physiker mit Zahnpasta, Pflaster, Batterien, Strumpfhosen, Deo und Duschgel. Duschen gibt es am CERN auch. Was will man mehr?

Man kann also vielleicht nicht auf dem CERN-Gelände wohnen, aber doch dort leben. Und nicht wenige tun das auch. Trotz der vielen Arbeit, die Teilchenphysiker immer haben, bleibt ihnen immer noch ein wenig Zeit für Humor. So findet man am CERN überall auch kleine Lustigkeiten verteilt.

Vor dem Computing Center steht zum Beispiel ein „Tierheim" für Computermäuse im hohen Alter (solche, die noch Kugeln drin haben), das man in Abb. 1.2b bestaunen kann. Physiker finden das im Allgemeinen lustig.

Für Unterhaltung neben der Arbeit sorgt außerdem eine Reihe von Clubs wie der Fitness-Club, der Fahrrad-Club, der Fußball-Club, der Kino-Club und viele mehr. Man glaubt es kaum, aber die Clubs sind gut besucht: Alleine der CERN-Fußball-Club hat über 400 Mitglieder und zehn Teams. Eines davon ist das offizielle CERN-Fußballteam, quasi die Nationalmannschaft. Denn dieses Team spielt im Schweizer Kanton Genf reguläre Turniere mit. Dessen Manager Konrad Jende betonte in einem Interview „das friedliche Zusammenspiel verschiedenster Nationalitäten, das Auftreten als gemeinsames Team und den bereichernden kulturellen Austausch" der Mannschaft. Sport verbindet, Wissenschaft auch.

Es gibt einen Tag im Jahr, da sind die Protonen nicht die Einzigen, die im Kreis rennen. Raus aus den Büros und rein in die Sportklamotten – so lautet das Motto. Es ist der Tag des jährlichen CERN-Staffellaufs. 101 Teams mit je sechs Läufern haben sich angemeldet, um für ihr Team alles zu geben und vor allem auch eine Menge Spaß zu haben. In manchen Teams kommen alle von der gleichen Uni, in manchen arbeiten alle am gleichen Projekt.

Den Kampfgeist beschwört man dabei mit Teamnamen wir „Lords of the Rings" oder „Les Powercuts". Die Strecke führt in sechs Abschnitten einmal um das Hauptgelände des CERN, über die Vorbeschleuniger hinweg, den Berg hoch zum Wasserturm und am Ende zurück zu Building 40, dem Hauptquartier von ATLAS und CMS. Alljährliches Highlight ist das Team der CERN-Feuerwehr. Laufen in voller Montur? Feuerlöscher als Staffelstab? Kein Problem für die Jungs von der CERN-Feuerwehr! Einen CERN-Feuerwehrmann im Zieleinlauf sehen wir in Abb. 1.3.

Für alle gilt: Keines der Teams gewinnt, nur weil es einen besonders schnellen Läufer hat. Jeder trägt zur Gesamtzeit bei, Teamgeist macht viel aus und in der Mannschaftsbesprechung muss man auf die Stärken und Schwächen aller Rücksicht nehmen – und mich zum Beispiel für einen kurzen Streckenabschnitt einsetzen, der bergab geht. Ich mag den CERN-Staffellauf nicht nur, weil ich gerne laufe, sondern auch weil er den Geist der Teilchenphysik gut beschreibt.

Geheime Wege und Zombies Ganz besonders viel Leben kommt immer dann ans CERN, wenn das Sommerstudentenprogramm läuft. Sie feiern nicht nur berühmt-berüchtigte Partys, sondern erkunden das CERN auch besonders schnell besonders gründlich. So brachten sie mir zum Beispiel bei, wie man auf das Dach des höchsten Gebäudes kommt, um einen herrlichen Ausblick zu genießen. Oder dass sich in manchen harmlosen Büschen Zugänge

Abb. 1.3 Zwei Läufer beim CERN Staffellauf, kurz vorm Ziel. (Foto: © CERN)

zu einem riesigen Tunnelsystem befinden, das alle Gebäude des CERN miteinander verbindet. Hier, an einer geheimen Stelle, haben sich die Sommerstudenten auch einen kleinen Tempel eingerichtet (Abb. 1.4a).

Das Tunnelsystem des CERN (das übrigens nicht die Teilchenbeschleuniger beherbegt, die haben eigene Tunnel) bietet auch eine besonders schöne Kulisse für allerlei Gruseliges.

Ich musste mir mal nachts am CERN die Beine vertreten und erkundete die Tunnel. Tief in der Erde und mitten in der Nacht sah ich hinter einer Tür an der Seite eines Tunnels Licht. Obendrein hörte man dahinter auch noch eine Person Flöte spielen. Das war mir dann doch zu viel und ich kehrte um.

Eine Gruppe von jungen Wissenschaftlern erkannte das wahre Potenzial des Tunnelsystems und drehte dort sogar einen eigenen Kinofilm, den es kostenlos im Internet zu sehen gibt. Genehmigt hat ihn das CERN allerdings nicht, da es dort wissenschaftlich nicht ganz korrekt zugeht, Panik vor Gefahrlosem gemacht wird und der Generaldirektor des CERN als eiskalter Killer dargestellt wird. Zombiefilm eben. Der Film ist im Internet frei verfügbar.

Abb. 1.4 a Der Tempel der CERN-Sommerstudenten an einem geheimen Ort des CERN-Tunnelsystems. **b** Ein Ausschnitt aus dem Film *Decay*, gedreht in den Tunneln des CERN. (Foto *oben*: © Cora Fischer, Foto *unten*: © H2ZZ Productions)

Video

Der Film *Decay*, gedreht von jungen Wissenschaftlern am CERN.

Wer sich jetzt denkt: „Was für ein lustiger Ort! Den würde ich mir gerne mal anschauen!", der kann das gerne tun. Jährlich besuchen über 90.000 Menschen das CERN und werden dann von echten Wissenschaftlern rumgeführt und dürfen alles fragen und fotografieren, was sie möchten. Und wenn der Beschleuniger eine längere Pause macht, besteht vielleicht auch einmal die Möglichkeit, runter in den Tunnel zu gehen.

Was einen Teilchenphysiker so antreibt und wie es sich als Teilchenphysiker lebt, das wissen wir jetzt. Schauen wir uns im nächsten Kapitel an, was Teilchenphysiker so alles rausgefunden haben bei ihrer Suche nach den fundamentalen Bausteinen unserer Welt.

2
Zutaten:
die Welt, zerlegt in Einzelteile

© Boris Lemmer

Wieso wollen wir eigentlich so gerne wissen, was in den Dingen drin ist? Sehen wir einen leckeren Kuchen, so wie ihn zum Beispiel Julia letztens für mich zum Geburtstag gebacken hat, wollen wir natürlich auch gleich wissen, was drin ist. Wir wollen wissen, was ihn so besonders lecker macht. Wir wollen eine Liste von Zutaten. Am liebsten hätten wir auch gleich die Zutaten für alle anderen Kuchen, die es so gibt. Zutaten zu kennen ist natürlich die eine Sache. Aber das bringt einem noch nicht viel ohne das entsprechende Rezept. Man kennt ja auch die große Geheimniskrämerei um die Coca-Cola-Rezeptur. Was drin ist, weiß mittlerweile fast jeder (zum Beispiel nach geschicktem Durchlesen der Inhaltsstoffe. Stehen auf der Flasche drauf.). Aber erst die genaue Rezeptur macht den Geschmack. Erst wenn wir Zutaten und Rezepte kennen, können wir all die Kuchen nachbacken und die Cola nachmischen.

B. Lemmer, *Bis(s) ins Innere des Protons*, DOI 10.1007/978-3-642-37714-3_2,
© Springer-Verlag Berlin Heidelberg 2014

Was sind sie, die Zutaten und Rezepte unserer Welt? Und wie findet man das heraus? Darum geht es im folgenden Kapitel.

2.1 Kuhgas und Wurstatom: die Frage, was Elementarteilchen von Atomen unterscheidet

Was war noch gleich die Anleitung, um die Bausteine unserer Welt zu finden? Ach ja, richtig: aufmachen und reinschauen. Schon die alten Griechen hatten die Vorstellung, dass dieses „Aufmachen und Reinschauen"-Spiel irgendwann mal ein Ende haben müsse. Ihren Begriff vom „Unzerschneidbaren" benutzen wir noch heute: Atomos (griech. $\alpha\tau o\mu o\varsigma$) bildet den Ursprung unseres Begriffs vom *Atom*. Wir kennen ein Atom heute als kleinste Einheit eines Stoffes. Ich kann ein Kilo Eisen mit mir rumtragen, oder ein Milligramm oder eben nur ein Atom. Zugegeben, das mit dem Atom wird praktisch gesehen etwas schwierig. Aber zumindest gibt es dahinter keine kleinere Einheit (von Eisen) mehr. Geht das auch mit Wurst? Ein Kilo Wurst, ein Milligramm Wurst, o. k.. Aber ein Wurstatom? Man sieht schon, es gibt immer eine kleinste Einheit eines „Stoffes". Aber im Gegensatz zu Eisen ist Wurst kein eigenes *Element*. Was unterscheidet denn jetzt bitte Element und Stoff? Elemente sind eben elementar, also rein und aus nichts anderem bestehend. Wurst kann ich zerlegen und stoße dann irgendwann auf Teile, die aus Kohlenstoff, Wasserstoff, Sauerstoff und anderen Elementen bestehen. Es gibt also einen Satz von Elementen, also Stoffen, die aus keinem anderen Stoff zusammengebaut sind. Und die kleinste Einheit von einem solchen Element nennen wir Atom. Für uns heute mag das alles selbstverständlich sein, aber es brauchte schon eine Zeit und auch eine Menge pfiffiger Ideen, bis man dorthin kam. Was war der Weg hin zu unserem Weltbild der Atome?

Kochsalz, zerlegt in seine Einzelteile So wie Wurst aus Kohlenstoff, Sauerstoff und Wasserstoff besteht, ist das leckere Kochsalz aus Natrium und Chlor zusammengesetzt. Der französische Chemiker Joseph-Louis Proust fand 1799 heraus, dass die Massenanteile immer gleich groß sind: 61 % Chlor und 39 % Natrium. Ganz egal, wie viel Kochsalz ich jetzt in die Hand nehme. Das allein war schon mal eine interessante Beobachtung. Nicht nur Kochsalz, sondern auch alle anderen Stoffe bestehen immer aus einem konstanten Anteil an Bestandteilen. Und darum bekam dieses Gesetz auch gleich einen Namen: das Gesetz der konstanten Proportionen. John Dalton legte auf dieses Gesetz noch einen drauf: das Gesetz der multiplen Proportionen. Worum geht's da-

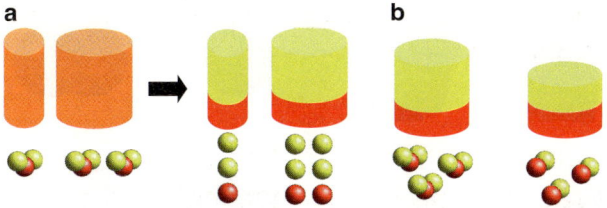

Abb. 2.1   **a** Das Gesetz der konstanten Proportionen veranschaulicht: Egal wie viel man von einem Stoff (*links*) nimmt, das Verhältnis seiner Bestandteile (*rechts*) bleibt immer gleich. **b** Eine Illustration des Gesetzes der multiplen Proportionen: Der linke und der rechte Stoff bestehen aus den gleichen Elementen. Bezogen auf die gleiche Menge des roten Stoffs ist das Verhältnis des gelben 2:1

bei? Zwei Elemente müssen dabei nicht unbedingt immer den gleichen Stoff erzeugen. Beispiel gefällig? Nehme ich vier Teile Wasserstoff und einen Teil Kohlenstoff, bekomme ich *Methan*. Wer schon mal längere Zeit einer Kuh beim Verdauen zugeschaut hat, kennt es: Regelmäßig rülpst das freundliche Rind, pro Tag ca. 80 Liter. Methan hat den Kühen einen schlechten Ruf eingebracht, weil es ein klimaschädliches Treibhausgas ist.

Hätte ich es gern etwas romantischer als bei der verdauenden Kuh, zünde ich mir zum Abendessen eine schöne Kerze an. Ihr Wachs besteht aus *Paraffin*, das sind lange Kohlenwasserstoffketten. Diese kann ich mir aus einer bestimmten Anzahl Kohlenstoffatomen und aus jeweils doppelt so vielen – und dann noch mal zwei mehr – Wasserstoffatomen bauen. Der Nerd sagt dazu C_nH_{2n+2}. Wenn man es so hinschreibt hat man schon eine gewisse Ahnung vom Gesetz der multiplen Proportionen. Es besagt, dass die Verhältnisse der Massenanteile der Elemente, aus denen Stoffe zusammengesetzt sind, immer ganze Zahlen sind. Bei Methan (CH_4) und einer Kohlenwasserstoffkette aus dem Kerzenwachs (z. B. $C_{20}H_{42}$) ist bei der gleichen Menge Kohlenstoff das Verhältnis von Wasserstoff 80:42 bzw. 40:21.

Kombiniert man jetzt das Gesetz der konstanten Proportionen und das der multiplen Proportionen, hat man schon eine gute Vorstellung vom Atom (Abb. 2.1).

Aber was ist nun ein „Elementarteilchen"? In diesem Buch soll es ja um Elementarteilchenphysik gehen, also die Physik der kleinsten Bausteine. Das Witzige ist, dass sich dieser Begriff in den letzten Jahren ganz schön gewandelt hat. Wenn ich morgens schlecht geschlafen habe, sage ich vielleicht, dass ich total platt bin. Noch total platter bin ich dann aber, nachdem ich mich zur Arbeit geschleift habe und abends wieder heimkomme. Und wenn dann noch meine Freunde anrufen und ein paar Bier trinken wollen, ja danach bin ich erst recht total platt. Aber man sieht hier ganz schön, dass das „total" eine

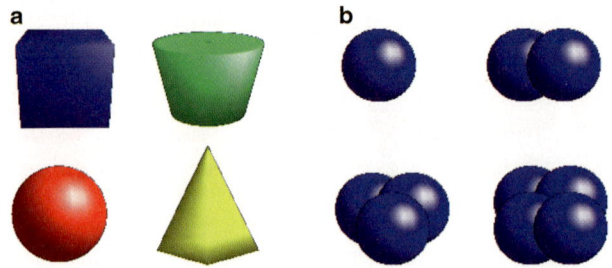

Abb. 2.2   Die ersten Vorstellungen von Atomen. **a** Das Atommodell von Dalton: kleinste Klötzchen ohne Substruktur. **b** Das Atommodell von Prout: Atome als Vielfaches einer einfachsten Sorte von Teilchen

relative Beschreibung ist. Wann kann ich schon sagen, dass ich wirklich „total am Ende" bin? Weiß ich nicht.

Mit dem *Elementarteilchen* ist das auch nicht einfacher. Verfolgen wir doch im Laufe des Kapitels, was für uns gerade ein Atom ist, nach allem, was uns bis dahin erzählt wurde. Wir sind jetzt bei Abb. 2.2a: Atome als kleinstes Bauteil eines Elements. Wäre man bei diesem Schritt stehen geblieben, gäbe es so viele „Elementarteilchen" wie es Elemente gibt. Das wären dann also – Stand heute – 118 Elementarteilchen. Wäre doch ein wenig blöd, oder?

LEGO-Bausteine sind ein großer Hit geworden, weil man aus ein paar wenigen Teilen eine ganze Menge bauen kann. 118 sind für den Physiker schon ganz schön viele Teilchen. Physiker versuchen immer alles auf eine möglichst kleine Zahl möglichst kleiner Dinge zu reduzieren. Wir werden später noch sehen, dass man aus nur drei Sorten von Bauklötzen die ganze Erde bauen kann, statt aus 118. Und dass vier Grundkräfte ausreichen, um alle Phänomene auf der Welt zu beschreiben: Sonnenschein, Kernspaltung, herunterfallende Äpfel, schlagende Herzen, Regenbögen, Polarlichter, Blitze, Handytelefonate.

Sind vielleicht alle Atome nur aus Wasserstoffatomen aufgebaut? Ein Schritt in die richtige Richtung war das Erkennen eines wichtigen Zusammenhangs zwischen den Atomen. John Dalton hatte 1803 eine Tabelle mit den Gewichten einzelner Atome aufgestellt und die Werte 1810 noch einmal genauer vermessen. Normiert hat er sie auf das leichteste, nämlich das Wasserstoffatom. Wenn Wasserstoff eine Masse von 1 hat, dann hat z. B. Kohlenstoff 5,4, Stickstoff 6 und Sauerstoff 7. Das fand der englische Arzt und Chemiker Willian Prout sehr bemerkenswert. Stickstoff wiegt genau sechs Mal so viel wie Wasserstoff, Sauerstoff genau sieben Mal so viel. Wie wäre es also, wenn alle Atome einfach aus Wasserstoffatomen zusammengebaut sind? Passt doch super mit den vielfachen Massenverhältnissen!

Na ja gut, beim Kohlenstoff hat's jetzt eher nicht so sehr geklappt. Aber hey, was soll's! Ist doch trotzdem eine tolle Idee, dachte sich Prout. Zum Glück für uns! Zwar hatte er nicht ganz Recht, aber die Idee führte schon einmal in eine sehr gute Richtung, nämlich dass Atome aus gemeinsamen Bausteinen bestehen. Und – schwupp! – sieht unser Bild vom Atom schon wieder etwas anders aus (Abb. 2.2b).

2.2 Klein und geladen: das Elektron

In der Zeit um 1870 gab es für die Wissenschaftler ein neues und spannendes Spielzeug, die *Kathodenstrahlröhre*. An ihr wurde zunächst viel beobachtet und dann auch einiges gelernt. Wie so ein Ding funktioniert, ist in Abb. 2.3 skizziert.

Geht eigentlich ganz einfach. Könnte man fast mal selbst nachbauen. Man braucht nur eine Spannungsquelle, die muss nicht besonders groß sein. Daran schließt man dann einen Draht an und lässt Strom durchfließen. Und schon glüht der Draht. Das ist vom Prinzip her wie das einfachste Experiment aus dem Elektrobaukasten für Kinder: Birnchen auf Batterie. Das Ganze steckt man in einen Glaskolben, aus dem fast die komplette Luft rausgezogen ist. Dann steckt man etwas elektrisch Leitendes (in unserem Beispiel eine Biber-Schablone aus Metall) ins andere Ende des Kolbens (o. k., darum sollte man sich vielleicht lieber kümmern, bevor der Kolben fertig und die Luft draußen ist) und legt eine Hochspannung zwischen dem Biber und dem Glühdraht an. Der Biber wird positiv geladen (nennt man dann Anode) und der Glühdraht negativ (Kathode). Ach ja: Hübsch wird's, wenn man die Wand dahinter mit Zinksulfid anstreicht.

Strahlung, die überraschenderweise aus Teilchen bestand Was passiert, wenn man jetzt die Spannungen anlegt? Der Glühdraht glüht und die Wand hinter dem Biber leuchtet plötzlich grün (dank dem Zinksulfid). Noch dazu gibt es einen Biberschatten. Die Wissenschaftler damals waren etwas seriöser als wir hier und nahmen keine Biber-Schablone sondern stattdessen eine Kreuzschablone und machten sich so daran, das Gesehene zu verstehen.

Der deutsche Physiker Eugen Goldstein entdeckte 1876 den Schattenwurf (zuvor waren noch keine Schablonen benutzt worden) und schloss daraus, dass eine Art Strahlung auf die Schablone fällt. Er nannte die Strahlen *Kathoden-strahlen*. Der britische Physiker Sir William Crookes konnte dann zeigen, dass sich diese Strahlung von einem Magneten ablenken lässt. Über die Richtung der Ablenkung kam er auch gleich drauf, dass die Strahlung negativ geladen war.

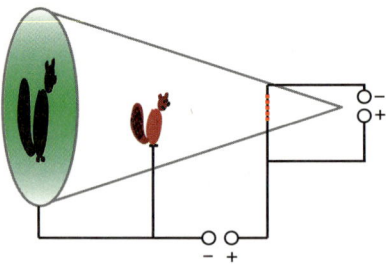

Abb. 2.3 Eine Kathodenstrahlröhre: Am hinteren Ende (*hier rechts*) wird ein Draht mit einer geringen Spannung geheizt. Zwischen diesem Ende und dem vorderen Ende, das mit einer phosphoreszierenden Schicht bezogen ist (*ganz links*), liegt eine Hochspannung an. In der Mitte befindet sich eine Schablone, in unserem Fall eine Biber-Schablone

1896 führte schließlich der britische Physiker J. J. Thomson einige Experimente mit den Kathodenstrahlen durch und ließ sie nicht nur in magnetischen sondern auch in elektrischen Feldern ablenken. Durch einen Vergleich der beiden Ablenkungen kam er darauf, dass es sich bei den Kathodenstrahlen um negativ geladene Teilchen mit einem ganz bestimmten Verhältnis von Ladung zu Masse (*e*/*m*) handeln musste. Und das war gleich, egal aus welcher Art Kathodenmaterial man sie erzeugte. Noch dazu waren die Teilchen fast 2000 Mal leichter als die bisher kleinsten bekannten Bausteine der Materie, die Wasserstoffatome.

Und plötzlich war das Elektron da Thomson schloss daraus, dass diese Teilchen aus Atomen kommen könnten. Es waren die Teilchen, die wir heute als Elektronen kennen. Thomson veränderte also nochmals die Vorstellung eines Atoms und beschrieb das Ganze als sogenanntes *Rosinenkuchenmodell* („Plumpudding Model"): Die Rosinen waren die negativen Elektronen und drumrum sollte es noch einen positiven Teig geben. Und schon sah unser Atommodell aus wie in Abb. 2.4a.

Es wird übrigens Zeit für unseren ersten Nobelpreis! Thomson bekam ihn 1906 überreicht, und zwar für seine Untersuchungen und Erkenntnisse, die er aus der Bewegung von Elektronen in Gasen gewonnen hat.

Als Idee war Thomsons Rosinenkuchenmodell gar nicht schlecht. Allzu lange hielt diese Idee aber nicht. Denn der neuseeländische Physiker Ernest Rutherford hatte zusammen mit Hans Geiger und Ernest Marsden im Jahre 1909 einen Versuch durchgeführt, der schon wieder ein völlig neues Bild von Atomen ergeben sollte. Dieses Atommodell gilt aber wenigstens mal noch heute.

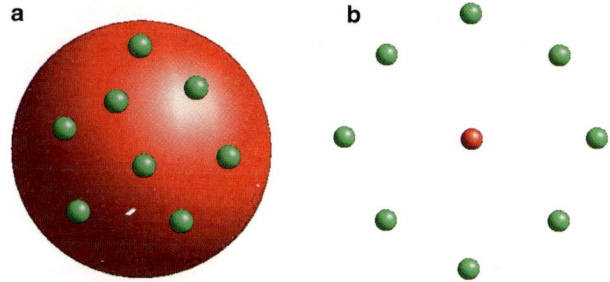

Abb. 2.4 Atommodelle mit einer inneren Struktur. **a** Positiver Teig mit negativen Elektronen drin verteilt (Thomsonsches Atommodell). **b** Ein kleiner positiver Kern mit einer Elektronenhülle weit drumherum

2.3   Murmelspiel und Rosinenkuchen: das heitere Ratespiel um die Struktur der Atome

Auch wenn man es vielleicht nicht glaubt, aber mit meinen Physikerkollegen gehe ich auch gerne an die Öffentlichkeit. Bei Wissenschaftsfesten, Messen für junge Menschen oder bei Schulbesuchen bringen wir ein paar anschauliche Versuche mit, um den Menschen zu erklären, wie Teilchenphysik so läuft. Einer dieser Versuche erklärt den *Rutherfordschen Streuversuch* und dabei kann das Publikum selbst die Strukturen von Atomen rausfinden. Wie das geht?

Wir haben ein Holzbrett, so wie in Abb. 2.5. Darauf ist eine Rampe montiert, auf der man einen Haufen Murmeln festhalten muss. Lässt man los, rollen die Murmeln die Rampe hinab und knallen gegen eine Holzfigur, die unter einem Dach liegt. Schaut man von oben drauf, kann man erst mal nicht sehen, was für eine Figur darunter liegt. Wir haben ein Rechteck, einen Kreis und ein Dreieck und können die Leute dann immer raten lassen, was gerade drunter liegt. Also natürlich nicht einfach nur raten. Wer ein wenig pfiffig ist, schnappt sich nämlich eine wichtige Information: die Ablenkrichtung der Murmeln. Man kann nämlich mal kurz überlegen, was passiert, wenn die Murmeln auf die Holzfigur treffen:

- **Rechteck**   Die Kugeln, die gegen die Vorderseite des Rechtecks knallen, werden wieder in die Richtung der Rampe zurückreflektiert. Diejenigen, die seitlich vorbeigehen, fliegen einfach weiter.
- **Dreieck**   Da die Kugeln alle auf die schrägen Kanten des Dreiecks prallen, erwartet man, dass sie verteilt in der vorderen Hälfte landen.
- **Kreis**   Der Kreis ist schön symmetrisch rund und sollte die Murmeln gleich verteilt in alle Richtungen streuen.

Abb. 2.5 Ein Versuch, der das Prinzip des Rutherfordschen Streuversuchs darstellt. Murmeln rollen über die Rampe gegen Holzfiguren und werden danach weggestreut. Die Form der Figur entscheidet über die Streurichtung. (Foto: © Ching-Yen Huang)

Wenn man sich jetzt nur das Streumuster der Murmeln anschaut, kann man schon darauf schließen, welche Figur darunter liegt.

Rutherfords Heliumgeschosse und die verrückte Struktur der echten Atome Ernest Rutherford wollte natürlich nicht die Form von Holzfiguren rausfinden, sondern die der Atome. Ihm hätte es auch nichts geholfen, einfach das Dach hochzuheben und nachzuschauen. Denn Atome sind viel zu klein, um sie direkt betrachten zu können. Aber er hat sie letztlich auch einfach mit kleinen Teilen beschossen und geschaut, wie diese abgelenkt werden. Seine kleinen Teile waren jetzt keine Murmeln, sondern Kerne von Heliumatomen. Man nennt diese Heliumkerne auch α-Strahlung. Das ist eine von drei Typen radioaktiver Strahlung (siehe Abb. 2.6). Radioaktive Strahlung besteht allgemein aus kleinen Teilchen, die schnell angeflitzt kommen, und zwar heraus aus Atomkernen, die radioaktiv zerfallen.

Es war damals bereits bekannt, dass manche Stoffe radioaktiv strahlen. Ernest Rutherford hat im Rahmen seiner Forschung die verschiedenen Arten von Strahlungen untersucht und in drei Gruppen eingeteilt. Wir wissen heute viel mehr über die Strahlung als Rutherford damals, aber er konnte die gleiche Einteilung schon damals vornehmen, da er die Strahlung durch ein Magnetfeld schickte und diese dann aufgrund ihrer unterschiedlichen Ladung unterschiedlich abgelenkt wurde.

- α-**Strahlung**   Kennen wir heute als die Kerne von Heliumatomen. Die bestehen aus 2 Protonen und 2 Neutronen. Dauerte aber ein wenig, bis

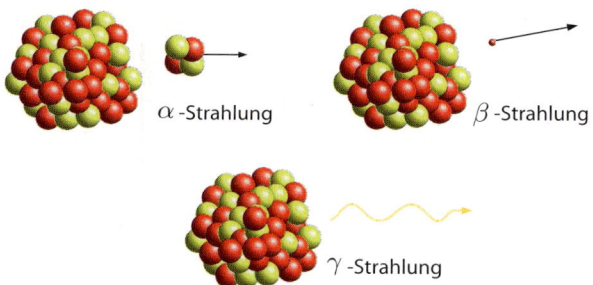

α-Strahlung β-Strahlung γ-Strahlung

Abb. 2.6 Die drei Typen radioaktiver Strahlen: α- (*oben links*), β- (*oben rechts*) und γ-Strahlung (*unten*). α-Strahlen sind Heliumkerne, β-Strahlen Elektronen (oder Positronen) und γ-Strahlen Photonen (Lichtteilchen)

man das wusste. Wir lernen das Neutron in Abschn. 2.4 noch genauer kennen. Jedenfalls ist α-Strahlung zweifach positiv geladen und besteht aus schweren Bestandteilen. Also „schwer" ist dabei natürlich relativ zu verstehen. Will man sich vor α-Strahlung schützen, reicht ein Blatt Papier zur Abschirmung. Kein Witz!

- β-**Strahlung** Davon gibt es zwei Sorten. Die eine heißt β^--Strahlung. Die besteht einfach nur aus Elektronen und entsteht immer dann, wenn in einem Atomkern ein Neutron (kommt in Abschn. 2.4) in ein Proton umgewandelt wird. Ohne Elektron wäre die Ladung nicht erhalten: Etwas Neutrales wird zu etwas Positivem und etwas Negativem. Wenn in einem Atomkern aber ein Proton in ein Neutron umgewandelt wird, dann wird β^+-Strahlung frei: Etwas Positives wird zu etwas Neutralem und noch etwas Positivem. Aber Moment, wenn β^--Strahlung aus Elektronen besteht, dann ist β^+-Strahlung das Gleiche, nur positiv? Kann das sein? Ein positives Elektron? Oh ja! Gibt's. Heißt Positron. Und ist spannend, denn es ist „Antimaterie"! Als kleiner Appetizer soll das an dieser Stelle aber mal reichen. Denn zur Antimaterie lernen wir noch jede Menge in Abschn. 2.7.4. Jedenfalls besteht β-Strahlung nur aus einfach geladenen Teilchen, die noch dazu sehr leicht sind. Und das hat Thomson für uns ja rausgefunden. Will man sich vor β-Strahlung schützen, reicht zur Abschirmung ein wenige Millimeter dicker Absorber, z. B. ein Alu-Blech.

- γ-**Strahlung** γ-Strahlung ist pure Energie, einfach nur eine elektromagnetische Welle, ein sich bewegendes Kraftfeld. Man kann sie auch als Teilchen beschreiben, dann spricht man von *Photonen*. Eigentlich ist γ-Strahlung das Gleiche wie auch Licht, nur mit einer viel höheren Energie. Licht mit zu viel Energie kennen wir ja schon als UV-Strahlung, die auf der Haut wenig Spaß macht. γ-Strahlung hat ca. 200.000 Mal so viel Energie wie UV-Strahlung, macht also auch um einiges mehr Ärger. Außerdem ist

γ-Strahlung sehr schwer zu stoppen. Was die Abschirmung angeht, gilt: Je dicker, desto besser. Das ist einer der Gründe für die dicken Wände von Kernkraftwerken.

Wieso entschieden sich Rutherford, Geiger und Marsden nun für α-Strahlung bei ihrem Murmelspiel? Man wusste, dass β-Strahlung stark gestreut wird, wenn sie auf ein absorbierendes Material schießt. Das war bei α-Strahlung nicht der Fall. Der Grund war, dass α-Strahlung so viel schwerer ist. Sie bleibt eben einfach stecken oder fliegt, falls die Schicht dünn genug ist, einfach durch. „Alles klar", dachten sich jetzt die drei Herren, „wenn wir nun unsere α-Strahlung als dicke Murmeln auf eine sehr dünne Folie schießen, sollte sie sich davon wenig beeindrucken lassen und einfach gerade durchfliegen".

Diese Überlegung war auch ein 1A-Test für das Thomsonsche Atommodell. Würde ich mit einem Luftgewehr auf einen Rosinenkuchen schießen, würden die meisten Kugeln gerade durchfliegen, manche vielleicht leicht abgelenkt. Die drei Herren spielten also das Murmelspiel für einen Modelltest. Nur ging es hier nicht um Kreis, Dreieck und Rechteck, sondern um den Test den Rosinenkuchenmodells von Thomson. Sie führten den Test durch, nahmen Radium als radioaktive Quelle für die α-Strahlung und schossen es auf eine sehr dünne Goldfolie. Was ist dabei passiert?

Doch kein Rosinenkuchen, sondern ein winziger schwerer Kern mit einer riesigen Hülle Geiger, Marsden und Rutherford erwarteten, dass fast alle Teilchen gerade durchfliegen und nur schwach abgelenkt werden würden. Sie sahen dann auch, dass die meisten geradeaus flogen, ohne auch nur ein Stück abgelenkt zu werden (Abb. 2.7).

Einige jedoch wurden auch abgelenkt, allerdings in alle möglichen Ecken – teilweise auch einfach direkt zurückgestreut. Das war gar nicht rosinenkuchenmäßig. Die Verteilung der zurückgestreuten Teilchen konnte nur erklärt werden, wenn man das Atommodell anpasste.

Denken wir zurück ans Murmelspiel:

- Die Kugel fliegt einfach geradeaus? O. k., dann war da wohl einfach nichts.
- Die Kugel fliegt in alle Richtungen? Dann war da wohl etwas Rundes in der Mitte.

Etwas kleines Rundes und drum rum im Wesentlichen nichts. Von wegen Rosinenkuchen. Und fertig war ein neues Atommodell: das Rutherfordsche Atommodell, zu sehen in Abb. 2.4b. Dieses Modell hat sich bis heute gehalten.

O. k., zugegeben: Der dänische Physiker Niels Bohr schraubte noch ein wenig daran, indem er die Elektronen in bestimmte Bahnen steckte. Aber im

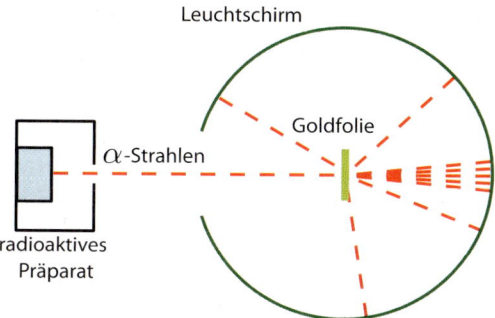

Abb. 2.7   Der Aufbau des Rutherford-Experiments. Ein radioaktives Präparat sendet α-Strahlung aus. Sie trifft auf eine Goldfolie und wird dort gestreut. Die gestreuten α-Teilchen treffen dann auf den rundherum aufgebauten Leuchtschirm und erzeugen dort kleine Lichtblitze

Wesentlichen ist das Modell so weit o. k.. Oder fehlt noch etwas? Was wären denn jetzt unsere elementaren Bausteine der Natur? Negative Elektronen und positive Atomkerne? Mit den Kernen, da war doch etwas. War es nicht so, dass schon William Prout 100 Jahre zuvor aufgefallen war, dass die Atome eine Masse hatten, die ein Vielfaches der Wasserstoffmasse war? Wenn die Elektronen 2000-mal leichter waren als die Kerne, dann scheinen andere Kerne ja irgendwie – wenn schon nicht aus Wasserstoffatomen – aus Wasserstoffkernen zusammengebaut zu sein. Wir müssen jetzt nur noch rausfinden, wie man Atomkerne zusammenbaut und, vor allem, woraus!

2.4   Neutraler Kollege: das Neutron als weitere Zutat

Wie weit sind wir denn nun schon? Elemente bestehen aus kleinsten Teilen, den Atomen. Atome bestehen aus negativen Elektronen, ganz klein und leicht, und aus einem schweren, aber kleinen positiven Kern. Ach ja, und die Atommassen sind alle Vielfache eines kleinsten Wertes, der Masse des Wasserstoffatoms.

Mit dem Wissen kann man eigentlich ganz gut leben. Aber in der Physik ist es immer so, dass man denkt: „Mensch, bin ich gescheit! Was ich jetzt weiß, damit kann ich locker alles erklären!" Und wenn man sich dann gerade mal eine Woche an den Strand legt und an seinem Wissen erfreut, kommt irgendein Kollege daher und erzählt von seiner neuen Entdeckung. Die ist dann nicht nur spannend, sondern versaut einem auch so richtig den Urlaub. Denn sie will einfach nicht in das aktuelle Weltverständnis passen. Die bekannten

Formeln und Ideen machen plötzlich keinen Sinn mehr. Man braucht neue Formeln und Modelle: also zurück an den Schreibtisch!

Aber was gab es denn nun damals wieder für einen Ärger mit dem Rutherfordschen Atommodell? Der britische Chemiker Francis William Aston beschäftigte sich 1918 mit einem frisch entwickelten Gerät, dem sogenannten Massenspektrometer. Ein schlaues Gerät, denn es kann Objekte nach Massen trennen. Auch solche, die viel zu leicht sind, um sie zu wiegen. Einzelne Atome zum Beispiel.

Alles, was man dafür tun muss, ist ihnen erst mal mindestens ein Elektron abzunehmen. Dann sind die Atome nämlich positiv geladen und man kann sie nicht nur beschleunigen (mehr dazu in Abschn. 4.2.1), sondern auch im Magnetfeld ablenken, und zwar auf eine Kreisbahn. Was passiert jetzt, wenn unterschiedlich schwere, aber gleich schnelle Objekte von einem magnetischen Kraftfeld abgelenkt werden? Das erklärt uns die Schlaubox. Kann man lesen, muss man aber nicht.

Geladene Teilchen im Magnetfeld

Auf geladene Teilchen in elektrischen und magnetischen Feldern wirkt eine Kraft, die man *Lorentz-Kraft* nennt (benannt nach dem niederländischen Physiker und Mathematiker Hendrik Antoon Lorentz). Die Lorentz-Kraft wird beschrieben als

$$\vec{F}_L = q(\vec{E} + \vec{v} \times \vec{B}) \, . \tag{2.1}$$

Man sieht: Die Kraft $\vec{F}_L$ ist erst mal proportional zur elektrischen Ladung q (sagt uns das Gleichzeichen zwischen den beiden Größen). Doppelte Ladung gibt doppelte Kraft. Dann teilt sich die Kraft in zwei Komponenten. Die erste beschreibt, was passiert, wenn eine Ladung in ein elektrisches Feld $\vec{E}$ gelangt. Sie erfährt eine Kraft in Richtung des elektrischen Feldes. Der zweite Teil erklärt, was passiert, wenn eine elektrische Ladung in ein Magnetfeld $\vec{B}$ gelangt. Liegt sie rum, passiert erst mal nichts. Denn dann ist ihre Geschwindigkeit $\vec{v} = 0$ und damit auch das Kreuzprodukt aus Geschwindigkeit und Magnetfeld. Da Kräfte auch immer eine Richtung haben, drückt man sie durch Vektoren aus (erkennt man am Pfeil auf den Buchstaben). Bei einem Kreuzprodukt ergibt sich der Betrag des Ergebnisses als Produkt der Beträge der einzelnen Vektoren, also deren Längen, und dem Sinus des Winkels α zwischen ihnen: $|\vec{v} \times \vec{B}| = |\vec{v}| \cdot |\vec{B}| \cdot \sin \alpha$. In welche Richtung das

Ergebnis des Kreuzproduktes zeigt, findet man also mit seiner rechten Hand raus. Man nimmt den Daumen und seine beiden Nachbarn und streckt sie von sich: Daumen nach oben, Zeigefinger nach vorne, Mittelfinger nach links. Wenn jetzt $\vec{v}$ in Daumenrichtung geht, $\vec{B}$ in die des Zeigefingers, dann geht $\vec{F}$ in die Richtung des Mittelfingers.

Wenn wir jetzt sagen, dass ein geladenes Teilchen in ein Magnetfeld fliegt, und zwar senkrecht, wirkt eine Kraft mit Betrag $F = qvB$ darauf.

Nun noch zu einer anderen Kraft. Beim Karusellfahren merkt man, dass bei einer solchen Bewegung eine Kraft einen nach außen drückt. Das ist die Zentrifugalkraft. Deren Betrag ist:

$$F_Z = m\omega^2 r \qquad (2.2)$$

r ist der Radius der Kreisbahn und $\omega = \frac{\Delta\phi}{\Delta t}$ die *Winkelgeschwindigkeit*. Das ist die Geschwindigkeit, mit der sich etwas um einen gewissen Winkel ϕ dreht. Man kann sie auch schreiben als $\omega = v/r$. Hierbei ist v die Geschwindigkeit, mit der ich eine gewisse Strecke zurücklege. Man sieht: Dreht man ein Karussell mit einer gewissen Winkelgeschwindigkeit ω und setzt sich rein, ist man schneller, je weiter man vom Zentrum weg ist.

Das Teilchen im Magnetfeld wird nun von der Lorentz-Kraft nach innen und von der Zentrifugalkraft nach außen gedrückt. Da die Kreisbahn stabil ist, sind beide Kräfte gleich groß. Nutzen wir das und die andere Schreibweise von ω, so erhalten wir:

$$F_L = F_Z \qquad (2.3)$$

$$qvB = m\omega^2 r$$
$$= m\frac{v^2}{r} \qquad (2.4)$$

$$r = \frac{vm}{Bq} \qquad (2.5)$$

Der Radius ist also für schwerere Teilchen größer (ein großes m macht r groß).

Zusammenfassend lässt sich sagen: der dicke Brummer lässt sich weniger stark ablenken als das Fliegengewicht. Wenn ich jetzt ein paar Atome habe, de-

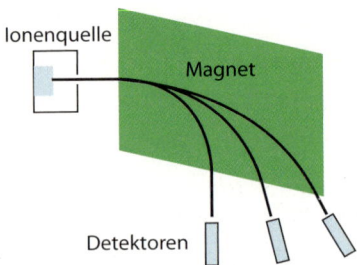

Abb. 2.8   Ein Massenspektrometer. Aus der Ionenquelle fliegen Ionen in ein Magnet-feld und werden dort auf Kreisbahnen gelenkt. Die Bahnen von schweren Teilen sind schwach gekrümmt, die von leichten stark. Detektoren fangen die Teilchen ein und können über den Einfangort und damit die Krümmung Informationen über die Masse geben

nen jeweils ein Elektron klaue (und sie damit alle einfach auflade) und in ein Massenspektrometer stecke, werden sie unterschiedlich stark abgelenkt. Und wenn ich dann am Ende des Spektrometers ein paar Boxen aufstelle, landen die Atome dort nach Massen sortiert. Skizziert ist so ein Massenspektrometer in Abb. 2.8.

Wie ein und dasselbe Element auf verschiedene schiefe Bahnen gerät Man könnte ja jetzt verschiedene Elemente damit trennen. Die haben schießlich als Masse alle ein Vielfaches der Wasserstoffmasse. Man kann auch einfach mal zum Spaß nur ein Element reingeben. Das sollte dann ja auch immer in der gleichen Kiste landen (also im selben Detektor in Abb. 2.8).

Als Francis William Aston nun mit dem Massenspektrometer experimen-tierte, sah er, dass genau das nicht passierte. Zumindest nicht immer. Was heißt das? Es muss also verschieden schwere Atome eines Elements geben. Der Unterschied der Massen lag wieder in der Größenordnung des Wasser-stoffatoms. Wie kann es denn aber sein, dass man normalerweise verschiedene Wasserstoffatomkerne zu Kernen neuer Elemente zusammenbauen kann, sich aber manchmal überhaupt nichts am Element ändert?

Hier war Ernest Rutherford gefragt. Seine Idee: Nehmen wir einfach mal an, es gibt zwei Bausteine des Atomkerns: positive, die das Element verändern, wenn man sie hinzunimmt, und neutrale, die das Element gleich bleiben lassen (nur eben schwerer machen), wenn man sie hinzunimmt. Als Idee war das nicht schlecht, nur brauchte diese – wie alle Ideen in der Physik – auch einen Beweis.

Das Neutron: wie ein Proton, nur neutral Der deutsche Physiker Walter Bothe beobachtete im Jahre 1930 eine neue Art Strahlung. Radioaktives Po-

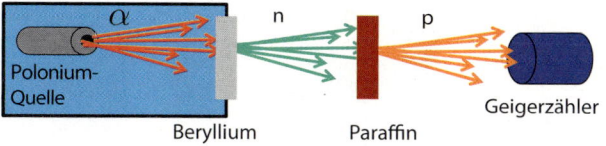

Abb. 2.9 Die Entdeckung des Neutrons: Aus einer Polonium-Quelle gelangen α-Teilchen auf eine Beryllium-Schicht. Hinter dieser entstand eine bisher unbekannte Strahlungsart (Neutronen!). Diese hätten im Geigerzähler selbst kein Signal auslösen können, konnten aber aus einer Paraffinschicht Protonen auslösen, die ihrerseits dann ein Signal im Geigerzähler hinterließen

lonium strahlte α-Teilchen ab. Die kannte man schon. Knallten diese dann auf eine Schicht Beryllium, trat auf der anderen Seite eine Strahlung aus, die sich aber nun von elektrischen und magnetischen Feldern nicht mehr beeindrucken, also ablenken ließ. Wer aufgepasst hat, wird jetzt rufen: „Dann wird's ja wohl die γ-Strahlung sein!" Dachte man damals zunächst auch.

Ganz wie die γ-Strahlung kam diese Strahlung in Materie ganz schön weit und ließ sich nicht so leicht stoppen. So weit, so gut. Allerdings aber konnte die beobachtete Strahlung etwas, was man von γ-Strahlung nicht erwartet hätte. Sie konnte nämlich Atomen einen Tritt verpassen und sie damit ungewöhnlich schnell machen. Viel schneller, als γ-Strahlung das gekonnt hätte (oder eben nur γ-Strahlung mit viel zu hohen Energien).

Das Ehepaar Irène und Frédéric Joliot-Curie führte dazu ein Jahr später nach Entdeckung dieser sonderbaren Strahlung – die man dann Beryllium-Strahlung statt γ-Strahlung nannte – einen Versuch durch. Sie ließen die Beryllium-Strahlung auf eine Schicht Paraffin treffen. Paraffin kennen wir schon aus Abschn. 2.1; es besteht zu einem Großteil aus Wasserstoff. Was beobachtete man nun?

Abbildung 2.9 zeigt es. Hinter der Paraffinschicht steht eine Ionisationskammer. Die ist ein relativ einfacher Detektor zur Messung von Strahlung, ähnlich wie ein Geigerzähler. Mehr zu Detektoren lernen wir noch in Kap. 5. In der Ionisationskammer ist ein Strom gemessen worden. O. k., es kommt ja auch die Beryllium-Strahlung in Richtung der Kammer. Kann schon sein. Ohne Paraffinschicht allerdings, also wenn die Beryllium-Strahlung direkt auf die Ionisationskammer traf, konnte man jedoch nichts messen. Es schien also ganz so, also hätte die Beryllium-Strahlung, nachdem sie auf die Paraffinschicht knallte, eine andere Art Strahlung freigesetzt.

Mithilfe einer „Wilsonschen Nebelkammer" (da kommen wir im Kap. 5 noch zu und verwenden das jetzt erst mal hier als Angeber-Fremdwort) kann man geladene Teilchen sichtbar machen. Und das konnte man in diesem Fall auch, allerdings wieder nur mit der Paraffinschicht. Das Ehepaar Joliot-Curie

Abb. 2.10 *Von links nach rechts:* Proton, Neutron und Elektron. (Fotos von Teilchen: © Particle Zoo)

schloss daraus, dass die Beryllium-Strahlung aus dem Paraffin Protonen herausgeschlagen haben musste. Schließlich sind die geladen und im Paraffin auch reichlich vorhanden.

Indem man schaute, wie weit die Protonen im Nebel kamen, konnte man auch ausrechnen, wie viel Energie sie haben mussten. Und wieder kam heraus: zu viel, als dass die Beryllium-Strahlung γ-Strahlung sein konnte. Und jetzt schlug die Stunde des englischen Physikers Sir James Chadwick. Er vermutete, dass die Beryllium-Strahlung aus massiven Teilchen bestehen musste. Also nicht unbedingt besonders massiv, aber immerhin massiver als die masselosen γ-Strahlen. Im Jahre 1932 baute er das Experiment nach und konnte nachrechnen, dass diese Teilchen in etwa die Masse von Protonen haben müssten. Nur waren diese eben elektrisch neutral. Für Chadwick war die Sache glasklar: Diese Strahlung musste aus den bereits von Ernest Rutherford vorhergesagten neutralen Kollegen des Protons bestehen, aus denen Atomkerne noch mit aufgebaut sind. Das *Neutron* war entdeckt. Und Chadwick wurde für diese Entdeckung 1935 mit dem Nobelpreis für Physik beschenkt.

Zu dieser Zeit schien die Sache ganz offensichtlich: Die Welt hat drei elementare Bausteine. Die drei Jungs stellen sich in Abb. 2.10 noch mal persönlich vor. Weil Teilchenphysiker mit Teilchen arbeiten, die so klein sind, dass man sie nicht mehr sehen kann, haben viele von ihnen zu Hause ein Teilchen als Stofftier. Mein Kollege Frank hat sogar von seiner Freundin ein Kissen genäht bekommen, das ein Gluon darstellt. Ein Gluon ist etwas Verrücktes und Spannendes und wir werden es in Abschn. 2.8 noch genauer kennenlernen.

Groß und schwer in der Teilchenwelt Aber erst mal zum aktuellen und recht schönen Baukasten unserer Erde, der die Menschen sehr glücklich gemacht hat. Schließlich kann man mit ihm die ganze Welt zusammenbauen. Eine nette Erkenntnis. Da sind sie also, die schönen Zutaten, die wir gesucht haben: Aus positiven Protonen und neutralen Neutronen kann man sich Atomkerne bauen. Drumrum kommt erst mal eine Weile nichts und dann ein Haufen negativer Elektronen, und zwar pro Atom genauso viele wie Protonen. Schließlich sind Atome ja neutral, wenn man ihnen nicht gerade ein Elektron wegnimmt. Ach ja, und Elektronen sind ungefähr 2000 Mal leichter als Protonen und Neutronen.

Was heißt in diesem Fall eigentlich „schwer"? Ein Proton hat eine Masse von ca $1,672621777 \cdot 10^{-27}$ kg. Das heißt, wenn ich beim Physiker ein Kilo Protonen bestelle, bekomme ich ca. 600.000.000.000.000.000.000.000.000 Stück. Ganz schön viele, oder? Na ja, und bei den Elektronen, die ja nur $9,10938291 \cdot 10^{-31}$ kg wiegen, gibt's entsprechend 2000-mal mehr. Das sollte schon mal ein gutes Gefühl für „leicht" und „schwer" in der Teilchenwelt geben.

Und wie sieht's aus mit „groß" und „klein"? Ein Atomkern soll ja klein sein. Nehmen wir mal den Wasserstoffkern. Der ist genauso groß wie ein Proton: $1,7 \cdot 10^{-15}$ m im Durchmesser, also ziemlich klein. Die Elektronen in der Hülle sind auch ganz schön weit weg vom Kern. Da ein Atom ca. 10^{-10} m groß ist, kann man sich das so vorstellen: Wenn ein Atomkern eine Rosine darstellt, fliegen die Elektronen mit einem Abstand von einem Kilometer um die Rosine. Der Rest dazwischen ist leer. Also sind auch wir als Menschen im Wesentlichen leer. Merkt man bei den meisten gar nicht, oder?

Und wie sieht es nun mit der Größe des Elektrons aus? Das Elektron ist nach heutigem Wissen ein Elementarteilchen. Und Elementarteilchen haben keine Ausdehnung, sie sind punktförmig. Aber jetzt nicht so wie ein dicker Punkt, den ich mit einem dicken Filzstift male, sondern eher ein Punkt ganz ohne Ausdehnung, unendlich klein, wie eine Kugel mit einem Radius von null Metern. Klingt jetzt vielleicht erst mal verrückt. Ist es irgendwie auch. Aber wie bekommt man raus, dass Teilchen punktförmig sind? Oder dass sie eine Ausdehnung haben? Oder wie groß diese Ausdehnung ist? Und sind das Proton und das Neutron wirklich elementare Bausteine?

Keine Sorge, das Buch hat ja noch ein paar Seiten. Und es geht nicht nur weiter mit der Suche nach möglichen weiteren elementaren Bausteinen. Es geht jetzt sogar erst richtig los. Wer glaubt, dass das, was bisher hier erzählt wurde, irgendwie schräg ist, der sollte sich auf den nächsten Seiten gut festhalten.

2.5 Mit der Nadel in die Knetkugel: die Struktur der Atome

Im letzten Abschnitt waren die Bausteine unserer Welt Protonen, Neutronen und Elektronen. Ich habe ja schon verraten, dass Elektronen punktförmig sind und auch, dass Protonen vielleicht eine Ausdehnung haben. Als punktförmiges Teilchen ist man ein super Kandidat für ein Elementarteilchen. Aber wenn man eine Ausdehnung hat ... hm. Also ich selbst habe ja auch eine ziemlich große Ausdehnung. Dafür ist auch allerlei in mir drin. Aber wie sieht das Ganze denn mit dem Proton aus?

2.5.1 Das Proton: Kugel oder Punkt?

Erst mal müssen wir ja wissen, wie man überhaupt rausfindet, ob ein Teilchen punktförmig ist oder nicht. Als Experimentalphysiker geht man folgendermaßen vor: Man schnappt sich dazu ein Modell mit einer Annahme, macht eine Messung dazu und schaut, ob's passt. Bei der Rutherford-Streuung, die wir im Abschn. 2.3 angesprochen hatten, kam als Ergebnis raus, dass der Atomkern sehr klein ist. Man konnte die gemessene Verteilung der weggestreuten α-Teilchen mit einem Modell vergleichen, bei dem ein positiv geladenes α-Teilchen auf einen positiv geladenen Kern trifft. Weggestreut wird es, weil elektrisch geladene Teilchen mit gleicher Ladung sich abstoßen und solche mit unterschiedlicher sich anziehen. Ein schönes Beispiel: Man reibt einen Luftballon am Pulli, lädt ihn damit negativ auf und hält ihn sich dann in die Nähe der Haare. Auf den Haaren, die eigentlich neutral sind, werden dann positive und negative Ladungen getrennt und der zurückbleibende positive Teil sorgt dafür, dass die Haare vom Ballon angezogen werden.

Wir wollen mal schauen, welche Formel die Rutherford-Streuung beschreibt und was wir aus ihren Ergebnissen über die Struktur der Atome lernen können.

Schnelle α-Teilchen bekommen die Starke Kraft zu spüren Wer wissen will, was die Rutherford-Formel, die beschreibt, in welche Richtung die α-Teilchen zerstreut werden, mit einem Vulkan zu tun hat, der darf den Kasten lesen – und für die anderen geht's dahinter weiter.

Die Rutherfordsche Streuformel

Die folgende Formel gibt das Ergebnis für den *differentiellen Wirkungs-querschnitt* pro *Raumwinkel* an. Das schreibt sich professionell als $\frac{d\sigma}{d\Omega}$. Was genau ein Wirkungsquerschnitt ist, das wird im Abschn. 3.3 noch genauer erklärt. Wir begnügen uns jetzt mal damit, dass der Wirkungsquerschnitt beschreibt, wie häufig etwas passiert. Er bekommt das Symbol σ (sprich „Sigma").

Ein differentieller Wirkungsquerschnitt beschreibt, wie häufig etwas „in Abhängigkeit von etwas anderem" passiert. Die Abhängigkeit ist bei uns das *Raumwinkelelement* Ω („Omega"), in das das Teilchen weggestreut wird. Was ist denn nun bitte ein Raumwinkelelement? Stellen wir uns einen Punkt vor, an dem etwas passiert. Sagen wir mal: ein Vulkan, der ausbricht. Wir sitzen jetzt im Hubschrauber und schauen uns das Geschehen von oben an. Wenn wir uns einen Kreis um den Vulkan denken, können wir uns fragen, in welche Richtung die Lava wohl abfließen wird (Abb. 2.11a). Ein Kuchenstück aus diesem Kreis nennen wir dann *Winkelelement* (*W*). Wenn unser Vulkan jetzt eine abgebrochene Ecke hat und die Lava langsam rausfließt, dann wird sie wohl entlang der abgebrochenen Ecke fließen. Ein differentieller Wirkungsquerschnitt in Anhängigkeit des Winkelelements ($\frac{d\sigma}{dW}$) würde also aussehen wie in Abb. 2.11b: Die größte Wahrscheinlichkeit gibt es in der Richtung der abgebrochenen Ecke. Wenn also ein Winkelelement ein Kuchenstück aus einem Kreis ist, ist ein Raumwinkelelement das Gleiche von einer Kugel, also in 3D (Abb. 2.11c).

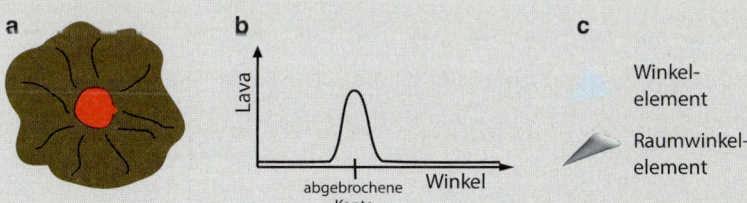

Abb. 2.11 a Ein ausgebrochener Vulkan von oben. **b** Die Skizze eines ausgedachten Wirkungsquerschnitts für die abfließende Lava. Man sieht: Bei der abgebrochenen Kante fließt wohl am meisten lang. **c** Der Raumwinkel ist wie das Kuchenstück beim Winkel, nur in 3D

Jetzt wissen wir, wieso der Rutherfordsche Wirkungsquerschnitt als $\frac{d\sigma}{d\Omega}$ geschrieben werden kann. Seine Formel lautet:

$$\frac{d\sigma}{d\Omega} = \left(\frac{Z_1 Z_2 e^2}{16\pi\epsilon_0 E_{kin}}\right)^2 \frac{1}{\sin^4\frac{\theta}{2}} \tag{2.6}$$

Hierbei sind Z_α und Z_G die Ladungen des α-Teilchens und des Goldkerns in Einheiten der Elektronenladung e (also $Z_\alpha = 2$ und $Z_G = 79$), ϵ_0 ist die sogenannte *Dielektrizitätskonstante*, E_{kin} die kinetische Energie der α-Teilchen und θ der Streuwinkel, wie in Abb. 2.12a gezeigt. Für $\theta = 0$ ist der Wirkungsquerschnitt nicht definiert.

Was uns interessiert: Wie wahrscheinlich werden die α-Teilchen in welche Richtung gestreut? In Abb. 2.12a ist das Ergebnis in Abhängigkeit des Winkels aufgetragen. Man sieht: Meistens fliegen die Teilchen einfach gerade durch und werden unter sehr kleinen Winkeln gestreut. Selten fliegen sie aber auch mal bis zu 180° zurück.

Jetzt kann man das Experiment mit α-Teilchen mit immer höheren Energien durchführen. Auch daran denkt die Rutherford-Formel. Das Ganze geht auch eine Weile gut. Aber wenn die Energien der α-Teilchen immer größer werden und irgendwann einen ganz bestimmten Wert überschreiten, passiert etwas Seltsames. Man beobachtet viel weniger gestreute α-Teilchen (gestrichelte Linie in Abb. 2.12b), als durch die Rutherford-Streuformel vorhergesagt wird. Viele von den stark zurückgestreuten Teilchen kommen gar nicht an. Sie fliegen auch nicht in eine andere Richtung, sonst müsste man bei anderen Winkeln eine gestrichelte Linie über der berechneten durchgezogenen sehen. Tut man aber nicht. Einige der α-Teilchen kommen einfach nicht an. Nirgends.

Wo könnten sie denn nur sein? Es gibt eine Kraft, die wir im Abschn. 2.10 noch genauer kennenlernen: Die *Starke Kraft*. Sie sorgt dafür, dass Atomkerne nicht auseinanderfliegen, und man nennt sie daher auch gerne *Kernkraft*. Schließlich sind die Kerne ja voller positiver Protonen, die sich abstoßen. Die Starke Kraft sorgt dafür, dass Protonen und Neutronen aneinanderkleben. Allerdings ist ihre Reichweite extrem gering. Die Starke Kraft wirkt erst dann, wenn die Protonen und Neutronen schon fast aneinander gedotzt sind. Die α-Teilchen dotzen normalerweise nicht an den Goldkern. Denn der ist ja positiv geladen, stößt sie schon vor der Kollision ab und streut sie in die Ecken. Aber manchmal kommt es eben doch zum Auffahrunfall.

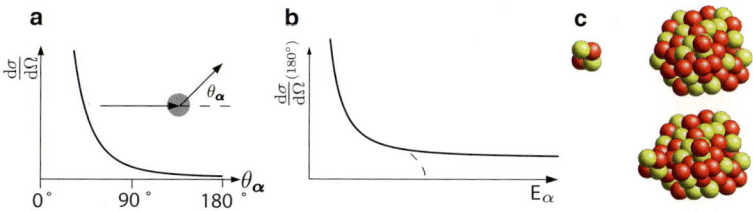

Abb. 2.12 **a** Der von Rutherford berechnete Streuwirkungsquerschnitt in Abhängigkeit vom Streuwinkel. **b** Ab einer bestimmten Energie der α-Teilchen beobachtet man plötzlich viel weniger (*gestrichelt*) als berechnet (*durchgezogen*). **c** α-Teilchen beim Überwinden der Coulomb-Grenze. Die Kernkräfte wirken und fangen es ein

Atomvermessung dank des Kernklebers Was aber passiert, wenn man die Energien der α-Teilchen immer mehr erhöht? Ihre Energie reicht dann aus, um die abstoßende Kraft des Goldatomkerns zu überwinden. Das ist so, wie wenn man zwei Magnete in die Hand nimmt und versucht, die beiden Nordpole gegeneinanderzudrücken. Oder eben die beiden Südpole. Zumindest zwei gleiche, denn die stoßen sich normalerweise ab. Je mehr Energie man aufwendet, desto näher kann man die Magnete aneinanderbringen.

Und so ist es auch mit den α-Teilchen mit den hohen Energien. Nur dass bei denen dann irgendwann die Starke Kraft wirkt und sagt: „Schön, dass du da bist. Bleib doch gleich kleben." Und schwupps – hat der Goldatomkern das α-Teilchen aufgenommen (Abb. 2.12c). Und dann ist's aus unserer Sicht weg, kommt nirgends mehr an und man sieht die gestrichelte Linie in Abb. 2.12b.

Wenn man jetzt mal kurz so tut, als würde die Starke Kraft nur wirken, wenn das α-Teilchen wirklich schon an den Kern gedotzt ist, könnte man ja sagen: „Ich messe das jetzt ein paar Mal, mit verschiedenen Kernen. Und dann schau ich immer, wie viel Energie meine α-Teilchen haben müssen, um es bis zum Kern zu schaffen. Und das hängt ja davon ab, wie dick der Atomkern ist." Systematische Studien dieser Art haben eine schöne Formel für den Radius von Atomkernen geliefert. Je mehr Protonen und Neutronen darin sind, desto größer ist er. Details dazu hat die Schlaubox.

Kernradien

Ein schönes Modell für den Atomkern ist eine Kugel. So eine Kugel mit Radius R hat ein Volumen V von:

$$V = \frac{4}{3}\pi R^3 \qquad (2.7)$$

Wie groß der Radius vom Kern ist, kann ich erst mal nicht sagen. Aber ich weiß, dass das Volumen sich verdoppelt, wenn ich doppelt so viele Protonen und Neutronen in einen Kern stecke. Man sagt dazu, das Volumen ist proportional zur Zahl der *Nukleonen*, die wir mal *A* nennen. Nukleon ist ein Oberbegriff für Proton und Neutron. Die stecken nämlich beide im Kern, und den würde der Lateiner „nucleus" nennen.

Diese Proportionalität schreibt man als $V \sim A$. Das heißt dann aber auch:

$$V = \frac{4}{3}\pi R^3 \sim A \qquad (2.8)$$

$$R \sim A^{\frac{1}{3}} \qquad (2.9)$$

$$R = r_0 A^{\frac{1}{3}} \qquad (2.10)$$

r_0 ist erst mal nur eine Konstante, die experimentell zu ca. $1{,}2 \cdot 10^{-15}$ m bestimmt wurde und eigentlich nur für größere Kerne gilt. Wenn man aber einfach mal für $A = 1$ einsetzt, bekommt man den Radius für einen Kern mit nur einem Proton (dem Wasserstoffkern). Sollte man nicht unbedingt machen, weil die Formel vor allem Kerne mit höherem A zu beschreibt, geht aber zum Spaß auch trotzdem. Für $A = 1$ ist r_0 dann auch der Kernradius, also der Radius des Protons. Tada!

So konnte man rausfinden, dass Atomkerne eine gewisse Ausdehnung haben und wie groß sie in etwa ist.

Das ist schon mal ein guter Hinweis darauf, dass auch die Protonen und Neutronen, aus denen ein Kern ja besteht, eine Ausdehnung haben. Aber immer noch kein endgültiger Beweis. Für den müssen wir noch einen Schritt weiter gehen.

2.5.2   Wir messen eine Ladungswolke

Wie groß sind Atomkerne wirklich? Und wie groß sind Protonen? Oder haben sie vielleicht doch keine Ausdehnung? Wie könnte man das denn jetzt gut rausfinden? Die Idee, α-Teilchen auf einen Kern zu schießen, war ein guter Anfang. Das Problem hierbei ist allerdings, dass das α-Teilchen irgendwann über die Starke Kraft von dem Atomkern, auf den es geschossen wurde, absorbiert wird. Das bringt uns immer eine gewisse Unsicherheit mit ein: Ab welchem Abstand gilt die Starke Kraft? Absorbiert sie die Teilchen wirklich erst, wenn sie den Kern treffen? Wie stark ist sie? Hängt sie von der Energie des α-Teilchens ab?

Da wäre es doch praktischer, ein Teilchen zu schießen, das mit der Starken Kraft nichts zu tun hat. Ein solches Teilchen ist das Elektron (mehr zu der Frage, welche Teilchen mit welchen Kräften reagieren und welche es überhaupt gibt, später in Abschn. 2.10). Schießt man jetzt Elektronen auf Atomkerne, passiert erst einmal nichts Spannendes. Denn der nette Effekt, den wir im letzten Kapitel kennengelernt haben – also das Verschwinden der α-Teilchen ab einer gewissen Energie – tritt nicht auf. Elektronen verstehen nämlich keine Kernkraft. Man kann mit der Rutherford-Streuformel auch vorhersagen, was mit dem Elektron geschehen wird. Und man wird ähnliche Effekte beobachten und nichts Neues dabei lernen.

Es sei denn, man nimmt Elektronen mit sehr hohen Energien. Also so richtig hohen Energien. Dann nämlich zeigen sie uns ein Geheimnis. Es gehört zu der Kategorie „Verrückte Dinge, die man sich überhaupt nicht vorstellen kann, die es aber tatsächlich gibt". Ein guter Lieferant für Themen dieser Art ist die *Quantenmechanik*.

Was denn nun: Teilchen, Welle oder beides? Man redet ja oft davon, dass man Licht sowohl als Welle wie auch als Teilchen beschreiben kann. Wenn man optische Phänomene beschreiben will, geht das per Wellenbild ganz gut. Es gibt auch Versuche, bei denen das Licht sich sehr teilchenhaft verhält. So zum Beispiel, wenn Licht Elektronen aus einem Metall lösen kann. Jedes einzelne Elektron wird dabei von einem einzelnen Lichtteilchen getroffen. Für diese Entdeckung hat Albert Einstein übrigens 1921 den Nobelpreis in Physik erhalten.

Zurzeit arbeite ich an meiner Doktorarbeit, die ich dieses Jahr abgeben möchte. 89 Jahre vor mir gab der Franzose Louis de Broglie seine ab. Gut, er hat auch etwas früher angefangen als ich. Und er hat es geschafft, einen richtigen Knaller als Ergebnis zu präsentieren. Er sagte: „So wie eine (Licht-)Welle sich teilchenmäßig verhalten kann, kann ein Teilchen auch wellenhaft sein!" Das klang erst mal krass. Daher mussten seine Betreuer mit de Broglies Arbeit zu Albert Einstein gehen und ihn fragen, was er davon hält. Und der hielt einiges davon.

Aber was genau heißt es denn, dass ein Teilchen auch wellenmäßig sein kann? In der Quantenmechanik werden alle Teilchen durch Wellen, oder genauer gesagt, Wellenfunktionen beschrieben. Eine Möglichkeit, das zu interpretieren (auch Physiker haben viel darüber gestritten und tun das stellenweise heute noch), ist die sogenannte *Kopenhagener Deutung*. Die besagt, dass eine Welle eine Wahrscheinlichkeitswelle ist.

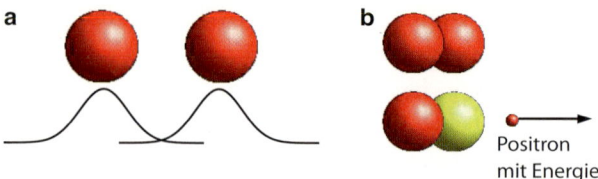

Abb. 2.13 **a** Zwei Protonen in der Sonne. Die Schwerkraft drückt sie zusammen, die positive Ladung auseinander. Durch die Welleneigenschaft sind sie zwar am wahrscheinlichsten gerade dort, wo wir sie hingemalt haben. Allerdings sind sie mit kleiner Wahrscheinlichkeit auch ein wenig weiter. Sogar bei ihren Nachbarn (**b**) ... von denen sie dann eingefangen werden. Diesen Vorgang nennt man Kernfusion. Es wird Energie frei und die Sonne strahlt

Stellen wir uns mal ein gutes altes Elektron vor, das irgendwo rumliegt. Wenn es eine Welle ist, liegt es nicht unbedingt da, wo ich jetzt gerade hinschaue. Es ist immer auch gerade ein wenig hier und ganz woanders. Dort, wo die Welle einen Berg hat, ist es gerade mit einer höheren Wahrscheinlichkeit als in einem Tal. Wo es nun wirklich ist, sehen wir erst, wenn wir hinschauen.

Das ist jetzt alles etwas abgefahren. Aber das Tolle daran: Wenn man das mit diesen Wahrscheinlichkeitswellen jetzt einfach mal akzeptiert, kann man damit rechnen und auch Dinge beweisen, die anders nicht möglich wären. Obwohl wir uns ja eigentlich über das Elektron unterhalten wollten, möchte ich hier kurz ein Beispiel für die Wahrscheinlichkeitswellen geben, das ganz interessant ist.

Kernfusion in der Sonne, obwohl es eigentlich nicht klappen sollte Schauen wir mal auf die Sonne. Also jetzt bitte nicht wirklich in die Sonne schauen, das wird sonst fies für die Augen. Aber stellen wir uns die Sonne mal vor. Ein dicker Gasball voller Protonen. Weil es in der Sonne heiß ist, flitzen dort die Protonen rum (Temperatur ist ja nur ein Maß für die Geschwindigkeit von Teilchen und umgekehrt). Weil die Protonen positiv sind, stoßen sie sich ab. Und weil die Sonne aber sehr groß und schwer ist, hält die Gravitationskraft alles zusammen und die Protonen werden zusammengeknäult. Das regelt die Gravitationskraft. An sich ist das ein nettes Gleichgewicht, da passiert nix Besonderes ... wenn da nicht die Wellenwahrscheinlichkeit der Protonen wäre. Stellen wir uns mal zwei Protonen vor, die die Sonne zusammendrückt und die von ihrer elektrischen Abstoßung auseinandergedrückt werden (siehe Abb. 2.13).

In der Sonne ist es zwar sehr heiß und die Teilchen damit sehr schnell. Allerdings reicht ihre Energie nicht aus, sie so weit aneinanderzudrücken, dass sie sich berühren bzw. die Starke Kraft wirken kann. Doch jetzt kommt der Trick mit der Wahrscheinlichkeitswelle:

Die Protonen sind sich schon recht nahe, aber eigentlich nicht nahe genug. Doch weil die Wahrscheinlichkeitswelle sagt: „Hey, ich als Proton liege jetzt zwar am wahrscheinlichsten hier, aber ein wenig auch da drüben. Sogar so weit drüben, dass ich meinen Nachbarn berühre! Super!", passiert etwas, was Physiker den *Tunneleffekt* nennen. Obwohl eine eigentlich unüberwindbare Hürde zwischen den Teilchen liegt, tunneln sie durch die Hürde durch und reagieren miteinander: Sie fusionieren zu Deuterium. Es findet eine *Kernfusion* statt: Eines der Protonen wandelt sich dabei in ein Neutron um und es wird Energie frei. Dieser Prozess heizt die Sonne auf. Auf der Erde versucht man diesen Prozess nachzubauen, und zwar in den sogenannten *Fusionskraftwerken*. Noch gibt es keins, das wirtschaftlich arbeitet (also mehr Energie ausspuckt, als man reinstecken muss). Aber in Zukunft wird das sicher noch ein großes Thema werden. Was genau bei der Kernfusion passiert, schauen wir uns dann im Abschn. 2.13 an.

Elektronenwellen als super Mikroskop Zurück zu unserem welligen Elektron. Louis de Broglie hat auch gleich eine Formel mitgeliefert, wie man die Wellenlänge λ eines Teilchens berechnen kann:

$$\lambda = \frac{h}{p} \qquad (2.11)$$

Die de Brogliesche Wellenlänge

Hierbei ist h das Plancksche Wirkungsquantum (eine feste Zahl mit einer Einheit dran) und p der relativistische Impuls eines Teilchens:

$$p = \frac{mv}{\sqrt{1 - \frac{v^2}{c^2}}} \qquad (2.12)$$

m ist die Masse des Teilchens, v seine Geschwindigkeit und c die Lichtgeschwindigkeit. Ist die Geschwindigkeit klein, also wesentlich kleiner als die Lichtgeschwindigkeit c, kann man den ganzen Kram mit der Wurzel vergessen und einfach $p = mv$ rechnen, wie früher in der Schule. Wenn das Ding dann aber superschnell wird (Physiker sprechen von *relativistischen Geschwindigkeiten*), kommt noch etwas von Albert Einsteins Relativitätstheorie hinzu und man muss die Masse „größer werden lassen" durch den Ausdruck unter der Wurzel. Für den Fall, dass sich

Teilchen mit Lichtgeschwindigkeit bewegen würden, wäre $v = c$, der Ausdruck unter der Wurzel damit null und die Masse müsste unendlich weit nach oben korrigiert werden. Aber zum Glück geht das nicht, weil sich nur masselose Teilchen mit Lichtgeschwindigkeit bewegen können. Tun sie dafür auch immer. Dazu gibt's später mehr, wenn wir uns einen Teilchenbeschleuniger bauen wollen.

Man sieht: schnelles Teilchen – kleine Wellenlänge, langsames – große. Was kann man denn jetzt mit Louis de Broglies Wissen anfangen? Wir wollten ja eigentlich das Elektron auf einen Atomkern schießen, um rauszufinden, wie groß er ist. Was passiert, wenn das Elektron auf den Atomkern geschossen wird, kann man eigentlich ganz gut mit der Rutherfordschen Streuformel berechnen (Formel 2.6). Wenn man genau rechnet, muss man noch ein paar Dinge berücksichtigen, die jetzt aber an dieser Stelle zu kompliziert werden. Sagen wir einfach, die Rutherfordsche Streuformel wird etwas erweitert (die Idee dahinter bleibt aber) zur *Mott-Streuformel* $\left(\frac{d\sigma}{d\Omega}\right)_{\text{Mott}}$.

Wenn man jetzt Elektronen auf Atomkerne schießt und schaut, wohin sie danach fliegen (also den differentiellen Wirkungsquerschnitt $\frac{d\sigma}{d\Omega}$ misst), wird man überrascht. Schaue ich jetzt nur in eine bestimmte Richtung, in die die Elektronen weggestreut werden, und vergleiche meine Vorhersage $\left(\frac{d\sigma}{d\Omega}\right)_{\text{Mott}}$ mit meiner Messung $\left(\frac{d\sigma}{d\Omega}\right)$, passt das Ganze zunächst ganz gut. Ab einer gewissen Energie aber gibt es eine Abweichung: Es fehlen Elektronen, so wie einst α-Teilchen fehlten, weil sie von Kernen geschluckt wurden.

Was ist denn aber nun schon wieder los? Von Atomkernen geschluckt wurde unser Elektron sicher nicht, schließlich kennt ein Elektron keine Starke Kraft. Abbildung 2.14a zeigt, was man misst. Stellen wir uns das Elektron doch diesmal einfach als Welle vor. Ein bisschen hier, ein bisschen dort.

Wenn das Elektron jetzt schnell genug flitzt, viel Energie und damit auch einen hohen Impuls hat, dann hat es nach Louis de Broglie eine kurze Wellenlänge (Formel 2.11). Wenn unser Atomkern nur ein Punkt wäre, so ganz ohne Ausdehnung, wäre dem Elektron das recht. Punkt bleibt Punkt. Wenn aber ein Atomkern eine Ausdehnung hat, die größer ist als seine Wellenlänge (und das passiert, wenn der Impuls vom Elektron nur groß genug wird!), tja dann ... dann sieht das Elektron gar nicht den ganzen Kern (Abb. 2.14b)! Wenn es weniger von der Ladung (die ist ja für die Streuung verantwortlich ist) vom Atomkern sieht, wird es auch weniger gestreut.

Zugegeben: Die Aussage mit der Wellenlänge des Elektrons war ein jetzt wenig sehr vereinfacht. Es geht eigentlich darum, dass das Elektron bei der

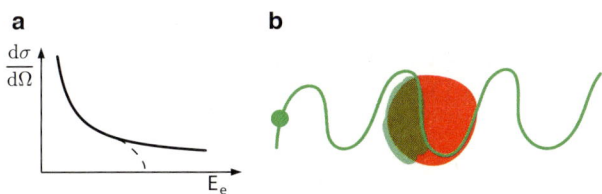

Abb. 2.14 **a** Berechneter und tatsächlich beobachteter Streuwirkungsquerschnitt (*gestrichelte Linie*). **b** Das Elektron (*grün*) sieht mit kurzer Wellenlänge immer nur ein Stück vom ausgedehnten Proton (*rot*)

Wechselwirkung mit dem Atomkern ein Teilchen austauscht. Wie wir im Abschn. 2.10 noch sehen werden, wird jede Kraft durch den Austausch eines Teilchens dargestellt. Und in dem Fall ist bei einer hohen Energie des Elektrons auch die Energie des bei der Wechselwirkung mit dem Kern ausgetauschten Teilchens sehr groß und damit auch seine Wellenlänge sehr klein. Daher sieht also – wenn man es genau nimmt – nicht das Elektron weniger vom Kern, sondern das Kraftteilchen, das zwischen Elektron und Kern ausgetauscht wird. Dieser Effekt ist auch dafür veranwortlich, dass ich irgendwann mit einem optischen Mikroskop keine superkleinen Strukturen mehr auflösen kann. Da hilft dann auch keine noch so tolle Linse zur Vergrößerung. Es liegt einfach in der Natur des Lichts.

Unser Auge kennt ja nur sichtbares Licht. Das hat einen ganz bestimmten begrenzten Wellenlängenbereich. Also gibt es auch nur eine kleinste Wellenlänge, die unser Auge noch sieht. Strukturen, die kleiner sind als diese Wellenlänge, wird das Licht – das die Info dann zu unserem Auge bringen soll – auch nie auflösen können.

Beschreibung ausgedehnter Objekte mit dem Formfaktor Man muss also die Mott-Streuformel um einen Faktor korrigieren, der deren Wert kleiner macht, wenn die Energien der geschossenen Teilchen zu groß werden. Also hängt der Faktor auch von der Energie (oder genauer: vom Impulsubertrag q^2) der geschossenen Teilchen ab. Man nennt ihn *Formfaktor* $F(q^2)$. Und er beschreibt die Form von dem Objekt, an dem man gestreut hat. Sein Betrag ist immer ≤ 1, denn es geht ja bei dem eben beschriebenen Effekt immer etwas verloren. Wenn man nun das Verhältnis von dem Streuquerschnitt, den man erwartet (bei einem punktförmigen Kern), und dem, den man misst, berechnet, erhält man $F(q^2)$:

$$\frac{\left(\frac{d\sigma}{d\Omega}\right)_{\text{gemessen}}}{\left(\frac{d\sigma}{d\Omega}\right)_{\text{Mott}}} = |F(q^2)| \tag{2.13}$$

Was aber sagt uns $|F(q^2)|$ nun über die Form und Größe von Atomkernen? Man kann den Formfaktor in die räumliche Verteilung der Ladung des Kerns „übersetzen". Der Physiker nennt dieses Übersetzungverfahren *Fourier-Transformation*.

Das Blöde: Die Art der Experimente, die man durchführen muss, kann $|F(q^2)|$ nie komplett bestimmen. Komplett heißt, für alle möglichen Werte von q. Aber wenn man nicht alle Werte kennt, kann man die Fourier-Transformation wiederum nicht anwenden. Was macht man da? Man entwickelt ein Modell für eine Ladungsverteilung, transformiert die dann in $|F(q^2)|$ um und schaut, ob die gemessenen Werte mit dem Modell übereinstimmen. Wenn nicht, schraubt man noch ein wenig dran.

Verschiedene Arten von Ladungsverteilungen lassen sich so testen. Einfachstes Beispiel: Für eine punktförmige Ladungsverteilung misst man einen konstanten Formfaktor (hängt also gar nicht von q^2 ab). Für eine kugelförmige Ladungsverteilung misst man einen oszillierenden Formfaktor. Wenn man den aufmalt, sieht er aus wie ein Stein, der im Wasser springt. Der hüpft, aber die Sprünge werden immer kleiner.

Diese Art von Experimenten (schnelle Elektronen auf Atomkerne schießen, schauen, wohin sie abgelenkt werden und wie viel weniger man sieht, als man erwartet hätte), hat der amerikanische Physiker Robert Hofstadter durchgeführt. Dafür gab es 1961 dann auch den Nobelpreis in Physik.

Eine kleine Bemerkung vielleicht noch. Wer sich mal ein Foto von Robert Hofstadter anschaut, der kann eine gewisse Ähnlichkeit mit einem der Hauptcharaktere der Serie *The Big Bang Theory* (eine Art Physiker-Soap) nicht abstreiten. Und wenn man jetzt den Namen der Figur und den des Nobelpreisträgers vergleicht ... na, kann das Zufall sein?

2.5.3   Protonenbausteine erkennen: Zeig dich, Quark!

So wie man sich für einen Junggesellinnenabschied einen Stripper engagieren kann, der die Mädels dann besucht und unterhält, kann man als Schule einen Physiker bestellen. Meine Göttinger Kollegen und ich kommen dann vorbei und unterhalten die Schüler einen Tag lang mit Teilchenphysik. Erst bekommen sie etwas erzählt und danach dürfen sie selbst experimentieren und am PC Daten unseres ATLAS-Experiments analysieren. Dabei finden Sie dann in zwei Stunden Dinge raus, für die Physiker Jahre brauchten und als Belohnung auch noch einen Nobelpreis bekamen. O. k., ich gebe zu: Wir helfen ein wenig und haben das Ganze auch schön vorbereitet.

Während unserer Erzählstunde am Anfang des Tages teilen wir den Schülern drei Knetkugeln aus. Wir erzählen ihnen dann, dass da vielleicht etwas drin sein könnte. Dazu gibt's noch drei Nadeln. Ohne jetzt die Knetkugeln aufzumachen sollen sie herausfinden, ob etwas drin ist. Das klappt meistens auch ganz gut: Sie nehmen die Nadel, stechen rein und schauen, was die Nadel so trifft. Die Nadel lässt sich von der Knete auch wenig beeindrucken. Die Knetkugeln sollen unsere Protonen darstellen. Und die Nadeln sind … na? Die Elektronen. Denn auch die können durch ein Proton durchmarschieren, ohne von der Starken Kraft genervt zu werden. Physiker haben das Knetspiel also auch schon gespielt, nur in etwas aufwändigerer Form.

Irgendwie kommt uns die Sache doch bekannt vor. Um das Rutherford-Experiment zu erklären, haben wir Murmeln gegen Formen rollen lassen und geschaut, wie sie abgelenkt werden. Rutherford schoss α-Teilchen auf Atomkerne, um ihre Struktur zu erkennen. Und andere Menschen schossen danach Elektronen auf Atomkerne oder eben einfache Protonen, um deren Struktur kennenzulernen. Im letzten Kapitel haben wir ja gelernt, wie Hofstadter seinen Nobelpreis bekommen hat. Denn immerhin hat er uns erklärt, wie ein Atomkern so aussieht. Wir wussten schon, dass er positiv geladen ist. Und durch die Messung der Verteilung der Ladung haben wir dann auch ein schönes Verständnis von seinem „Aussehen" erhalten.

Mit der Elektronenkanone die Protonenhülle knacken Das Ganze hat funktioniert, weil die Wellenlängen der Elektronen – wenn wir das Elektron jetzt mal als Wahrscheinlichkeitswelle betrachten – immer kürzer wird und es dadurch immer weniger vom Atomkern sieht. Auf der anderen Seite habe ich ja auch erzählt, dass wir Menschen mit unseren Augen nicht jedes beliebig kleine Ding sehen können, auch nicht mit den besten Mikroskopen der Welt. Denn dafür sind die Wellenlängen des sichtbaren Lichts einfach zu groß. Oder eben die Objekte zu klein, wie man's nimmt. Das heißt ja jetzt aber auch, dass wenn ich meine Wellenlängen klein genug hinbekomme, ich vielleicht Dinge erkenne, die ich vorher nicht gesehen habe. Sondern vielleicht nur das nächstgrößere Objekt, in dem sie sich versteckt hatten.

Jetzt braucht man für solche Elektronen mit richtig hohen Energien aber erst mal eine krasse Maschine, quasi einen Teilchenbeschleuniger. Wie so ein Ding funktioniert, lernen wir nachher noch im Kap. 4. Betrachten wir ihn jetzt erst mal als eine Elektronenkanone. An so einem Ding haben eine Menge schlauer Menschen gearbeitet. Ein schöner Ort für schlaue Menschen ist zum Beispiel die amerikanische Stanford University mit ihrem Elektronenspektrometer (Abb. 2.15b).

Dazu fällt mir gerade eine kleine Geschichte ein. Ich war mal in Lindau am Bodensee. Dort trafen sich eine große Menge Nobelpreisträger und man hatte Gelegenheit, mit ihnen ein wenig ins Gespräch zu kommen und sich wirklich sehr interessante Vorträge von ihnen anzuhören. Nicht nur über Physik, sondern auch solche vollgepackt mit Lebensweisheiten. Auf diesem Treffen

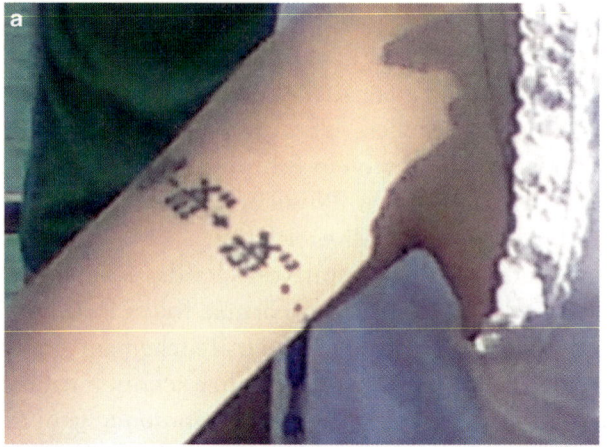

Abb. 2.15   a Ein Tattoo für echte Nerds. **b** Das Elektronenspektrometer am SLAC. (Foto *oben*: © Boris Lemmer, Foto *unten*: © US DOE)

jedenfalls saß ich an einem der Tage zusammen mit Carlo Rubbia und vielen Kollegen aus der Welt der Wissenschaft in einem Raum zum Plaudern. Und vor mir saß eine junge Forscherin von der Stanford University. Schlau war sie also auf jeden Fall schon mal. Tätowiert auch. Ich war ja schon neugierig, was das an ihrem Arm war, und musste etwas genauer hinschauen (Abb. 2.15a). Als ich es dann erkannte, fehlten mir ein wenig die Worte. Es war die Reihenentwicklung des Sinus (also eine Schreibweise als Potenzreihe des

Arguments x):

$$x - \frac{x^3}{3!} + \frac{x^5}{5!} - \frac{x^7}{7!} + \frac{x^9}{9!} - \frac{x^{11}}{11!} + \frac{x^{13}}{13!} - \ldots \qquad (2.14)$$

Seit diesem Moment hörte ich auf zu glauben, ich sei hier der Freak.

Aber zurück zu unserer Elektronenkanone aus Stanford. Den Beschleuniger nennt man SLAC (Stanford Linear Accelerator), also ein *Linearbeschleuniger*. Mehr dazu später. Die Elektronen wurden also richtig auf Zack gebracht und knallten dann gegen Protonen. Um den Kollisionspunkt war dann ein großer Arm gebaut, ein sogenanntes Spektrometer. So ähnlich, wie beim Massenspektrometer Teilchen nach Masse getrennt werden, kann dieses Spektrometer das beschleunige Elektron in seiner Energie vermessen, nachdem es gegen das Proton gedotzt ist. So kann man dann ausrechnen, wie viel Energie es auf das Proton übertragen hat. Abbildung 2.15b zeigt, wie der Versuchsaufbau ausgesehen hat.

Was man jetzt erwartet hat: Je schneller, desto kürzer die Wellenlänge und desto weniger sehen sie von der Protonenladung. Für einen festen Winkel der Elektronen sollte also bei einem höheren Energieübertrag (und damit der kleineren Wellenlänge) der Wirkungsquerschnitt abfallen, also Elektronen „verloren gehen". Eben so wie beim Atomkern auch.

Genau das ist aber bei sehr hohen Energien nicht mehr passiert. Und wie es halt so ist mit den Physikern, freuen sie sich genau dann ganz besonders. Denn etwas nicht verstanden zu haben heißt ja, dass man bald drauf (hoffentlich) wieder was Neues verstehen darf.

Was da jetzt vor sich geht, hat die Menschen ganz schön umgehauen. Abbildung 2.16 zeigt es: Woran die Elektronen eigentlich streuten, war kein Proton mit homogen verteilter Ladung, sondern wieder ein kleiner Punkt in dessen Inneren! So wie man früher zeigen konnte, dass ein Kern eben kein Punkt ist, zeigt man beim Proton das Gegenteil: Es besteht aus Punkten! Und das sind sie, die echten Elementarteilchen!

Von wegen Proton und Neutron. *Quarks* sind die wahren Chefs im Teilchenzoo! Von diesen Quarks gibt es zunächst zwei Stück: ein positives mit der Ladung $+2/3$ (man nennt es *Up-Quark*) und ein negatives mit der Ladung $-1/3$, das *Down-Quark*. Und je drei Quarks braucht man, um ein Proton oder ein Neutron zu bauen. Wer mal ein wenig knobeln will, kann sich überlegen, wie man aus je dreien der beiden Sorten Up und Down ein Proton und Neutron bauen kann.

Viel geknobelt hatten an dem Experiment auch die drei Physiker Jerome Friedman, Henry Kendall (beides Amerikaner) und Richard Taylor (Kanadier). Sie führten nämlich das Experiment am Elektronenbeschleuniger in

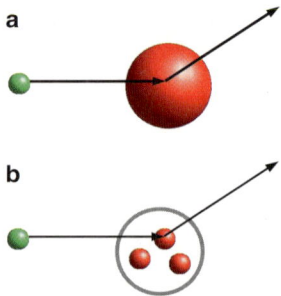

Abb. 2.16 **a** Ein Elektron streut an einem Proton, das gleichmäßig mit positiver Ladung gefüllt ist. **b** Ist die Energie des Elektrons hoch genug, sieht man, dass es in Wirklichkeit an drei Quarks im Inneren streut!

Stanford durch. Und weil sie dadurch die Quarks als neue Elementarteilchen (und das sind die bis heute noch!) gefunden haben, gab es dafür auch – na? Richtig! – den Nobelpreis für Physik, und zwar im Jahre 1990.

So, das ewige „Aufmachen und Reinschauen" hat jetzt ein Ende. Versprochen. Gut, wir müssen unser Familienfoto der Elementarteilchen (Abb. 2.10) noch mal ändern. Aber jetzt zum letzten Mal! Elementarer werden die Teilchen nicht.

Trotzdem aber geht unsere Geschichte hier nicht zu Ende. Im Gegenteil, sie geht gerade erst los. Denn jetzt, da wir die Elementarteilchen kennen, können wir uns anschauen, was sie im Vergleich mit allem, was man sonst so kennt, so unglaublich verrückt macht. Machen wir uns vertraut mit unseren neuen Elementarteilchen. Darf ich vorstellen: Up-Quark, Down-Quark und Elektron. Beenden wir die Sucherei mit einem neuen Familienfoto der Elementarteilchen, nämlich mit Abb. 2.17.

Abb. 2.17 Die neuen Elementarteilchen: Up-Quark, Down-Quark und Elektron. (Fotos von Teilchen: © Particle Zoo)

2.6 Materie aus Energie dank $E = mc^2$

Ein bisschen Allgemeinbildung tut jedem gut. Ganz besonders mir. Ein Lehrer hat mir mal gesagt, dass ich ja eigentlich ganz pfiffig sei, aber doch eher so ein Naturwissenschaftsfreak. Sprache und Kultur wären ja nicht so mein Ding. Stimmt schon. Daher ist es ganz praktisch, zu jedem Thema wenigstens einen schlauen Spruch parat zu haben. Erzählt jemand was von Goethe, kann ich sagen: „Ach ja, Goethes ‚Faust‘ hab ich ja auch mal gelesen. ‚Daß ich erkenne, was die Welt im Innersten zusammenhält‘, sagt Faust da. Das ist auch das, was uns in der Teilchenphysik interessiert!" – Und schon denken die Menschen, ich würde auch normale Bücher lesen.

Schwierige Physik als leichte Kost verpackt – da gibt es auch ein Paradebeispiel. „Einstein? Ja, $E = mc^2$, stimmt's?", und schon ist man dabei. Aber was steckt eigentlich hinter dieser feinen Gleichung? Energie und Masse, die sollen irgendwie das Gleiche sein. O. k., da steht noch die Lichtgeschwindigkeit zum Quadrat, die braucht man, damit die Einheiten stimmen. Aber was genau heißt das Ganze eigentlich? Erster Gedanke: Ich esse ein Kilo Schokolade und kann dann 20 km weit rennen. Masse zu Energie! Ich verbrenne Fett beim Laufen: Masse zu Energie! Ich lagere Kalorien im Bauch: Energie zu Masse!

Fast richtig, aber eben nur fast. Die Energie, um die es hier ging, steckt in chemischen Bindungen. Elemente ordnen sich anders an und geben dabei Energie ab. Kohlenhydrate vom Brot und Sauerstoff aus der Luft verbrennen in unserem Körper zu Wasser und CO_2. Die Atome, die bereits vorher da sind, sind aber auch noch hinterher da, nix geht verloren. Es müssten schon Kohlenhydrate komplett verschwinden und zu purer Energie werden, um einen Hauch von $E = mc^2$-Spirit zu verbreiten. Passiert leider nicht. Aber einen Effekt, bei dem Masse wirklich in pure Energie umgewandelt wird und dann weg ist, den dürfte man kennen. Die Energie, die dabei frei wird, bildet nämlich einen Großteil der Energie, die wir aus der Steckdose bekommen. O. k., in Zukunft wohl nicht mehr. Na? Richtig, die Kernenergie!

2.6.1 Kernkraftwerke und ihre Umsetzung von $E = mc^2$

Was passiert dabei? Und wieso heißt das Zeugs Kernenergie? Wir brauchen zunächst einen sehr schweren Atomkern. Uran ist ziemlich schwer. Und das findet man in Uranerzbergwerken. Allerdings haben wir ja schon gelernt, dass es zu einem Element manchmal mehrere verschiedene *Isotope* geben kann. Also Atomkerne mit unterschiedlicher Masse. Die bekommt man, wenn man ein paar Neutronen mehr an den Kern klebt.

Bei Uran (chemisches Symbol: U) gibt's eine ganze Menge Isotope. Am häufigsten ist dabei ^{238}U. Uran als Element hat immer 92 Protonen (und damit auch Elektronen), aber dieses Isotop hat insgesamt 238 Nukleonen im Kern, also zu den 92 Protonen noch mal 146 Neutronen. ^{238}U eignet sich allerdings nicht zur Energiegewinnung über Kernspaltung. Dafür braucht man ^{235}Uran, das nur 143 statt 146 Neutronen hat. Dessen Anteil in natürlich gewonnenem Uran aus dem Bergwerk beträgt aber leider nur 0,7 %.

Wobei ... wieso eigentlich leider? Vielleicht ist es auch gar nicht so schlecht, dass niemand, der ein wenig nach Uran gräbt, gleich eine Kettenreaktion auslösen kann. Man muss also versuchen, in seinem Haufen an Uran den Anteil von ^{235}U zu erhöhen. Das ist der Grund, wieso einige so erpicht darauf sind, möglichst viele Zentrifugen zu kaufen (mit denen man ^{235}Uran filtern und anreichern kann). Und andere wiederum wollen alles dafür tun, diesen Menschen die Zentrifugen wieder kaputt zu machen. Vielleicht erinnert sich jemand an die Angriffe des StuxNet-Virus auf die iranische Urananreicherungsanlage 2010 in Natanz.

Hat man dann genug ^{235}Uran, so braucht man noch ein Neutron, um die Party starten zu lassen: Das Neutron trifft ^{235}U und spaltet es, zum Beispiel in Barium (83 Neutronen und 56 Protonen) und Krypton (59 Neutronen und 36 Protonen). Noch dazu gibt's zwei Neutronen, die übrig bleiben. Eins hat man ja vorher in die Reaktion reingesteckt und eins gibt's als Bonus dazu. Zählt man die Zahl der Protonen und Neutronen vorher und nachher, sieht man, dass nichts verloren ging:

$$92 = 56 + 36 \quad \text{(Protonen)} \tag{2.15}$$

$$1 + 143 = 83 + 59 + 2 \quad \text{(Neutronen)} \tag{2.16}$$

Passt! Witzigerweise wird bei dieser Reaktion auch Energie frei. Die macht im Kernkraftwerk Wasser heiß, das dann verdampft und Turbinen antreibt. Aber woher kommt diese Energie?

Wenn wir jetzt den Urankern und das Neutron vom Anfang auf eine Waagschale legen und danach den Kryptonkern, den Bariumkern und die beiden Neutronen vom Ende auf die andere Waagschale, was würden wir erwarten? Klaro, beide gleich schwer. Stimmt's denn auch? Nee, leider nicht.

Was hier passiert: Die Teile, die nach der Spaltung übrig bleiben, sind leichter. Und der Teil an Masse, der verloren ging, wurde zu Energie. Das Ganze nennt man *Massendefekt* und ist dafür zuständig, dass wir im Kernkraftwerk Energie gewinnen können. Und es ist auch ein schönes Beispiel für $E = mc^2$! Denn hier wurde, anders als in meinem Bauch beim Joggen, wirklich Masse in Energie umgewandelt.

Jetzt mag sich manch einer am Kopf kratzen und fragen, wie das denn sein kann. Was ein Proton und ein Neutron wiegt, das sollte ja klar sein. Und hinterher genauso viel wie vorher – wo soll da was verloren gegangen sein? Toll ist: So ein Atomkern wiegt weniger als die Summe seiner Bestandteile. Das liegt daran, dass in den Kräften, die die Nukleonen zusammenhalten, auch Energie – und damit über $E = mc^2$ auch Masse – steckt.

Jetzt wird's ein wenig kompliziert und der größte Feind des Hobby-Rechners bekommt seinen Auftritt: das Vorzeichen. Die Masse eines Kerns ergibt sich aus der Summe der Massen seiner Bestandteile und der Bindungsenergie. Letztere zählt aber negativ. Zerfällt nun ein Atomkern in zwei leichtere, haben diese mehr (negative!) Bindungsenergie. Um das auszugleichen, braucht man positive, frei gewordene Energie. Oder aber man sagt einfach: Schwerer Kern wird zu zwei leichteren Kernen und etwas freier Energie. Ist eben Ansichtssache.

Jedenfalls haben wir jetzt schon mal gelernt, dass Masse in Energie umgewandelt werden kann. Der Effekt bei Atomkernen ist aber noch relativ klein. Bei der Spaltung von Uran werden pro Reaktion ca. 200 MeV Energie frei.

Rechnet man mal um, welchem Anteil der Gesamtmasse des Kerns das entspricht, wären das ca. 0,1 %. Masse kann man schon mal mit Energie vergleichen, es gibt ja schließlich Einsteins $E = mc^2$ zum Umrechnen. Der Effekt ist also da und auch messbar. Und er lässt einen schon mal Energie und Masse miteinander vergleichen und sich gegenseitig ersetzen. Aber so richtig irre wird das Ganze, wenn wir jetzt mal ins Proton hineinschauen.

2.6.2 Ab auf die Waage, Proton: was Protonenmasse ausmacht

In meiner Diplomarbeitet beschäftigte ich mich – um es mal ganz allgemein zu formulieren – mit der Masse von Teilchen. Nicht direkt von Elementarteilchen, aber solchen, die daraus zusammengebaut sind. So ist ja zum Beispiel auch das Proton aus zwei Up-Quarks und einem Down-Quark gebaut. Aber wieso ist die Masse von solchen Teilchen so interessant? Was will ich denn noch anderes tun als die Masse einmal bestimmen und sie dann bei Wikipedia eintragen?

Zuallererst: Der Begriff Masse passt in diesem Fall so gar nicht in das Konzept, das wir kennen. Schauen wir uns mal dazu ein Beispiel an, das ich auch in meiner Diplomarbeit benutzt habe. Zugegeben, es sieht ein wenig amateurhaft aus, neben all den Formeln und Daten plötzlich ein Foto von Spielzeugfiguren, aber es illustriert ein komplexes Thema recht gut.

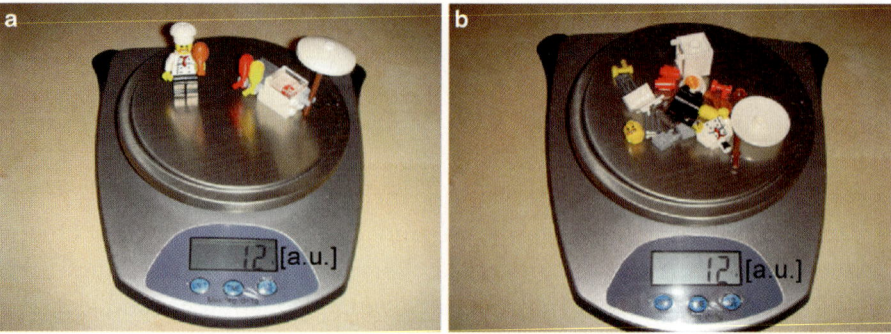

Abb. 2.18 **a** Ein Mann mit einem Hähnchengrillstand. Auf der Waage wiegt er 12. Die Einheit soll keine Rolle spielen. **b** Wichtig ist aber: Wenn wir den Mann und seinen Hähnchengrillstand auseinandernehmen, ist die Summe der Massen seiner Einzelteile noch genau die gleiche. (Fotos: © Boris Lemmer)

In Abb. 2.18 sehen wir zunächst einen Mann mit einem Hähnchengrillstand. Wir stellen ihn auf eine Waage, um seine Masse zu bestimmen. Eigentlich bestimmen wir ja sein Gewicht, das ist die Kraft, die durch seine Masse auf die Erde wirkt. Das Gewicht ist auch geringer, wenn wir auf dem Mond messen. Aber wenn man die Erdanziehung kennt, bekommt man aus dem Gewicht auch schnell die Masse. Sagen wir mal, seine Masse ist 12. Die Einheit ist egal. Was passiert jetzt, wenn wir den Mann und seinen Hähnchengrillstand in seine Bestandteile zerlegen? Das können wir in dem Fall mit gutem Gewissen tun, schließlich handelt es sich hier nur um ein Modell. Wenn wir jetzt die Masse aller Einzelteile zusammenzählen, was erwarten wir dann? Natürlich das Gleiche. Schauen wir mal in Abb. 2.18b nach: alles klar, wie erwartet. Immer noch 12.

Die Protonenmasse, im Wesentlichen nur Energie Dass es bei Atomkernen etwas anders ist, haben wir ja im letzten Abschnitt gehört. Da ist ein Teil der Masse einfach in Form von Kernenergie, also der Bindungsenergie zwischen den Nukleonen, enthalten. Wie sieht es denn nun mit dem guten Proton aus? Wir wissen ja mittlerweile, dass es aus drei Quarks besteht. Was die drei Quarks wiegen, hatte ich bisher noch nicht verraten. Aber machen wir doch das gleiche Spiel wie eben noch mal: Wir wiegen erst mal ein Proton und im Anschluss drei Quarks. Und dann vergleichen wir die Massen. Obacht: Die Einheiten sind wieder egal, also bitte nicht mit dem Hähnchengrillmeister vergleichen.

Abbildung 2.19 haut uns wirklich um. Das Proton wiegt ja viel mehr als seine Bestandteile! Die Zahlen auf der Waage sind jetzt nur Beispiele ohne Einheit, bei denen nicht mal das Verhältnis stimmt. Lediglich das Gefühl „Viel

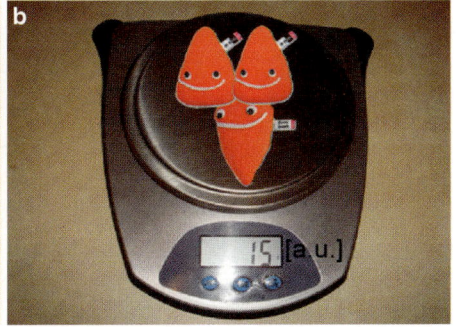

Abb. 2.19 **a** Ein freundliches Proton mit einer bestimmten Masse. **b** Die Bestandteile der Protons und die Summe ihrer Massen. Huch! (Fotos: © Boris Lemmer)

zu wenig!" soll vermittelt werden. In Wirklichkeit wiegt das Proton ca. 60-mal mehr als seine Bestandteile zusammen. Wie kann das sein? Wo kommt seine Masse denn bitte schön her?

Eigentlich eine tolle 16.000 Euro-Frage für bei „Wer wird Millionär?". Würde Albert Einstein noch leben, wäre er hier eine gute Wahl als Telefonjoker. Und selbst wenn er dann am Telefon nicht richtig zugehört und einfach mal seinen Klassiker $E = mc^2$ zum Besten gegeben hätte: Er hätte mal wieder recht gehabt! „Suchst du Masse und hast sie nicht? Dann nimm doch Energie, ist im Prinzip das Gleiche!"

Und so geht's: Im Proton stecken drei Quarks. Die beiden Up-Quarks haben eine elektrische Ladung von +2/3, das Down-Quark −1/3. Was sollte diese drei Jungs dazu bringen, zusammenzuhalten und ein Proton zu formen? Zumindest nicht die elektromagnetische Kraft. Wir hatten ja schon mal darüber gesprochen, dass es auch noch die Starke Kraft gibt, die Atomkerne zusammenhält. Sie wirkt auch zwischen den Quarks. Ihr ist es auch egal, wie stark und mit welchem Vorzeichen die Quarks geladen sind. Quark ist Quark. Die Starke Kraft hält nicht nur Atomkerne zusammen. Sie wirkt direkt zwischen den Quarks und sorgt dafür, dass die dann zu einem Neutron oder Proton zusammenkleben.

Wir kennen aus dem Alltag im Wesentlichen zwei Kräfte: Die *Gravitationskraft* und die *elektromagnetische Kraft*. Die Gravitationskraft kennen wir vom Treppensteigen, vom Mond, der weder wegfliegt noch runterfällt, oder von Katzen, die zu Recht Angst haben, von Bäumen zu fallen. Die elektromagnetische Kraft regelt eigentlich fast den kompletten Rest: Elektrizität, Handykommunikation, schlagende Herzen und warmes Mikrowellenessen.

Es gibt eine Eigenschaft, die diese beiden „herkömmlichen Kräfte" grundlegend von der Starken Kraft unterscheidet. Wie sich elektromagntische und

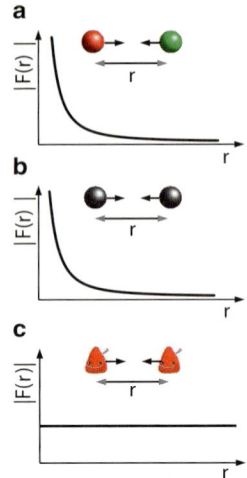

Abb. 2.20 **a** Zwei elektrisch geladene Teilchen ziehen sich an. Die Stärke der Kraft fällt quadratisch mit dem Abstand *r*. **b** Zwei Teilchen mit Masse ziehen sich an. Auch die Gravitationskraft fällt quadratisch mit dem Abstand *r*. **c** Zwei Quarks ziehen sich über die Starke Kraft an. Die Kraft bleibt aber mit dem Abstand konstant!

Gravitationskraft verhalten, kann man in den Abb. 2.20a und 2.20b sehen: Je weiter die Objekte voneinander entfernt sind, desto schwächer ist die Kraft. Wenn ich zwei Magnete auf den Tisch lege und sie nicht besonders stark sind und ein wenig Abstand haben, passiert erst mal gar nichts. Wenn ich sie dann nahe genug aneinanderbringe – schnapp! – dann kleben sie plötzlich zusammen. Oder wenn ich zwei Magnete jeweils mit beiden Nord- oder beiden Südpolen aneinanderzudrücken versuche, dann passiert erst mal auch nichts. Aber wenn ich nahe genug dran bin, wird die Kraft unglaublich stark. Mit der Gravitation ist es ähnlich. Baut man sich eine große Rakete, bleibt die auf dem Boden stehen. Gibt man ihr ein wenig Schub, fliegt sie hoch. Hatte sie nicht genug Schub, fällt sie wieder runter. Erst dann, wenn sie weit genug von der Erde weg ist, bleibt sie auch dort (es sei denn, ein Astronaut entscheidet sich dazu, die Triebwerke für den Rückflug passend einzustellen). Man sieht: Je weiter voneinander entfernt die Träger der Kraft sind, desto schwächer ist letztere.

Mit der Starken Kraft hingegen ist es genau umgekehrt (Abb. 2.20c). O. k., nicht ganz: Sie wird zwar nicht immer stärker, aber sie bleibt konstant. Oft nimmt man ein Gummiband als Analogie, wobei im Falle des Gummibands die Kraft sogar stärker wird, je weiter man es auseinanderzieht, statt dass die Kraft konstant bleibt. Aber wir bleiben bei der Analogie mit dem Gummiband, weil man damit später noch etwas anderes ganz nett erklären kann. Was hingegen bei der Starken Kraft mit dem Abstand tatsächlich immer stärker wird, ist die sogenannte *Kopplungskonstante* α_s. Die Kopplungskonstante ist in gewisser Weise auch für die Stärke einer Kraft verantwortlich. Sie sagt, wie stark eine Kraft an ein Teilchen koppelt und damit wie stark sie auf dieses wirkt. Schon doof, wenn eine Konstante, die ja eigentlich konstant sein soll, immer größer wird. Das fanden die Leute damals auch, als sie es herausgefunden hatten. Allerdings konnten sie mit diesem Wissen erklären, wieso Quarks in einem Proton zusammenhalten. Und dafür gab es dann 2004 für die drei amerikanischen Physiker David Gross, David Politzer und Frank Wilczek auch den Nobelpreis in Physik.

2.6.3 Die Starke Kraft tanzt aus der Reihe

Wenn eine Kraft über eine bestimmte Strecke wirken soll, muss man dafür entweder Energie aufwenden oder es wird Energie frei. Wenn ich meine Schenkel so weit bewege, dass ich damit 10 km vorwärts komme, hat das Energie gekostet. Wenn eine Katze drei Meter vom Baum fällt, wirkt die Gravitationskraft und es wird dabei Energie frei. Schließlich wird die Katze dabei schneller und bekommt Bewegungsenergie.

Unsere beiden herkömmlichen Kräfte fallen ja mit dem Abstand relativ stark ab. Genauer gesagt sind sie proportional zum Quadrat des Abstands. Nehmen wir mal die elektrostatische Kraft als Beispiel. Das ist der Teil der elektromagnetischen Kraft, bei dem es nur um elektrische Ladungen und nicht um Magnetismus geht. Als Beispiel betrachten wir ein Elektron und ein Proton, die zusammen ein Wasserstoffatom bilden. Das Elektron klebt durch die elektrostatische Kraft am Proton. Möchte ich es davon entfernen, brauche ich Energie. Diese Energie nennt man *Ionisationsenergie*. Sobald es Teilchen gibt, die durch die Gegend fliegen und mindestens so viel Energie haben, wie man als Ionisationsenergie braucht, wird's ärgerlich. Man nennt diese Strahlung dann *ionisierende Strahlung*, weil sie Atome ionisieren kann. Sie klaut ihnen also die Elektronen. Das ist ganz schön dumm, denn dadurch können chemische Bindungen kaputtgehen und sich Moleküle anders umordnen.

In Zellen unseres Körpers könnte ionisierende Strahlung zum Beispiel ein DNA-Molekül zerstören oder – schlimmer noch – falsch wieder zusammenbauen. Die Zelle teilt sich dadurch falsch, mutiert und im schlimmsten Fall entsteht ein Krebsgeschwür. Über ionisierende Strahlung erfahren wir später noch mehr. Aber erst mal zum ionisierten Atom.

Wie viel Energie man dafür braucht, lässt sich ausrechnen. Wir stecken das Ganze mal in eine Schlaubox, aber eigentlich ist es nicht so kompliziert, was darin passiert.

Ionisationsenergie

Man berechnet die Energie E, die bei Ausübung einer Kraft $\vec{F}$ entlang eines Weges $\vec{s}$ frei wird, über das Integral entlang des Weges:

$$E = \int_{\text{Anfang}}^{\text{Ende}} \vec{F}(s)d\vec{s} \qquad (2.17)$$

Alles, was eine Richtung hat, bekommt einen Pfeil obendrauf. Das gilt für den Weg und auch für die Kraft. Die Energie danach hat keine Richtung, man nennt sie eine *skalare Größe*. Wenn wir jetzt als Kraft die elektrostatische Kraft

$$\vec{F}(r) = \frac{q_1 q_2}{4\pi\epsilon_0\epsilon_r} \frac{\vec{e}_r}{r^2} \qquad (2.18)$$

haben (die vom Abstand r der Teilchen und deren Ladungen q_1 und q_2 abhängt), wirkt sie *radial*, also auf direktem Wege von einem zum anderen geladenen Teilchen. $\vec{e}_r$ ist nur ein Vektor mit der Länge eins, der von einem geladenen Teilchen auf das andere zeigt und damit der Kraft eine Richtung gibt. Alle anderen seltsamen Symbole in der Formel sind einfach Zahlen mit Einheiten, die uns jetzt nicht besonders interessieren sollen. Wenn wir jetzt den Weg s genau so wählen, dass er direkt von einem Teilchen zum anderen zeigt, sparen wir uns das mit den Richtungen beim Integrieren. Wollen wir nun das Elektron mit der Ladung $q_1 = 1\,e$ (e ist die Ladung eines Elektrons, man nennt sie die *Elementarladung*) von einem Proton mit der Ladung $q_2 = -1\,e$ (anderes Vorzeichen!) trennen, brauchen wir dafür die Energie W:

$$W = \int\limits_{\text{Anfang}}^{\text{Ende}} \vec{F}(s)\,d\vec{s}$$

$$= \int\limits_{r_0}^{\infty} F(r)\,dr \qquad\qquad (2.19)$$

$$= \int\limits_{r_0}^{\infty} -\frac{e^2}{4\pi\epsilon_0\epsilon_r}\,\frac{1}{r^2}\,dr$$

$$= -\frac{e^2}{4\pi\epsilon_0\epsilon_r}\,\frac{1}{r_0}$$

r_0 ist der Abstand, den das Elektron am Anfang vom Proton hat, wenn es drumherum kreist. Wir haben jetzt so integriert, dass wir das Elektron gerne unendlich weit weg hätten. Denn da erst hört die elektromagnetische Kraft auf zu wirken, auch wenn vorher schon nicht mehr viel los ist. Da sich das Elektron schnell um das Proton bewegt, hat es schon kinetische Energie, die dem „Losreißen" entgegenkommt. Daher braucht man nur halb so viel Energie wie in Gl. 2.19 ausgerechnet. Das wird jetzt alles schnell detailliert und kompliziert. Aber die Moral von der Geschicht': Man kann ausrechnen, wie viel Energie man braucht, um zwei Teile, die sich anziehen, voneinander zu trennen. Und es kommt eine ganz normale (also eine endliche) Zahl raus, weil die Kraft so schnell schwächer wird.

Man kann also ganz nett ausrechnen, wie viel Energie man braucht, um ein Elektron von einem Proton zu trennen und damit das Atom zu ionisieren. Wie sieht's denn jetzt aus, wenn wir mal ein Quark von einem anderen trennen wollen und beide zunächst den Abstand r_0 voneinander haben?

Tun wir mal so, als wären nur zwei Quarks im Proton. Die Kraft zwischen den Quarks war ja konstant. Geben wir ihr einfach mal den Buchstaben F_s. Dann ist die Energie, die wir brauchen, um die beiden Quarks voneinander zu trennen:

$$W = \int\limits_{Anfang}^{Ende} \vec{F}(s)\, d\vec{s}$$

$$= \int\limits_{r_0}^{\infty} \vec{F}(s)\, d\vec{s} \qquad (2.20)$$

$$= \int\limits_{r_0}^{\infty} F_s\, dr$$

$$= \infty$$

Mist. Was ist denn hier los? Unendlich viel Energie? Sorry, aber so viel bekommen wir niemals. Kann das überhaupt sein? Klar: Um einen Bollerwagen zu ziehen, brauche ich ja auch eine bestimmte Kraft. Die ist immer konstant, solange es geradeaus geht. Ganz wie bei der Starken Kraft zwischen zwei Quarks. Wenn ich jetzt unendlich weit damit laufen will, brauche ich unendlich viel Energie. Daher setzt man sich am Vatertag ja auch eher realistische Ziele – wie von dem Haus meiner Eltern bis zur Wiese mit deren Kühen, das sind so ca. zwei Kilometer. Was heißt das aber nun für unsere Quarks? Ganz einfach: Wir können sie nicht voneinander trennen. Nein, nein, das geht nicht. Es passiert aber etwas anders Witziges ...

Und wieder wird aus Energie neue Materie erzeugt Bei den Streuexperimenten in Standford zum Beispiel, wo Elektronen auf Protonen geschossen wurden, wurde auch hin und wieder mal ein Quark im Proton so heftig getroffen, dass es aus dem Proton flog. Habe ich vorhin mal vorsichtshalber verschwiegen. Aber jetzt, da wir schon viel mehr wissen, können wir gerne darüber reden.

Das Quark entfernt sich dann also vom Proton. In dem Kraftfeld zwischen dem getroffenen Quark und seinen Freunden, die noch im Proton sitzen, steckt immer mehr Energie, je weiter sich das Quark vom Rest des Protons entfernt. Denken wir zurück an den Vergleich des Kraftfeldes mit dem Gummiband. Im Kraftfeld steckt immer mehr Energie. Irgendwann sogar so viel Energie, die über $E = mc^2$ der Masse von zwei Quarks entspricht. Jetzt ist die Natur doch tatsächlich so verrückt, dass sie Folgendes erlaubt: „Wenn ich genug Energie für zwei Teilchen habe, dann erzeuge ich sie auch!" Und genau das passiert: Das Kräfteband reißt und es entstehen zwei neue Quarks in der Mitte. Ihre Masse wird sozusagen aus der Energie des Gummibandes bezahlt. Das Gummiband selbst wirkt jetzt zwischen den nun insgesamt vier Quarks.

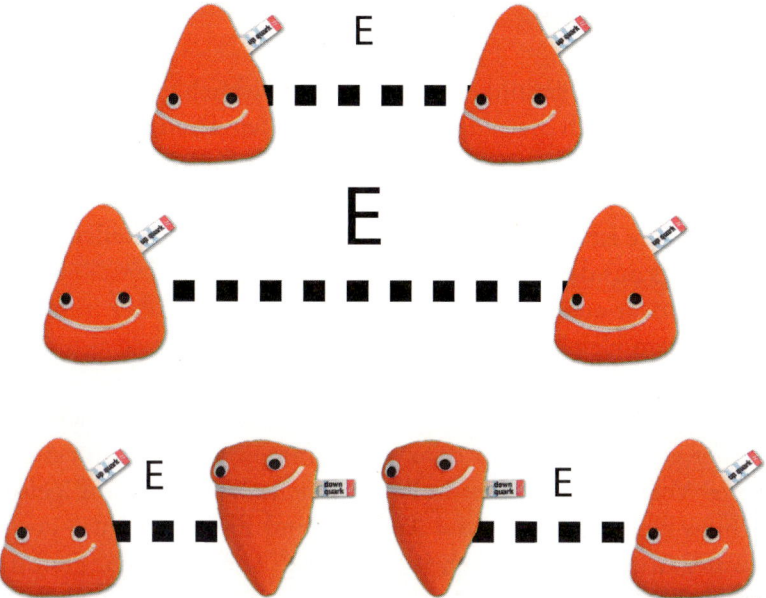

Abb. 2.21 Zwei Quarks entfernen sich voneinander. Immer mehr Energie steckt in dem Kraftfeld, bis plötzlich genug Energie zur Verfügung steht, um ein neues Paar von Quarks zu erzeugen. Die Bänder reißen dabei und werden wieder kürzer. (Fotos von Quarks: © Particle Zoo)

Haben diese dann immer noch genug Energie (war also der Tritt des Elektrons gegen das erste Quark, das aus dem Kern gekickt wurde, einfach stark genug), kann sich der Vorgang auch noch mal wiederholen (siehe Abb. 2.21). Und noch mal. Und vielleicht auch noch mal. Bis die ganze Energie durch den ersten Elektronenaufprall aufgebraucht ist. Dann haben wir plötzlich einen ganzen Haufen neuer Teilchen, alle aus dem Nichts erschaffen. Wir haben Energie zu Materie umgewandelt.

Also: Wo ist denn nun die Protonmasse, wenn sie nicht in der Masse seiner drei Quarks steckt? Sie steckt in dem Feld der Starken Kraft zwischen den Quarks. Die Quarks flitzen im Proton ständig durch die Gegend und zerren wie wild aneinander. Und da haben wir des Rätsels Lösung. Wobei die Sache längst nicht so einfach ist, wie sich das jetzt anhört. Genau verstanden, was da in so einem Proton los ist, haben es die Physiker leider noch nicht. Aber es gibt einen Haufen Forscher, die daran arbeiten.

2.7   Antimaterie

Eben wurde ein wenig geflunkert. Na ja, nicht wirklich geflunkert. Vielleicht nur einfach nicht gleich die ganze Wahrheit auf den Tisch gelegt. Ich hatte erzählt, dass das Energieband zwischen zwei Quarks reißt und dann aus dessen Energie zwei neue Quarks entstehen. Also eigentlich entsteht dabei nur ein Quark, das andere ist ein … Antiquark. In der Tat: ein Antiteilchen. Antimaterie! Das Zeugs aus den Science-Fiction-Filmen.

Man kann zwar aus purer Energie Materie erzeugen, aber immer nur zusammen mit dem gleichen Anteil an Antimaterie. Es gibt sie also tatsächlich, die Antimaterie. Eigentlich kann man sich recht schnell an sie gewöhnen. Sie ist nichts anderes als normale Materie, nur sind die Vorzeichen der Ladung immer genau umgedreht (streng genommen hat nicht nur die Ladung ein anderes Vorzeichen, sondern alle *Quantenzahlen*, die die Eigenschaften des Teilchens beschreiben). In der Antiwelt sind Elektronen also positiv und Protonen negativ, nicht umgekehrt. Sonst aber ist alles gleich. Fremd ist uns das Ganze vielleicht dann doch, weil man Antimaterie im Alltag ja nicht so oft sieht. Dafür aber hört man umso mehr davon in Science-Fiction-Romanen. Was hat es denn nun auf sich mit dem Mysterium der Antimaterie?

2.7.1   Vatikanbombe und Raumschiffantrieb: was kann Antimaterie?

„Sag mal, Bub, du bist doch am CERN, oder? Da hab ich letztens was im Kino gesehen! In so 'nem Film mit Tom Hanks wurde am CERN Antimaterie geklaut! Damit wollten die Illuminaten dann den Vatikan in die Luft sprengen! Kann das sein?“ Wow, dieser Moment war für mich sehr bewegend. Jemand aus der Familie interessiert sich für meinen Forschungsbereich. Das war schon mal krass. Die Frage, ob das alles so sein könne, konnte ich aber leider gar nicht so einfach beantworten. Schauen wir doch mal kurz, um was es in dem Film *Illuminati* ging:

Darin wird am Forschungszentrum CERN bei Genf in der Schweiz Antimaterie hergestellt. Die Wissenschaftler fangen sie ein und halten sie über elektromagnetische Kraftfelder gefangen, und zwar in kleinen Kanistern wie dem in Abb. 2.22a.

Dann bricht jemand im CERN ein und überlistet den Iris-Scanner an der Sicherheitsschleuse, indem er einem Wissenschaftler das Auge klaut. Die Antimaterie klaut der Dieb dann mitsamt Kanister, fliegt sie in den Vatikan und will diesen damit sprengen. Tja, was stimmt, was nicht?

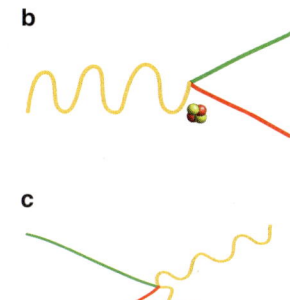

Abb. 2.22   a Ein Kanister voll Antimaterie. Nicht echt, sondern auf der Frankfurter Buchmesse ausgestellt. (Foto: © Boris Lemmer) **b** Aus einem hochenergetischen Photon wird ein Elektron-Positron-Paar. Geht, wirklich. Allerdings nur in Anwesenheit eines Atomkerns. **c** Materie trifft Antimaterie und zerstrahlt zu zwei Photonen, also purer Energie

Das CERN gibt es, da arbeite ich auch. Und ja, wir produzieren hier sogar Antimaterie. Wir würden vielleicht sogar sagen: jede Menge. Wenn unser Teilchenbeschleuniger LHC läuft, werden pro Sekunde mindestens 40 Millionen Mal Antiteilchen erzeugt.

Die werden allerdings nicht gefangen und gesammelt. Ein paar wenige werden an anderer Stelle extra dafür erzeugt, damit wir sie danach einfangen können. Und zwar tatsächlich in elektromagnetischen Kraftfeldern. Allerdings nicht in so kleinen freundlichen Kanistern, die man einfach in die Hand nehmen kann. Die Batterie aus dem Film wäre viel zu schnell platt. Und selbst mit Strom aus der Steckdose und großen Maschinen können wir Antimaterie nicht länger als ein paar Minuten gefangenhalten. In dem Kanister im Film befindet sich zudem ungefähr ein halbes Gramm Antimaterie. Wir hier am CERN speichern maximal 38 Atome. Ist das schon ein halbes Gramm? Nicht ganz.

Falls wir am CERN tatsächlich ein halbes Gramm Antimaterie sammeln würden und dafür sämtliche Antimaterie, die bei uns produziert wird (also auch die, die wir sonst einfach wegwerfen) sammeln könnten (können wir aber nicht), müssten wir immer noch 10 Milliarden Jahre sammeln. Das ist uns dann doch zu lang. Außerdem sind wir am CERN alle friedliebende Sicherheitsfetischisten, die so viel nicht sammeln würden, wenn es denn gefährlich wäre.

Womit wir zum nächsten Punkt kommen: Wäre ein halbes Gramm Antimaterie wirklich so gefährlich, dass man damit eine Stadt wegsprengen könnte? Wenn Antimaterie auf normale Materie trifft (die es ja in einer Stadt so gibt), passiert das Gleiche wie bei der Produktion, nur rückwärts: Statt aus Energie Materie und Antimaterie zu machen, zerstrahlen Materie und Antimaterie zu purer Energie. Ein schönes und einfaches Beispiel sehen wir in den Abb. 2.22b und 2.22c. Im ersten Bild kommt ein hochenergetisches Photon, also ein Lichtteilchen, das selbst keine Masse hat, sondern nur aus purer Energie besteht, an einem Atomkern vorbei. Dabei kann es dann ein Elektron und ein Antielektron erzeugen, die ab da weiterfliegen. Die Energie des Photons muss dabei mindestens der der beiden neuen Teilchen entsprechen, wegen der Energieerhaltung. Was das Photon noch zusätzlich an Energie mitgebracht hat, bekommen die beiden Teilchen als Bewegungsenergie mit auf den Weg. Die Erzeugung eines Elektron-Positron-Paares aus einem Photon nennt man *Paarerzeugung*.

Den gleichen Vorgang rückwärts sehen wir in Abb. 2.22c: Ein Positron trifft auf ein Elektron. Die beiden zerstrahlen zu zwei Photonen, also purer Energie. Und wäre das Ganze jetzt gefährlich? Welche Energie entspricht denn einem halben Gramm Materie? Rechnen wir mal nach:

$$
\begin{aligned}
E &= mc^2 \\
&= (m_{\text{Materie}} + m_{\text{Antimaterie}})c^2 \\
&= (0{,}5\,\text{g} + 0{,}5\,\text{g}) \cdot (300.000\,\frac{\text{km}}{\text{s}})^2 \\
&= 9 \cdot 10^{13}\,\text{Joule}
\end{aligned}
\tag{2.21}
$$

Zum Vergleich: 100 g Bockwürste enthalten ca. 300 kcal, das entspricht einer Energie von 1.200.000 J. Ein halbes Gramm Antimaterie zerstrahlt also beim Auftreffen auf Materie zu der Energie, die dem Brennwert von 75 Millionen Bockwürsten entspricht. Das ist jetzt vielleicht schwer vorzustellen. Es entspricht aber auch der Energie, die bei der Detonation der Atombombe *Fat Man*, die am 9. August 1945 von den Amerikanern über Nagasaki abgeworfen wurde, freigesetzt wurde ($8{,}4 \cdot 10^{13}$ J). Also ist das Bombenszenario gar nicht so falsch (wenn man so viel Antimaterie hätte).

Was übrigens auch nicht funktioniert: einfach hierher fahren und mit dem Auge eines Wissenschaftlers die Schleuse öffnen. Die Schleuse mit Iris-Scanner gibt es zwar wirklich, aber da hängt zusätzlich noch eine Kamera dran. Und der Kollege, der einen dann am anderen Ende begrüßt, würde merken, wenn man nicht seine eigenen Augen benutzt.

Wir sehen: Antimaterie gibt es. Sie kann viel Energie freisetzen. Aber wir können nicht genug sammeln, dass es wirklich gefährlich würde. Doch wie kam man eigentlich überhaupt darauf, dass es Antimaterie gibt?

2.7.2 Ein mathematisches Gespenst: Teilchen mit negativer Energie

Teilchen sind ja manchmal ein wenig wellenhaft. Wenn man die Bewegung von Wellen beschreiben will, kann man das entweder mit eleganten Handbewegungen in der Disco tun oder mit Formeln. Es gibt eine Art von Gleichung, die man Wellengleichung nennt. Sie stellt Bedingungen an eine Funktion. Und wenn die Funktion sie erfüllt, beschreibt sie eine Welle.

Wellengleichung

Ein einfaches Beispiel:

$$\frac{1}{c^2}\frac{\partial^2 f(x,t)}{\partial t^2} - \frac{\partial^2 f(x,t)}{\partial x^2} = 0 \tag{2.22}$$

Hierbei heißt $\frac{\partial^2 f(x,t)}{\partial t^2}$, dass die Funktion f zweimal nach der Zeit t abgeleitet wird, für x statt t entsprechend zweimal nach dem Ort x. Die einfachste Art, eine Welle mathematisch zu beschreiben, ist über einen Sinus oder Cosinus. Da sich das Ganze nach einer bestimmten Zeit und einem bestimmten Ort wiederholen soll, stecken wir ein paar Extras in das Argument: $f(x,t) = \sin(kx - \omega t)$. Immer wenn eine Zeit $t = \frac{2\pi}{\omega}$ vergangen ist, wiederholt sich der Sinus. Und auch wenn eine Strecke $x = \frac{2\pi}{k}$ zurückgelegt ist. Setzen wir den Sinus mal in die Wellengleichung:

$$\frac{1}{c^2}\frac{\partial^2 f(x,t)}{\partial t^2} - \frac{\partial^2 f(x,t)}{\partial x^2} = 0 \tag{2.23}$$

$$\frac{1}{c^2}\frac{\partial^2 \sin(kx - \omega t)}{\partial t^2} - \frac{\partial^2 \sin(kx - \omega t)}{\partial x^2} = 0 \tag{2.24}$$

$$\frac{\omega}{c^2}\frac{\partial \cos(kx - \omega t)}{\partial t} - k\frac{\partial \cos(kx - \omega t)}{\partial x} = 0 \tag{2.25}$$

$$-\frac{\omega^2}{c^2}\sin(kx - \omega t) + k^2 \sin(kx - \omega t) = 0 \tag{2.26}$$

$$c^2 - \left(\frac{\omega}{k}\right)^2 = 0 \tag{2.27}$$

Das Ganze ergibt also eine Lösung, wenn $c = \omega/k$ ist. Weil wir aber nie gesagt haben, was c sein soll, mag das ja durchaus stimmen. Wenn wir jetzt wieder an die Bedingungen von vorhin denken (Ort und Zeit, wonach sich der Sinus wiederholt), dann entspricht c einfach der Ausbreitungsgeschwindigkeit der Welle. Ach ja, richtig! Das c in Einsteins $E = mc^2$ war ja auch die Lichtgeschwindigkeit!

Der österreichische Physiker Erwin Schrödinger baute auf dieser Idee auch wieder eine Art Wellengleichung, um die Bewegung von Teilchen mit einer bestimmten Energie im Raum zu beschreiben. Man kennt sie als die *Schrödinger-Gleichung* und wirkt besonders klug, wenn man sie hinschreiben kann oder wiederkennt:

$$i\hbar\frac{\partial}{\partial t}\psi(\vec{r}, t) = \frac{-\hbar^2}{2m}\nabla^2\psi(\vec{r}, t) \tag{2.28}$$

Wir sparen uns an dieser Stelle ein paar Seiten Schlauboxen und betrachten die Gleichung einfach mit Ehrfurcht. Mit dieser Gleichung kann man viele aufregende Dinge aus dem Bereich der Quantenmechanik ausrechnen. Einen kleinen Schönheitsfehler hat sie jedoch: Sie ist *nichtrelativistisch*. Das heißt, sie vernachlässigt Einsteins Relativitätstheorie. Als Näherung kann man das mal hier und da machen, aber wenn man korrekt sein oder mit extrem hohen Energien und Geschwindigkeiten rechnen will, braucht die Schrödinger-Gleichung ein kleines Update. Ihr relativistischer Bruder, der dieses Update hat, heißt *Klein-Gordon-Gleichung*:

$$\frac{1}{c^2}\frac{\partial^2}{\partial t^2}\psi(\vec{r}, t) - \nabla^2\psi(\vec{r}, t) + \frac{m^2c^2}{\hbar^2}\psi(\vec{r}, t) = 0 \tag{2.29}$$

Man kennt das ja vom Betriebssystem auf dem Computer: Kommt ein Update, kommen neue Schönheitsfehler. Da geht's der Klein-Gordon-Gleichung leider nicht besser. Ihr Schönheitsfehler ist, dass ihre Lösungen nicht mehr als eine „Aufenthaltswahrscheinlichkeitsdichte" interpretiert werden können. Das brauchten wir aber, damit wir uns überhaupt einen Reim darauf machen konnten, was ein Teilchen mit Welleneigenschaften eigentlich sein soll.

Gut, dachte sich der britische Physiker Paul Dirac im Jahre 1928 und entwickelte eine Gleichung, die später nach ihm als *Dirac-Gleichung* benannt wurde:

$$(c\vec{\alpha} \cdot \vec{p} + \beta mc^2)\psi(\vec{r}, t) = i\hbar\frac{\partial\psi(\vec{r}, t)}{\partial t} \tag{2.30}$$

Sieht immer noch ganz freundlich aus. Aber das Tolle an der Mathematik und Physik ist ja, dass man allerlei in so einen griechischen Buchstaben packen kann. Dass hinter einem ψ jetzt ein vierdimensionaler Vektor und hinter einem $\vec{\alpha}$ ein dreidimensionaler Vektor von 4×4 Matrizen steckt, macht die Gleichung nicht mehr so freundlich. Aber sehr mächtig. Sie macht eigentlich all das richtig, was ihre Vorgänger nur mit kleinen Schönheitsfehlern hinbekommen haben.

Paul Dirac und seine Kollegen staunten allerdings nicht schlecht, als sie sich klar wurden, was alles als Lösung der Dirac-Gleichung infrage kommen kann. Es gab Lösungen für normale Teilchen mit „normalen" Energien und für etwas komische Teilchen mit negativen Energien. Man mühte sich um eine sinnvolle Interpretation der Lösungen mit negativer Energie. Für manche waren diese Lösungen anfangs auch schlicht mathematischer Schrott. Denn nicht alles, was bei einer Gleichung rauskommt, muss auch gleich einen Realitätsbezug haben.

Die Teilchen mit negativer Energie haben es aber. Die Lösungen entsprechen den Antiteilchen. Aus dem mathematischen Gespenst ist wenig später Realität geworden. Wie genau, werden wir gleich erfahren.

2.7.3 Zu leicht für ein Proton, zu positiv für ein Elektron: die Entdeckung des Positrons

Nach der Veröffentlichung von Paul Diracs Gleichung hatte dieser selbst noch Nachbesserungsbedarf. Nicht an der Gleichung selbst, aber an dem, was er von den seltsamen Lösungen mit negativer Energie halten sollte. Er kam dann letztlich zu dem Schluss, dass ein Elektron mit negativer Energie auch ein Elektron mit positiver Ladung sein könnte. Und dass wenn ein positiver auf seinen negativen Kollegen träfe, sich beide auslöschen würden.

Aber wie war das noch gleich mit all den guten Ideen? Genau, ohne experimentelle Überprüfung sind sie nichts wert. Allzu lange musste man auch gar nicht warten.

Strahlung in unserer Natur In unserer Umwelt gibt es immer ein gewisses Maß an natürlicher radioaktiver Strahlung, mit der unser Körper gut zurechtkommt. Man misst die Strahlenbelastung in der sogenannten „effektiven Dosis" mit der Einheit *Sievert* (Sv). Pro Jahr bekommt ein Mensch in Deutschland im Mittel ca. 2,1 Millisievert an natürlicher Strahlung ab. Eine Übersicht der Strahlenquellen gibt es in Tab. 2.1.

Etwa die Hälfte davon kommt vom radioaktiven Gas Radon. Es entsteht in der Erdkruste aus zerfallendem Uran und findet dann von dort seinen Weg an die Erdoberfläche. Bei sich zu Hause findet man die höchste Radonkonzentration in Kellern. Zum Lachen in den Keller zu gehen, ist also schon allein aus diesem Grund nicht besonders empfehlenswert. Und lüften sollte man seine

Tab. 2.1 Strahlenbelastung in Deutschland. (Quelle: Jahresbericht 2010, „Umweltradioaktivität und Strahlenbelastung", Bundesamt für Strahlenschutz)

	Quelle	effektive Dosis
natürlich	Radon	1,1 mSv/Jahr
	Nahrung	0,3 mSv/Jahr
	kosmische Strahlung	0,3 mSv/Jahr
	terrestrische Strahlung	0,4 mSv/Jahr
zivilisatorisch	medizinische Diagnostik	1,8 mSv/Jahr
	Kernkraftwerke	< 0,01 mSv/Jahr
	Folgen von Kernwaffentests	< 0,01 mSv/Jahr
einmalig	Röntgenbild (Zahn)	< 0,01 mSv
	Röntgenbild (Brustkorb)	ca. 0,03 mSv
	CT (Brustkorb)	ca. 5 mSv
	Transatlantikflug	ca. 0,05 mSv

Keller, oder allgemein alle Zimmer unter der Oberfläche, auch immer gut. Vor allem wenn man sich dort länger aufhält.

Neben Radon gibt es auf der Erde noch andere Materialien und Gesteine, die uns bestrahlen. Sie bilden die *terrestrische Strahlung*. Auch die Nahrung hinterlässt ihre Spuren, zum Beispiel über das ^{40}K (ein bestimmtes Isotop des Elements Kalium) in den Bananen. Bananen möchte ich übrigens an dieser Stelle ausdrücklich in Schutz nehmen. Sie haben leider Pech, das Standardbeispiel geworden zu sein, schmecken aber gut und sind wirklich gesund.

Neben der natürlichen Strahlung gibt es auch noch hausgemachte (zivilisatorische) Strahlung. Anders als vermutet stellen nicht die Kernkraftwerke den größten Anteil (solange sie funktionieren), sondern die medizinische Diagnostik. Wer Bilder vom Inneren seines Körpers machen will, muss ihn dafür bestrahlen, in der Regel mit Röntgenstrahlen. Die Belastung hängt davon ab, wie groß der bestrahlte Bereich ist (ein Zahn ist zum Beispiel nicht so groß wie ein Brustkorb) und ob man sich mit einem einfachen Bild begnügt oder das ganze hochaufgelöst und in 3D braucht, wie es beim CT der Fall ist.

Wer viel und weit fliegt, bekommt übrigens auch einiges an Strahlung ab. Flugpersonal wird daher medizinisch streng überwacht. Aber woher kommt die Strahlung im Flugzeug? Sie kommt von einem Teil, den ich bei der natürlichen Strahlenbelastung erst mal weggelassen habe: der kosmischen Strahlung. Aus dem Weltall kommen Teilchen mit gigantisch hohen Energien. Wie genau diese beschleunigt werden, können Physiker bis heute nicht eindeutig klären. Zum Glück hat unsere Erde eine dicke Atmosphäre. Kracht ein hochenergetisches Teilchen aus dem Weltall (meistens sind es Protonen) auf ein Molekül der Erdatmosphäre, reagiert es mit ihr und erzeugt weitere Teilchen. Die machen dann selbst wiederum kurz darauf noch mal das Gleiche. So entstehen bei dieser Reaktion zwar immer mehr Teilchen, die auf die Erde zusausen, ihre mittlere Energie aber wird immer kleiner und die Teilchen damit auch ungefährlicher, falls sie den Weg bis zu uns auf die Erdoberfläche schaffen sollten (siehe Abb. 2.23a).

Die Entdeckung der kosmischen Höhenstrahlung kam etwas überraschend. Die Strahlenbelasung auf dem Boden kannte man ja. Da dachte man sich: Geh ich einfach weiter nach oben in den Himmel, sollte die abnehmen. Tat sie anfangs auch, aber dann gab es eben auch einen Teil, der nicht weniger werden wollte. Für die Entdeckung der kosmischen Höhenstrahlung bekam der österreichisch-amerikanische Physiker Victor Franz Hess 1936 einen halben Nobelpreis in Physik. Die andere Hälfte ging an den amerikanischen Physiker Carl David Anderson, und zwar für die Entdeckung des ... Positrons!

Seltsamer Fund in der kosmischen Höhenstrahlung: ein positives Elektron Die Vorgeschichte mit der natürlichen Strahlenbelastung und der Höhenstrahlung war wichtig, da sie sehr eng mit der Entdeckung des Positrons verknüpft ist. Anderson benutzte eine Nebelkammer, mit der man die Spuren von geladenen Teilchen sichtbar machen kann (mehr zu solchen Detektoren in Kap. 5). Mit dieser Nebelkammer wollte er auch die kosmische Höhenstrahlung näher untersuchen. Die Spuren der Teilchen waren alle gekrümmt, denn die Nebelkammer enthielt ein starkes Magnetfeld. In ihr gab es auch eine Bleischicht. Mit ihr kann man Strahlung abschirmen, weil sie dort ihre Energie verliert. Schafft es ein Teilchen durch die Bleischicht, hat es weniger Energie als vorher, wenn es auf der anderen Seite rauskommt. Weniger Energie eines Teilchens in einem Magnetfeld bedeutet mehr Krümmung. Kennt man vom Autofahren: scharfe Kurven langsam nehmen, weite Kurven schnell.

Und so schaute sich Anderson also die Teilchen aus der Höhenstrahlung an. Positive und negative konnten leicht unterschieden werden: Die Krümmung ging ja jeweils in eine andere Richtung. Die positiven Teilchen verloren ihre Energie im Blei auch in der Luft immer schneller als die negativen. Es waren ja schließlich auch dicke Protonen statt leichte Elektronen.

Jetzt beobachtete Anderson allerdings auch Teilchen, die zwar positiv waren, sich allerdings sonst genauso verhielten wie Elektronen. Denn für Protonen waren ihre Spuren in der Nebelkammer einfach zu lang (sie schafften es also zu weit für ein dickes Proton, das relativ schnell gestoppt wird). Das Ergebnis war verblüffend: ein positives Elektron. Das war übrigens auch der Titel von Andersons Veröffentlichung. Später merkte man dann, dass dieses

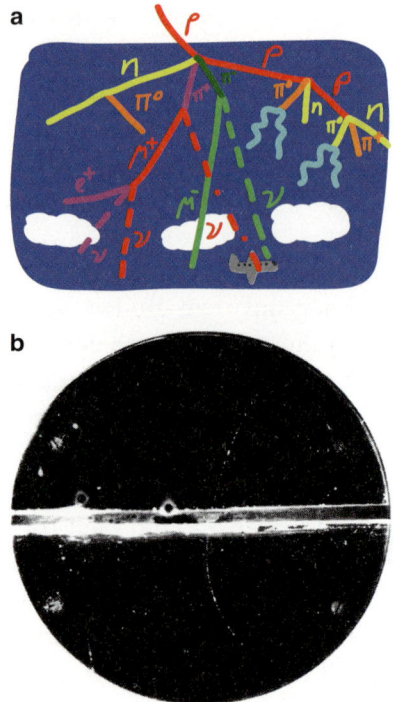

Abb. 2.23   a Ein hochenergetisches Teilchen kracht auf die Erdatmosphäre und wandelt sich dabei in viele Teilchen um, die im Mittel weniger Energie haben. **b** Aufnahme eines Positrons in einer Nebelkammer, das durch die Bleischicht in der Mitte fliegt und dabei Energie verliert. (Foto: Image Ref. 10296273, Science Museum/Science and Society picture library, Carl D. Anderson, Physical Review, Vol. 43, S. 491 (1933))

positive Elektron das von Dirac in seiner Formel vorhergesagte Antiteilchen zum Elektron war. Das Positron war gefunden und der Nobelpreis für Anderson gesichert.

2.7.4   Ein guter Freund: medizinischer Nutzen von Antimaterie

Entdeckt wurde das Positron also weit oben in der Atmosphäre. Will man hier unten auf der Erde Positronen haben, muss man zu etwas unbeliebten Werkzeugen greifen: zu radioaktiven Präparaten.

Erinnern wir uns: Es gab radioaktive Kerne, die sich in andere umwandeln und dabei Strahlung abgeben. Das war dann entweder α-, β- oder γ-Strahlung. Und von der β-Strahlung gab es sogar noch zwei Sorten: β^+- und β^--Strahlung. Während wir die β^--Strahlung als guten Bekannten, nämlich das Elektron, kennengelernt haben, mussten wir damals in Abschn. 2.3 noch hinnehmen, dass die β^+-Strahlung einfach nur so etwas wie der positive Bruder vom Elektron ist. Und mittlerweile kennen wir ihn auch mit Namen: das Positron, ein Antiteilchen. Das heißt, wenn wir ein radioaktives Präparat finden, das β^+-Strahlung aussendet, dient es uns als Positronenquelle. Man kann aber auch einen kleinen Umweg gehen. Es gibt ja auch γ-Strahler. γ-Strahlen bestehen aus Photonen, also Lichtteilchen mit purer Energie. Wenn diese Energie groß genug ist, nämlich größer als zweimal die Elektronenmasse multipliziert mit der Lichtgeschwindigkeit zum Quadrat (kurz benutzt: $E = mc^2$), kann sich das Photon in ein Elektron und ein Positron umwandeln. Gesehen haben wir diesen Effekt der Paarerzeugung ja schon in Abb. 2.22b. Dieser Prozess nervt übrigens, wenn man versucht, γ-Strahlung abzuschirmen. Denn das abschirmende Material stoppt zwar die Photonen, aber dafür hat man dahinter auch einen ganzen Haufen β-Strahlung, die über den Effekt der Paarerzeugung entstanden ist.

So fies sich radioaktive Strahlung auch anhören mag: Wir alle haben sie in uns. Schlimm ist das nicht. Wer viele Bananen futtert, stellt sicher, dass er genug Kalium im Körper hat. Das braucht man für allerlei wichtige Körperfunktionen. Natürliches Kalium besteht zu 0,01 % aus ^{40}K. Während „normales" Kalium 19 Protonen und 20 Neutronen im Kern hat, hat ^{40}K ein Neutron mehr. Dadurch wird der Kern instabil und zerfällt. Er hat dabei verschiedene Möglichkeiten. Wenn er sich aber dazu entscheidet, sich in Argon (ein Edelgas mit 18 Protonen im Kern) umzuwandeln, muss sich dafür ein Proton vom Kaliumkern in ein Neutron umwandeln. Das geht. Wie genau, schauen wir uns im Abschn. 2.13 noch mal im Detail an. Jedenfalls wird bei diesem Vorgang auch ein Positron erzeugt und aus dem Kern geschossen.

In unserem Körper befindet sich nicht nur radioaktives Material, sondern es ist auch noch Antimaterie unterwegs! Aber wie gesagt: Viel ist es nicht und schaden tut's uns auch nicht. Antimaterie im Körper kann sogar ganz nützlich sein. Dafür braucht man ein bisschen mehr als sonst. Also auch ein bisschen mehr radioaktive Stoffe. Mehr als durch das ^{40}K aus einem ganzen Korb Bananen. Normalerweise kümmern sich dann auch Ärzte darum. Wenn es einem nicht besonders gut geht und die Ärzte in uns reinschauen müssen, kann es schon mal sein, dass man „in die Röhre" muss. Davon gibt es viele verschiedene Gerätetypen, die auf unterschiedlichen Mechanismen basieren, um ihre Bilder von unserem Inneren zu machen.

Eine Art dieser bildgebenden Verfahren heißt *PET*. PET steht für Positronen-Emissions-Tomografie. Man sieht gleich: hat was mit Positronen zu tun. Und die werden emmitiert. Und zwar von einem schwach radioaktiven Präparat. Die Ärzte haben dabei eine Auswahl von verschiedenen Präparaten, die sie dem Patienten spritzen können. Je nachdem, welchen Ort des Körpers man sich genauer anschauen will, nimmt man ein anderes Präparat. Der Stoff setzt sich nämlich dann an die entsprechenden Organe. Und jeder Stoff hat da so seinen Liebling. Es gibt zum Beispiel welche für Muskeln wie unser Herz oder für bestimmte Arten von Tumoren.

Wenn sich das Präparat dann schließlich am Zielort angesammelt hat, zerfällt es. Positronen werden emittiert. Und die treffen dann auf normale Elektronen, die wir ja zuhauf in unserem Körper haben. Und dann? Dann zerstrahlen Positron und Elektron zu Energie (siehe Abb. 2.24a)! Die Energie wird in diesem Fall auf zwei Photonen übertragen, die in entgegengesetzter Richtung aus dem Körper fliegen. Und jetzt kommt der PET-Scanner! Er versucht beide Photonen zu registrieren und verbindet sie auf einer Linie. Das macht er, sooft er zwei Photonen erwischen kann (Abb. 2.24b). Und am liebsten verteilt in alle Richtungen. Daher dreht sich der PET-Scanner auch um uns rum, wenn wir drin liegen. Wenn man dann ganz viele Linien aus zwei Photonen hat und sie verbindet, kann man den Ort, von dem sie herkommen, sehr schön lokalisieren. Und so hat man ein Bild von einem Organ oder Tumor, den man vorher markiert hat.

Das ist ein schönes Beispiel dafür, dass Teilchenphysik nicht nur abstrakter Quatsch ist, sondern sogar konkret Menschen helfen kann. Und auch dafür, dass Radioaktivität und Antimaterie in richtigen Maßen und gezielt angewandt auch gegen Krankheiten helfen können, statt welche zu verursachen.

2.8 Leih dir was, solange niemand zuschaut: die Heisenbergsche Unschärferelation

Es ist also mehr als nur Science-Fiction, Materie aus purer Energie zu erzeugen. Mehr noch: Zur erzeugten Materie gibt es immer auch gleich noch Antimaterie! Wir kennen jetzt schon zwei Beispiele, bei denen das passieren kann. Zum einen das Photon, das an einem Atomkern ein Elektron-Positron-Paar erzeugt. Alles, was es dafür braucht, ist genug Energie. Hätte man jetzt einen Strahl von hochenergetischen Photonen und könnte mit einem Drehknopf einfach dessen Energie erhöhen, würde man beobachten können, wie ab einer bestimmten Schwelle der Photonenstrahl plötzlich Elektron-Positron-Paare erzeugt. Nämlich dann, wenn $E \geq 2\, m_e c^2$ ist (Elektron und Positron haben die gleiche Masse, also steht da einfach zweimal die Elektronenmasse m_e).

Das zweite Beispiel für Materie und Antimaterie aus Energie kennen wir von dem reißenden Kraftfeldband zwischen zwei Quarks, wenn man ein Quark aus einem Proton kickt. Auch hier gilt: Sobald die Energie im Kraft-

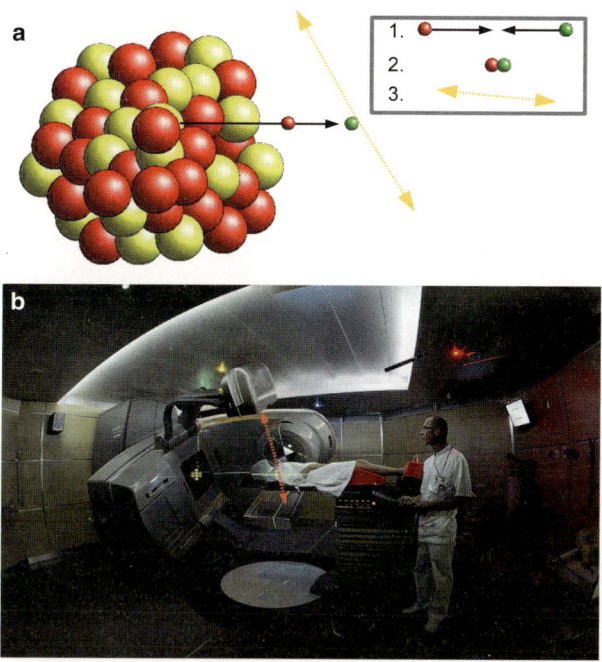

Abb. 2.24   **a** Ein Radionuklid zerfällt im Körper eines Patienten unter Aussendung eines Positrons. Das Positron trifft auf ein Elektron (1. und 2.) und zerstrahlt zu zwei Photonen (3.). **b** Ein PET-Scanner und seine Funktionsweise. Zwei gegenüberliegende Detektoren registrieren gleichzeitig zwei Photonen, die auf einer Geraden liegen. (Foto: © CERN)

feld größer ist als $2\,m_q c^2$, kann ein neues Quark-Antiquark-Paar mit den Quarkmassen m_q entstehen.

Quarks aus Kraftfeldenergie: das Prinzip virtueller Teilchen Als wir uns im Abschn. 2.6.2 mit der Masse des Protons beschäftigten, haben wir gesehen, dass nur ein kleiner Anteil der Protonenmasse von massiven Teilchen in dessen Innerem kommt. Die meiste Masse steckt in der Energie der starken Kraftfelder zwischen den Quarks. Wenn dort aber nun so viel Energie drinsteckt, könnte man ja auch ein paar Quark-Antiquark-Paare daraus machen. Aber fliegen aus einem Proton einfach so hin und wieder mal ein paar Quarks und Antiquarks? Nee. Wäre ja blöd, denn dann würden die ja auch immer zumindest die Energie wegnehmen, die ihren Massen entspricht. Damit klauen sie dem Proton Energie und somit auch Masse. Das Proton würde dann einfach auslaufen und an Masse verlieren. Keine Sorge, das tut es nicht.

Aber schauen wir doch noch mal genauer ins Proton rein. Dass dort drei Quarks drin sind, wissen wir ja jetzt (Abb. 2.25a). Was sie zusammenhält,

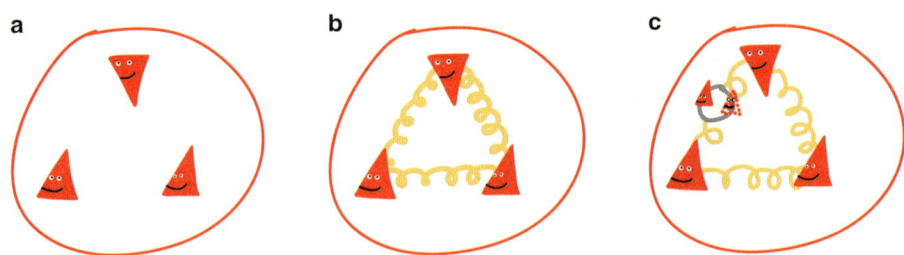

Abb. 2.25 **a** Ein Proton mit drei Quarks im Inneren. **b** Zwischen den Quarks sind Gluonen, die die Quarks zusammenhalten. **c** Ein Proton mit Gluonen und virtuellen Quarks

ist die Starke Kraft. Im nächsten Abschnitt lernen wir mehr über Kräfte und auch, dass zu jeder Kraft ein Kraft-Teilchen gehört. Bei der Starken Kraft ist es das *Gluon* (vom englischen *glue*, Kleber). Die Gluonen flitzen also zwischen den Quarks hin und her und halten sie zusammen (Abb. 2.25b).

Es gibt Experimente, die sich besonders darauf spezialisiert haben, noch genauer in ein Proton reinzuschauen. Die Profis in diesem Bereich haben in den letzten Jahren zum Beispiel in Hamburg gearbeitet. Dort gab es einen großen Teilchenbeschleuniger mit Namen *HERA* und an ihm zwei Experimente, die die Struktur des Protons untersuchten: *H1* und *Zeus*. In diesen Experimenten wurden Elektronen und Protonen auf hohe Energien beschleunigt und zur Kollision gebracht (Details dazu in Abschn. 4.6.3). Das ist wieder wie die Stecknadel in der Knetkugel: Das Elektron sticht ins Proton und schaut, was drin ist. Bei diesen Untersuchungen kam dann raus, dass sich nicht nur drei Quarks in einem Proton befinden, sondern noch mehr. Wenn man aber nur grob hinschaut, dann sind es lediglich drei. Und es macht auch Sinn: zwei Up-Quarks mit der Ladung $+2/3$, dazu noch ein Down-Quark mit $-1/3$ und fertig ist ein einfach positiv geladenes Proton.

Aber was machen dann die anderen Quarks im Proton? Wo kommen sie her, wo gehen sie hin? Schauen wir mal auf Abb. 2.25c. Auf seinem Weg von einem Quark zum nächsten spaltet das Gluon in ein Quark-Antiquark-Paar auf. Genauso, wie ein Photon zu einem Elektron-Positron-Paar werden kann (Abb. 2.22b). Die Energie des Gluons ist also mal kurz weg. Aber nur kurz. Denn das erzeugte Quark und Antiquark vernichten sich wieder – wie es halt so ist, wenn Materie und Antimaterie sich treffen – zu Energie, und zwar zu einem Gluon. Schaut man also nur grob hin, sieht man, dass da ein Gluon zwischen den Quarks wandert. Schaut man genauer hin, sieht man, dass es zwischendrin mal ein Quark-Antiquark-Paar ist.

Mehr leihen, als da ist, wenn man sich beeilt Solche Spielchen sind ja kein Problem. Man hat am Ende wieder das Gluon und die Energie ist nur umhergewandelt: Von der Gluon-Energie zum Quark-Antiquark-Paar und zurück. Was aber wäre, wenn ich sagen würde, dass ein Gluon auch in ein Quark-Antiquark-Paar aufspalten kann, das von einer ganz besonderen Sorte ist (wir werden es im Abschn. 3.1 noch genauer kennenlernen)? Während ein normales Quark nur 1/20 der Masse des Protons trägt, ist die Masse dieses besonderen Quarks sogar viermal so groß.

Wo ist das Problem? Das Gluon braucht zum Aufspalten viel mehr Energie, als es haben kann. Hätte es diese Energie, würde sie ja auch in die Masse des Protons einfließen. Denn die besteht ja im Wesentlichen aus der Energie der Gluonen. Wie kann es aber sein, dass ein Gluon etwas erzeugt aus einer Energie, die es nicht hat? Kann das überhaupt sein?

Die Energieerhaltung ist ja eigentlich eines unserer wichtigsten Prinzipien in der Physik. Esse ich keine Bananen, kann ich keinen Marathon laufen. Mach ich keinen Sport, nehme ich nicht ab. Strom kommt zwar aus der Steckdose, muss da aber auch erst mal eingespeist werden.

Aber die goldene Regel der Energieerhaltung kann unter gewissen Umständen überstimmt werden, nämlich durch eine andere Regel, die mit dem menschlichen Verstand nur sehr schwer vereinbar ist. Sie kommt aus der Quantenmechanik. Die Quantenmechanik sagt uns ja bereits, dass alle Teilchen durch Wellen dargestellt werden können, die man dann als Wahrscheinlichkeitswellen interpretieren kann. Das heißt, ein Teilchen ist mit einer gewissen Wahrscheinlichkeit gerade hier, mit einer gewissen Wahrscheinlichkeit gerade dort. Wo genau, das weiß man erst, wenn man hinschaut. Aber nicht, weil es einen nicht interessiert, bevor man hinschaut, sondern weil es einfach nicht feststeht. Das ist so, als würde ich heute nach der Arbeit heimfahren, entweder über die Landstraße oder über die Autobahn. Solange niemand (auch ich nicht, was in der Praxis nur schwer zu realisieren sein wird) nachschaut, bin ich tatsächlich beide Wege gefahren.

Man merkt schon, allein über die Quantenmechanik könnten man ein ganzes Buch füllen. Daher belassen wir's hier bei ein wenig grundlegendem Basiswissen. Dazu gehört die vom deutschen Physiker Werner Heisenberg formulierte *Heisenbergsche Unschärferelation*:

$$\Delta x \Delta p \geq \frac{\hbar}{2} \qquad (2.31)$$

Δx ist die Unsicherheit auf den Ort eines Teilchens, Δp die Unsicherheit auf dessen Impuls. Das Produkt muss immer größer sein als $\hbar/2$, was einfach eine konstante Zahl ist. Die ist auch nicht besonders groß. Daher fällt uns auch kaum auf, was die Formel sagen will: Je genauer ich einen Ort kenne, also je kleiner die Unsicherheit bezüglich dessen Angabe ist, desto weniger weiß ich über den Impuls eines Teilchens, das sich an diesem Ort aufhält (weil dessen Unsicherheit dann größer sein muss, damit das Produkt von beiden Unsicherheiten noch größer als $\hbar/2$ ist). Wäre der Effekt groß, würde das bedeuten, dass ich nicht genau weiß, wie schnell mein Auto in dem Moment ist, wenn es gerade in der Garage steht. Dann wäre sein Ort nämlich gut bekannt und Δx klein. Klar würde ich sagen: Es steht still, und zwar mitten in der Garage. Aber ein Auto ist groß, der Effekt ist es nicht. Bei Elementarteilchen und den Größenordnungen, in denen sie agieren, spielt der Effekt allerdings eine große Rolle. Eine etwas andere Unschärferelation ist:

$$\Delta E \Delta t \geq \frac{\hbar}{2} \qquad (2.32)$$

Diesmal geht es nicht um Ort und Impuls, sondern um Energie und Zeit. Und die Aussage ist: Je genauer ich weiß, wie viel Energie etwas hat, desto weniger genau weiß ich, wann es diese Energie hatte. Die umgekehrte Aussage gilt auch. Und wieder ist es kein Effekt, den man in unserer „großen Welt" wahrnehmen kann. Aber auf kleinen Skalen hat diese Unschärferelation dramatische Folgen:

Innerhalb einer Zeit, die klein genug ist, kann ein Gluon von seiner urspünglichen Energie um den Betrag $\frac{\hbar}{2\Delta t}$ abweichen. Je kleiner das Zeitfenster Δt ist, desto größeren Unfug kann das Gluon in dieser Zeit treiben. Und dadurch ist es auch möglich, dass sich das Gluon für kurze Zeit eine Energie „leiht", die es eigentlich gar nicht hat. Und damit erzeugt es dann ein Quark-Antiquark-Paar, das mehr Masse hat als der Energie entspricht, die eigentlich zur Verfügung steht. Wichtig ist nur, dass das Quark-Antiquark-Paar auch wieder zu einem Gluon wird und dass das Gluon seine Energie dann am Ende auch wieder „zurückgibt".

Würde bei meiner Bank auch eine Zeit-Geld-Unschärferelation gelten, könnte ich mir für eine kurze Zeit virtuelles Geld leihen (analog zur Energie). Ich könnte mir sogar ein virtuelles Haus davon bauen (analog zum virtuellen Quark). Je schneller ich bin, desto mehr kann ich mir leihen. Aber sobald dann wieder jemand nachschaut oder eine gewisse Zeit vergangen ist, ist alles wieder weg.

Wir haben soeben das Konzept der *virtuellen Teilchen* kennengelernt. Teilchen heißen virtuell, wenn wir sie gar nicht frei beobachten können, sondern sie nur für kurze Zeit existieren, um dann wieder zu verschwinden. Wieder so eine Sache, von der man eigentlich gar nicht geglaubt hätte, dass es sie wirklich gibt.

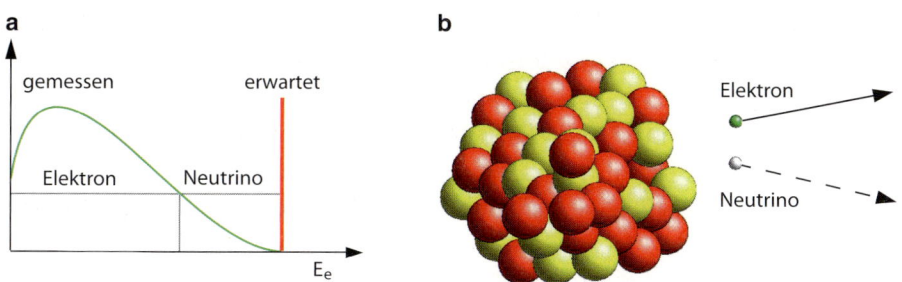

Abb. 2.26 **a** Die Energieverteilung des Elektrons beim β^--Zerfall. Statt einer klar definierten Energie sieht man eine kontinuierliche Verteilung, die bis zur erwarteten Maximalenergie reicht. **b** Der vollständige β^--Zerfall, zusammen mit einem Neutrino

2.9   Ein unsichtbarer neuer Freund: das Neutrino

Wir kennen nun nicht nur die drei grundlegenden Bausteine unserer Erde aus Abb. 2.17, nämlich Up-Quark, Down-Quark und Elektron. Auch die entsprechenden Antiteilchen kennen wir schon. All diese Teilchen wurden in dem Moment spannend, als man sie entdeckte. Aber nun kommen wir mal zu einem Teilchen, das vor allem deshalb war, weil man es nicht entdeckte. Man sah nichts, obwohl etwas ganz Bestimmtes hätte da sein müssen.

Wir befinden uns zeitlich ein paar Jahre vor der Entdeckung des Neutrons. Man kannte bereits die drei Arten der radioaktiven Strahlung: α-, β- und γ-Strahlung (Abb. 2.6). Eine interessante Messgröße bei der Untersuchung radioaktiver Strahlung ist deren Energie. Bei der α-Strahlung war deren Energie für einen bestimmten Kernzerfall immer gleich. Das machte Sinn: Ein Kern wandelte sich um und es wurde eine bestimmte Menge Energie frei. Die hat sich dann auf den Restkern und das α-Teilchen verteilt. Dank Energie- und Impulserhaltung (mehr dazu in Abschn. 2.11) ist genau festgelegt, wie viel Energie die beiden Partner abbekommen. Findet nun ein β-Zerfall statt (nehmen wir mal den β^--Zerfall), kann man wieder schauen: Wie viel Energie wird frei? Wie viel bekommen der Restkern und das Elektron, das bei der β-Strahlung emittiert wird? Vergleicht man hier die Messung mit der Vorhersage, stimmt etwas nicht. Zwar bekommen die Elektronen maximal genau die Energie, die man ausgerechnet hat. Aber meist bekommen sie weniger (Abb. 2.26a).

Doch was passiert mit dem Rest? Wo geht die Energie hin, die das Elektron nicht bekommt? Auf jeden Fall schon mal nicht zum Restkern, so viel stand damals fest. Es schien ganz so, als hätte das Elektron sich die frei werdende Energie mit einem weiteren Teilchen geteilt. Doch man sah keins.

Während manch ein Physiker so verzweifelt war, dass er sogar bereit schien, auf die Energieerhaltung zu verzichten, postulierte der österreichische Physiker Wolfgang Pauli im Jahre 1930 einfach, dass da noch ein Teilchen sein müsste. Masselos, neutral und einfach nicht zu entdecken (Abb. 2.26b). Dann würde die Energieverteilung wieder stimmen. Postulieren kann man so etwas ja ruhig. Doch diese Idee wurde später richtig wertvoll, denn sie sollte sich als wahr herausstellen.

Das neue Teilchen war ein *Neutrino*. Es ist nah verwandt mit dem Elektron und hat auch noch zwei Geschwister. Entdecken kann man es, jedoch nur mit sehr großem Aufwand und geringen Chancen. Noch dazu hat es einige sehr bemerkenswerte Eigenschaften und hält bei vielen Physikern den Adrenalinpegel oben. Wir werden noch sehen, wieso.

2.10   Wahre Alleskönner: die vier Grundkräfte

Ist von einem Teilchenphysiker die Rede, denkt man erst mal „Ach ja, der macht was mit Teilchen!" Wie so eine Arbeit aussehen kann und was die Teilchen sind, um die es geht, haben wir bisher schon gehört. Zumindest was die Teilchen angeht, aus denen alles zusammengebaut ist.

Allerdings ist das nur die halbe Wahrheit. Natürlich wollen wir wissen, woraus die Welt aufgebaut ist. Aber auch, wie sie funktioniert! Und dazu braucht man neben den Bausteine-Teilchen auch noch eine Anleitung dafür, wie sie miteinander umgehen.

Das, was zwischen Teilchen wirkt, sind Kräfte. Elektrische Kraft, magnetische Kraft und Gravitation kennt man ja aus dem Alltag. Man spricht da auch schon mal gerne von Kraftfeldern, zum Beispiel bei einem elektrischen oder einem magnetischen Feld. Im Weltbild eines Teilchenphysikers werden aber auch die Kräfte selbst durch Teilchen repräsentiert. Aber durch welche Teilchen denn? Und wie soll das überhaupt gehen? Stellen wir uns ein Beispiel vor:

Zwei Affen haben jeweils ein Skateboard und stehen darauf. Einer von ihnen hat eine Banane (Abb. 2.27a). Wirft er sie seinem Kollegen zu, greift das Gesetz der *Impulserhaltung*. Der Gesamtimpuls eines Systems (unser Gesamtsystem besteht aus zwei Affen, einer Banane und dem Skateboard) bleibt erhalten. Vor dem Wurf war er null, weil sich nichts bewegt hat. Nach dem Wurf hat die Banane einen Impuls nach rechts bekommen. Der Affe muss das ausgleichen und bekommt einen Impuls nach links (Abb. 2.27b). Der Effekt ist vergleichbar mit dem Rückstoß bei einem Gewehr oder dem Flug einer Rakete, bei der der Treibstoff hinten rausfliegt und die Rakete dafür nach vorne flitzt.

Abb. 2.27 **a** Zwei Affen auf zwei Skateboards, einer mit Banane. **b** Der Affe wirft eine Banane und wird vom Impuls zurückgestoßen. **c** Der zweite Affe fängt die Banane und übernimmt den Impuls

Impulserhaltung

Der Impuls p ist definiert als das Produkt aus Masse und Geschwindigkeit: $p = mv$. Da eine Geschwindigkeit auch eine Richtung hat, schreibt man sie als Vektor mit einem Pfeil obendrauf: $\vec{v}$. Dann hat natürlich auch der Impuls eine Richtung: $\vec{p} = m\vec{v}$. Das Gesetz der Impulserhaltung besagt nun, dass der Gesamtimpuls $\vec{P}$ als Summe Σ über alle Einzelimpulse $\vec{p}_i$ erhalten bleibt:

$$\vec{P}_{\text{vorher}} = \Sigma\vec{p}_{i,\text{vorher}} = \Sigma\vec{p}_{i,\text{nachher}} = \vec{P}_{\text{vorher}} \qquad (2.33)$$

Es können sich also schon Einzelimpulse ändern, aber sie müssen immer ausgeglichen werden von einer gleich großen Impulsänderung in die entgegengesetzte Richtung. Dadurch bekommt auch der Affe seinen Rückstoß.

Was passiert nun, wenn der zweite Affe die Banane fängt? Die Banane überträgt ihren Impuls auf den Affen und auch er bekommt einen Rückstoß

(Abb. 2.27c). Und wenn er wieder wirft, gibt's noch einen weiteren Rückstoß dazu. Die Affen entfernen sich mit ihren Skateboards also voneinander, sogar nach jedem Bananenwurf immer schneller. Da sie sich aber in entgegengesetzte Richtungen bewegen, ist der Gesamtimpuls immer noch null.

Was man an diesem Beispiel schon erkennen kann: Der Austausch eines Teilchens (Banane) hat den gleichen Effekt wie eine Kraft. Denn auch dann, wenn eine Kraft die Affen auseinanderstoßen würde, wäre der Effekt der gleiche. Oder wenn die Affen mit den beiden Nordpolen zweier starker Magnete auf sich zeigen würden.

Im Theoriemodell unseres Universums, das wir Teilchenphysiker benutzen, gibt es vier fundamentale Kräfte. Alle diese Kräfte werden durch Teilchen vermittelt, die wir mittlerweile kennen (bis auf eine Kraft, die macht noch Probleme). Schauen wir uns diese Kräfte und ihre Teilchen, die wir *Eichbosonen* oder auch einfach nur *Bosonen* nennen, mal etwas genauer an.

2.10.1 Eier legende Wollmilchsau: die elektromagnetische Kraft

Die elektromagnetische Kraft ist eigentlich ja schon eine Zusammenfassung der elektrischen und der magnetischen Kraft. Beide Kräfte kennt man aus zahlreichen Beispielen aus dem Alltag und anschaulich zu erklären sind sie auch: Elektrische Ladungen mit unterschiedlichen Vorzeichen ziehen sich an. Gleiche Ladungen stoßen sich ab. Das Gleiche gilt auch für magnetische Pole (siehe Abb. 2.28a).

Die Kraft braucht also eine bestimmte Ladung, um zu wirken. Und nur wer sie trägt, auf den wirkt sie auch. Dass die elektrische und die magnetische Kraft irgendwie zusammengehören, sieht man daran, dass bewegte Ladungen, also zum Beispiel Strom in einem Kabel, ein Magnetfeld erzeugen.

Umgekehrt erzeugt ein sich (entweder in Größe oder Richtung) änderndes Magnetfeld einen Strom. So funktioniert ja auch ein Generator: Mechanische Kräfte bringen ihn zum Drehen und die sich in seiner Mitte befindlichen Magnete erzeugen dann einen Wechselstrom.

Elektrische und magnetische Felder werden über die Maxwell-Gleichungen prima beschrieben, ohne dass man irgendwelche Teilchen zur Erklärung benötigt. Daher sind diese Gleichungen auch viel älter als die theoretischen Modelle der Teilchenphysik. Aufgestellt wurden die nach ihm benannten *Maxwell-Gleichungen* von dem schottischen Physiker James Clerk Maxwell, der sie 1864 veröffentlichte.

Maxwell-Gleichungen

Die Maxwelll-Gleichungen lauten:

$$\nabla \cdot \vec{E} = \frac{\rho}{\varepsilon_0} \tag{2.34}$$

$$\nabla \cdot \vec{B} = 0 \tag{2.35}$$

$$\nabla \times \vec{E} = -\frac{\partial \vec{B}}{\partial t} \tag{2.36}$$

$$\nabla \times \vec{B} = \mu_0 \vec{j} + \mu_0 \varepsilon_0 \frac{\vec{E}}{\partial t} \tag{2.37}$$

Gleichung 2.34 kennt man auch als das *Gaußsche Gesetz*: Elektrische Felder $\vec{E}$ „strömen" (ausgedrückt durch das Zeichen ∇) aus elektrischen Ladungen mit einer Ladungsdichte ρ. Also: lege ich eine elektrische Ladung irgendwo hin, gibt es von ihr ausgehend Felder. Bei den Magnetfeldern in Gl. 2.35 sieht das etwas anders aus. Dort steht eine Null auf der rechten Seite, weil alles, was von einer „magnetischen Ladung" wegströmt, auch wieder dorthin strömt.

Was ist die kleinste magnetische Einheit, die wir kennen? Immer ein Magnet mit Nord- und Südpol. Breche ich ihn auseinander, gibt es wieder zwei kleine mit einem Nord- und einem Südpol. Die Feldlinien strömen von einem Pol zum anderen, kommen also immer wieder zum Magneten zurück. Das ist ein entscheidender Unterschied zu elektrischen Ladungen. Denn anders als bei diesen gibt es bei den magnetischen keine *Monopole*, also keinen Magneten, der nur aus einem Nordpol besteht. Zumindest hat man bis heute noch keine gefunden.

Ändert sich ein Magnetfeld $\vec{B}$ mit der Zeit t, erzeugt es ein elektrisches Feld $\vec{E}$. Das sagt uns Gl. 2.36, auch bekannt als das *Induktionsgesetz*. Und wenn man einen Strom $\vec{j}$ hat, erzeugt dieser entweder ein magnetisches Feld $\vec{B}$ oder er sorgt für die Änderung eines elektrischen Feldes $\vec{E}$. So steht es in Gl. 2.37, dem *erweiterten Ampereschen Gesetz*.

Die Kräfte, die durch elektrische ($\vec{E}$) und magnetische ($\vec{B}$) Felder auf eine Ladung q wirken, werden durch die Lorentz-Kraft beschrieben, die wir schon

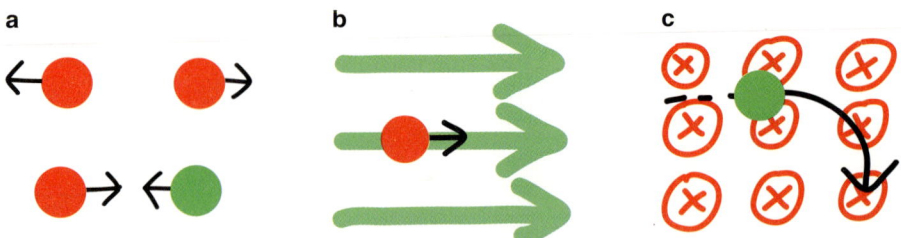

Abb. 2.28 a Kräfte zwischen elektrischen Ladungen mit gleichen und unterschiedlichen Vorzeichen. **b** Wirkung der Lorentz-Kraft durch ein elektrisches Feld. **c** Wirkung der Lorentz-Kraft auf ein geladenes Teilchen durch ein magnetisches Feld. Damit es eine Kreisbahn fliegt, muss es sich schon vorher bewegt haben

aus Abschn. 2.4 kennen:

$$\vec{F} = q(\vec{E} + \vec{v} \times \vec{B}) \tag{2.38}$$

Die Lorentz-Kraft besteht aus zwei Komponenten. Die erste ist die elektrische Kraft: $\vec{F}_{el} = q\vec{E}$. Eine elektrische Ladung erfährt in einem elektrischen Feld eine solche Kraft. Egal was sie macht. Auch wenn sie einfach nur rumliegt (Abb. 2.28b).

Bei der magnetischen Kraft ($\vec{F}_{mag} = q\vec{v} \times \vec{B}$) muss sich die Ladung schon bewegen, damit etwas passiert. Liegt sie nur rum, ist ihre Geschwindigkeit $\vec{v}$ auch null und nichts passiert. Bewegt sie sich, wirkt eine Kraft. Was man nicht direkt erkennt: Die Kraft wirkt senkrecht zur Bewegungsrichtung und auch zur Richtung des Magnetfeldes (Abb. 2.28c). Im Abschn. 4.3 lernen wir dazu noch mehr.

Die elektromagnetische Kraft kennt man also schon länger als die Idee, sie durch ein Teilchen zu beschreiben. Und sie ist in unserem Alltag auch wirklich überall präsent. Sie sorgt für unsere Muskelbewegungen, für alle chemischen Reaktionen, für die Übertragung von Handytelefonaten, für das Aufwärmen von Mikrowellenessen und für eigentlich auch alle anderen direkt wahrnehmbaren Kräfte bis auf das Runterfallen von Dingen. Darum kümmert sich jemand anderes.

Wir haben auch gesehen, dass Teilchen eine elektrische bzw. magnetische Ladung haben müssen, damit die Kraft überhaupt wirkt. Jetzt kennen wir die Kraft, ihre Ladung (und damit die Voraussetzung, die ein Teilchen erfüllen muss, damit sie auf dieses wirkt) und es fehlt nur noch das Teilchen, das die Kraft überträgt. Wir kennen es eigentlich schon. Nur haben wir nicht damit gerechnet, dass es sich um das Austauschteilchen der elektromagnetischen Kraft handelt. Es ist … das Photon! Das Gleiche, das bei γ-Strahlung aus Kernen ausgespuckt wird. Und das Gleiche, das der Teilchenrepräsentant des Lichts und aller anderen elektromagnetischen Wellen ist. Ein Teilchen, das eine elektromagnetische Welle darstellt als Vermittler der Kraft, die durch elektrische und magnetische Felder gegeben ist. Macht Sinn, oder? Aber erst mal weiter zur nächsten Kraft!

2.10.2 Im Kern wichtig und irgendwie anders: die Starke Kraft

Sie ist uns vorhin bei den gestreuten α-Teilchen begegenet: „Stark" heißt sie. Muss sie auch sein. Denn wir wissen, dass die Starke Kraft die Quarks im Inneren eines Protons zusammenhalten kann. Und das, obwohl ja eigentlich das Proton aus zwei Up-Quarks mit $+2/3$ Ladung und einem Down-Quark mit $-1/3$ Ladung besteht. Diese insgesamt positiven Ladungen (wir können ja ruhig das Down-Quark mit einem Up-Quark verrechnen) müssten sich im Grunde abstoßen. Tun sie aber nicht. Genauso wenig, wie ein Atomkern auseinanderfliegt, obwohl er doch aus positiven Protonen besteht, die sich über die elektromagnetische Kraft abstoßen müssten.

Im Alltag sieht man jetzt nicht wirklich viel von der Starken Kraft. Denn wenn man einen Atomkern erst mal zusammengebaut hat, tut sich darin nicht mehr viel. Der bleibt den Tag über in der Regel stabil. Und in der Nacht auch.

Daher sieht man die Starke Kraft nur, wenn man in Atomkerne oder in Protonen reinschaut und zu verstehen versucht, wie sie funktionieren. Oder wenn man ein Quark aus einem Proton rausschlägt und dann aus dem Nichts neue Quark-Antiquark-Paare erzeugt werden. Auch hier ist die Starke Kraft im Spiel. Wir kennen ja schon ihre seltsame Eigenschaft, dass sie mit dem Abstand nicht schwächer wird, sondern konstant bleibt. Das unterscheidet sie fundamental von allen anderen Kräften. Was ist der Grund dafür?

Der Vermittler koppelt an sich selbst: Farbladung der Gluonen Die elektromagnetische Kraft koppelt an die elektrische Ladung. Doch was ist die Ladung, die die Starke Kraft benötigt? Es muss eine Ladung sein, die nur Quarks, nicht aber Elektronen tragen, denn an die koppelt die Starke Kraft nicht – die spüren sozusagen nichts von ihr.

Wir Teilchenphysiker nennen die gesuchte Ladung der Starken Kraft *Farbladung*. Mit dem klassischen Begriff von Farbe hat sie aber überhaupt nichts zu tun. Es war einfach so, dass wir eine neue Eigenschaft der Quarks zu beschreiben versuchten. Eine, von der es drei Sorten gibt. Da kam der Begriff der Farbe irgendwie ganz gelegen.

In Abschn. 2.11 werden wir dann noch einen anderen Grund kennenlernen, wieso der Begriff Farbladung eigentlich ganz gut passt. Während es bei der elektrischen Ladung nur eine Sorte, die aber mit zwei verschiedenen Vorzei-

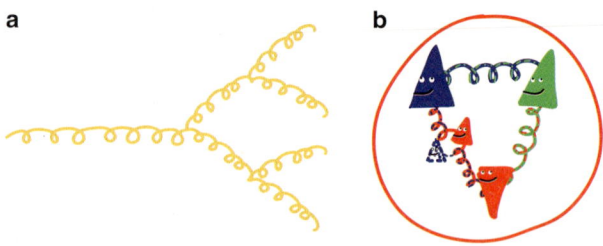

Abb. 2.29 **a** Aus einem Gluon werden viele. **b** Farbige Gluonen als Kraftteilchen im Proton

chen gibt, existieren bei der Farbladung sogar drei verschiedene. Wir können sie jetzt rot, blau und grün nennen, um eine Analogie zu den Grundfarben zu haben, aber das ist beliebig. Und zu jeder Farbe gibt es das Gleiche noch mal als Antifarbe, macht insgesamt sechs.

So wie das Photon das Kraftteilchen der elektromagnetischen Kraft ist, ist es das Gluon bei der Starken Kraft. Wir wissen ja schon aus den ersten Versuchen mit γ-Strahlung, die ja aus Photonen besteht, dass Photonen elektrisch neutral sind. Sie tragen also selbst keine Ladung, wirken aber zwischen Teilchen mit Ladung. Wie sieht's denn da mit den Gluonen aus? Oh: Die tragen selbst auch eine Farbladung, wie man rausgefunden hat. Hm, was bedeutet das?

Ein Photon kann ja in ein Elektron-Positron-Paar aufspalten, weil sowohl das Elektron als auch das Positron elektrische Ladung tragen. O. k., dass das der wahre Grund war, wurde bisher noch nicht gesagt. Ist es aber. Und genauso kann das Gluon sich auch in ein Quark-Antiquark-Paar aufspalten, weil alle Beteiligten Farbladung tragen. Da aber das Gluon selbst auch Farbladung trägt, könnte es sich dann nicht vielleicht auch in noch zwei andere Gluonen aufspalten, statt in ein Quark und in ein Antiquark? Kann es. Und nicht nur einmal, sondern auch ganz oft, wie man in Abb. 2.29a sieht. Gerade das macht die Starke Kraft so anders als alle anderen Kräfte und sorgt auch dafür, dass sie mit dem Abstand nicht schwächer wird. Wie es also genau in einem Proton aussieht mit Quarks, Gluonen und Farbladungen, sieht man in Abb. 2.29b.

2.10.3 Der kleine Sonnenschein: die Schwache Kraft

Wir kommen jetzt zu einer Kraft, die schwächer ist als die Starke Kraft. Sie ist für uns direkt auch genauso wenig spürbar wie die Starke Kraft. Doch so, wie wir ohne die Starke Kraft nicht überleben könnten, da all unsere Atomkerne sofort auseinanderfallen würden, hätten wir auch ohne die *Schwache Kraft* kein Leben auf der Erde.

Abb. 2.30   **a** Fröhliche Affen mit einem Medizinball als Austauschteilchen. **b** Traurige Affen mit einer nur sehr kurzreichweitigen Kraft durch schwere Medizinbälle. **c** Das W-Boson trägt eine Ladung und kann daher Quarks ineinander umwandeln

Die Schwache Kraft benötigt wieder einen neuen Typ Ladung, die *Schwache Ladung*. Eigentlich tragen alle Teilchen, die wir kennen, diese Ladung. Bis auf die Kraftteilchen selbst. Das heißt, dass die Schwache Kraft nicht so verrückte Dinge tun kann wie die Starke, bei der die Kraftteilchen selbst Ladung tragen. Die konnte ja ihre Kraftteilchen deswegen in zwei neue aufspalten und blieb so mit wachsendem Abstand konstant. Die Schwache Kraft hingegen fällt sogar mit dem Abstand besonders schnell, viel schneller als alle anderen Kräfte, die wir kennen. Woran liegt das?

Schauen wir uns mal das Kraftteilchen der Schwachen Kraft an. Es sind eigentlich sogar drei verschiedene, die aber alle zur gleichen Kraft gehören. Es gibt das W^+-, das W^-- und das Z-Boson. Während das Z-Boson elektrisch neutral ist, sind die beiden W-Bosonen positiv bzw. negativ geladen. Elektrisch geladen sind sonst keine Austauschteilchen. Aber es gibt noch eine andere Eigenschaft, die die drei Jungs haben und sonst keiner: Sie haben eine Masse. Und die ist gar nicht mal so klein, nämlich ca. 80 bzw. 90 Mal schwerer als ein Proton.

Für die Existenz des Teilchens ist das kein Problem. Denn wir haben ja im Abschn. 2.8 gesehen, dass man sich als virtuelles Teilchen, das nur mal kurz existiert, eine beliebige Energie ausleihen kann, wenn man sie nur wieder zurückgibt. Die Leihdauer ist in diesem Fall die Zeit, während der die Kraft wirkt.

Wollen wir uns noch einmal kurz an die beiden Affen aus Abb. 2.27 erinnern: Zwischen denen wirkte ja eine Kraft durch Bananenaustausch. Bananen sind ja recht leicht und lassen sich auch gut werfen. Was aber, wenn die Affen ihr Spiel statt mit einer Banane mit einem Medizinball spielen würden, so wie in Abb. 2.30a? Sind die Affen zu weit voneinander entfernt, schafft es der Medizinball nicht zum anderen Affen. Er ist schlicht zu schwer und knallt auf den Boden (Abb. 2.30b). Denn weil die Bosonen so schwer sind, braucht man viel Energie, und das geht nur für kurze Zeit. Und in der Zeit kommen die Bosonen einfach nicht weit.

Welches Fazit ziehen die Affen aus ihrem Experiment mit den schweren Bällen? Wahrscheinlich so etwas wie: „Ein schweres Austauschteilchen bedeutet eine kurze Reichweite der Kraft!". Mit der Schwachen Kraft ist es nicht anders. Ihre Reichweite ist extrem kurz. Und die massiven W- und Z-Bosonen sind genau der Grund dafür.

Der Zauberkünstler: wie die Schwache Kraft Teilchenarten ändert Kurzreichweitig ist sie also, kann aber prinzipiell mit allen Teilchen wechselwirken. Und man nimmt sie kaum wahr. Was kann die Schwache Kraft denn dann überhaupt?

Da die W-Bosonen selbst Ladung tragen, können sie Teilchen ihre Ladung klauen. Wenn ein Up-Quark nun also über die Schwache Kraft mit einem W^+-Boson reagiert und dieses ihm dann eine Ladungseinheit klaut, bleibt von den $+2/3$ des Up-Quarks nur noch $-1/3$ übrig (Abb. 2.30c). Aber genau das war doch die Ladung eines Down-Quarks. Hat jetzt die Schwache Kraft ein Up-Quark einfach in ein Down-Quark umgewandelt? Genau das! Eine Sache, die hier auf der Erde nicht allzu oft passiert. Dafür aber in der Sonne, rund um die Uhr. Ohne die Schwache Kraft könnte die Sonne nicht scheinen. Also auch eine für unsere Existenz ganz entscheidende Sache.

Die Schwache Kraft ist immer dann nötig, wenn in Atomkernen Protonen und Neutronen umgewandelt werden müssen – oder umgekehrt. In Abschn. 2.13 schauen wir uns das noch mal genauer an. Wer will, kann dort selbst eine Reaktion der Kernfusion (das ist das, was in der Sonne passiert und was einige Wissenschaftler auch auf der Erde nachzumachen versuchen) zusammenbasteln.

2.10.4 Ganz einfach und doch nicht verstanden: die Gravitation

Ach ja, die gute alte Gravitation. Schon im Jahre 1687 hat Isaak Newton mehr oder weniger schmerzhaft verstanden, was es mit ihr auf sich hat. Wenn ein Apfel auf die Erde fällt, fällt genau genommen auch die Erde dem Apfel entgegen. Oder anders gesagt: Zwei Objekte, die eine Masse tragen, ziehen sich an. Beschrieben wird das Ganze durch das *Newtonsche Kraftgesetz*:

$$\vec{F} = -\gamma \frac{m_1 m_2 \vec{e}_r}{r^2} \tag{2.39}$$

γ ist die Gravitationskonstante, also einfach eine Zahl. Die Massen der sich anziehenden Objekte sind m_1 und m_2 und $\vec{e}_r$ ist nur ein Vektor (also sowas wie ein Richtungspfeil), der sagt, wohin die Kraft zeigt. Nämlich immer von einem Objekt, das Masse hat, zum anderen.

Auf der Erde verwendet man meist eine etwas andere Darstellung der Gravitationskraft. Wenn man nur von der Erdanziehung spricht, ist m_1 einfach die Masse der Erde und der Abstand zwischen den Objekten ist im Wesentlichen der Abstand von der Erdmitte zu dem Objekt, auf das die Kraft wirkt. Also auf mich zum Beispiel. Ob ich jetzt hier in Genf auf dem Boden stehe, wo der Abstand zur Erdmitte ca. 6.380.000 m beträgt, oder auf dem Dach von meinem Haus, wo ich noch mal 10 m drauflegen müsste, ist ja irgendwie auch egal. Also kann man die Erdmasse m_{Erde}, den Abstand r zum Erdinneren und die Gravitationskonstante γ zusammenfassen zu einer neuen Gratvitationskonstante g:

$$\vec{F} = mg\vec{e}_z \tag{2.40}$$

Die Richtung $\vec{e}_z$ zeigt jetzt immer „nach unten", also zum Erdkern hin. An dieser Umformung, die sicher mehr Menschen kennen als Gl. 2.39, sieht man, dass einfache Gesetze oft einen komplexeren, allgemeineren Hintergrund haben. Wer nur Formel 2.40 kennt, sieht zwar, dass Katzen und Äpfel immer mit $g = 9{,}81 \text{ m/s}^2$ beschleunigt werden, wenn sie von Bäumen herunterfallen. Er sieht aber nicht unbedingt, dass die Beschleunigung von einer Kraft verursacht wird, bei der sich zwei Objekte anziehen (Erde und Katze/Apfel).

Aber jetzt mal Butter bei die Fische: Was ist denn nun die Ladung der Gravitationskraft und was sind hier die Austauschteilchen? Die Ladung ist recht einfach: Es ist die Masse. Was Masse hat, auf das wirkt die Gravitation. Das sieht man schnell ein. Aber die Austauschteilchen, die hat man bisher noch nicht gefunden. Es gibt ein paar Ideen, dass es ein *Graviton* geben müsste. Aber es existiert bisher noch nicht mal ein solides Modell mit Formeln, die den Mechanismus der Gravitation im gleichen Rahmen beschreiben könnten wie alle anderen Kräfte.

Die Bereiche der Physik, die sich damit befassen, tragen Namen wie *Quantengravitation* und *Stringtheorie*. Aber die können wir hier in diesem Buch leider nicht behandeln. Lassen wir also fürs Erste die Gravitation noch als ein ungelöstes Problem stehen. Im Bereich der Teilchenphysik ist das auch nicht weiter schlimm, weil die Gravitationskraft verglichen mit allen anderen Kräften vernachlässigbar klein ist, wenn man sich Elementarteilchen und ihre Massen anschaut und damit rechnet.

2.10.5 Und jetzt alle! Eine Übersicht der Kräfte

Schauen wir uns noch mal kurz an, was die Gemeinsamkeiten und Unterschiede der vier Grundkräfte sind. Noch dazu können wir vergleichen, was

Tab. 2.2   Eine Übersicht der Eigenschaften der vier Grundkräfte

Kraft	Beispiel	rel. Stärke	Reichweite	Abfall	Austausch-teilchen Name/Ladung/ Masse
elektromagn. Kraft	Magnete	10^{-2}	∞	$\sim 1/r^2$	Photon/0/0
Starke Kraft	Kernkraft	1	$\sim 10^{-15}$ m	keiner	Gluon/0/0
Schwache Kraft	β-Zerfall	10^{-15}	$\sim 10^{-15}$ m	$\sim e^{-krm}/r^2$	Z_0/0/91 GeV
					W^+/+1/80 GeV
					W^-/−1/80 GeV
Gravitation	Erdan-ziehung	10^{-41}	∞	$\sim 1/r^2$	???

ihre jeweiligen Stärken sind. Tabelle 2.2 fasst die wichtigsten Eigenschaften zusammen:

Man sieht, dass einige Kräfte zwar prinzipiell eine unendlich lange Reichweite haben, weil ihre Kraftteilchen masselos sind. Da die Stärke der Kraft aber mit dem Abstand quadratisch abfällt, bekommt man irgendwann trotzdem nichts mehr von ihr mit.

Dann gibt es eine Schwache Kraft, die nicht so weit reicht, weil ihre Austauschteilchen so schwer sind. Daher fällt sie zusätzlich noch mit dem Faktor e^{-krm} ab. Dabei ist r der Abstand der Teilchen, m die Masse des Austauschbosons und k eine Konstante.

Und es gibt die Starke Kraft, die zwar mit dem Abstand konstant bleibt, dafür aber effektiv auch nicht besonders weit kommt, da relativ bald in ihrem Kraftfeld so viel Energie steckt, dass neue Teilchen und Antiteilchen erzeugt werden und der Abstand zwischen diesen dann wieder kurz ist. Wir sind jetzt gut gerüstet, um zu schauen, was wir mit diesen Kräften so alles anstellen können.

2.11   Sagen, was nie verloren geht: Erhaltungssätze

In der Welt der Elementarteilchen ist vieles möglich. Eigentlich passiert tatsächlich auch alles, was passieren kann. Die Spielregeln dafür sind streng, aber auch recht einfach. Wichtig ist dabei aber immer, dass bei einer Reaktion nichts verloren geht. Selbst wenn Energie in Materie umgewandelt wird, geht

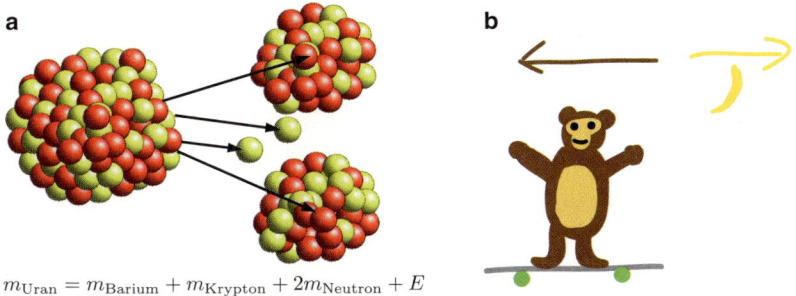

$$m_{\text{Uran}} = m_{\text{Barium}} + m_{\text{Krypton}} + 2m_{\text{Neutron}} + E$$

Abb. 2.31 **a** Ein Urankern zerfällt und seine Energie bleibt erhalten. **b** Der Affe wirft die Banane und sein Impuls bleibt erhalten

sie nicht verloren, sondern wird nur umgewandelt. Die Regeln, die sich darum kümmern, dass nichts verloren geht, heißen *Erhaltungssätze*.

Die deutsche Mathematikerin Emmy Noether ist eng mit diesem Begriff verknüpft. Sie verdient nicht nur großen Respekt für ihre wissenschaftlichen Leistungen, sondern auch dafür, dass sie es als erste Frau geschafft hat, zu habilitieren. Damals war man nämlich noch nicht so weit mit der Gleichberechtigung. Professorin durfte sie deshalb übrigens nicht werden, auch wenn sie sicher mindestens genauso viel konnte wie die meisten ihrer männlichen Kollegen.

Aus Symmetrien folgen Erhaltungsgrößen: Energie- und Impulserhaltung
Was wir ihr zu verdanken haben, ist die Erkenntnis, dass jede Erhaltungsgröße in direktem Zusammenhang mit einer Symmetrie steht. Unsere Naturgesetze sind zum Beispiel *zeitinvariant*. Das heißt, der Apfel fällt immer so vom Stamm, wie es Formel 2.40 vorhersagt. Egal ob morgens zum Frühstück oder abends zum *Tatort*.

Diese Zeitinvarianz hat die Erhaltung der Energie zur Folge. Als Beispiel für die Energieerhaltung können wir uns in Abb. 2.31a den Zerfall eines Urankerns anschauen. Aus einer Masse (dem Urankern) werden vier (der Bariumkern, der Kryptonkern und zwei Neutronen). Die Summe der Massen ist kleiner als die des Urankerns, aber ein Teil der Massen hat sich in Energie umgewandelt, mit der die Zerfallsprodukte nun durch die Gegend sausen. Die Gesamtenergie bleibt erhalten.

Außerdem sind unsere Naturgesetze auch *translationsinvariant*. Das heißt, dass es keine Rolle spielt, wo etwas passiert. Es folgt immer den gleichen Gesetzen. Ob in Genf oder in Magdeburg: Der Apfel fällt immer gleich auf die Erde. Mit der Tatsache, dass Naturgesetze unabhängig vom Ort sind, geht die Erhaltung des Impulses einher. Und der Impuls ist auch bei unseren beliebten Affen auf den Skateboards erhalten: Während vorher alles ruhig ist und der Gesamtimpuls offensichtlich null, wird der Impuls der Banane nach dem Wurf durch einen Rückstoß des Affen und seines Skateboards kompensiert.

Umverteilt und stets erhalten: die Ladung Auch über die *Ladungserhaltung* haben wir uns schon unterhalten. Wir brauchen sie zum Beispiel, wenn ein Up-Quark in ein Down-Quark umgewandelt werden soll. Auf den ersten Blick scheint dabei eine positive Ladungseinheit verloren gegangen zu sein. Ist sie letztlich aber nicht. Die Ladung wurde nur von einem W-Boson abtransportiert.

Wenn aus Energie Materie entsteht, zum Beispiel bei der Paarerzeugung, entsteht dabei immer ein Teilchen und auch ein Antiteilchen. Man kann an dieser Stelle auch sagen, dass die Materie erhalten bleibt, wenn man Materieteilchen positiv zählt und Antimaterieteilchen negativ. Dann war vor einer Paarerzeugung nämlich nur Energie da.

Hinterher haben wir dann zwar plötzlich Materie, aber auch genauso viel Antimaterie, die wir damit verrechnen können. Macht unterm Strich also wieder null und alles ist erhalten. Wunderbar!

Schauen wir uns hierzu noch mal den β-Zerfall von Atomen an. Nehmen wir dafür einen Atomkern, der einen β^--Zerfall verursacht, weil sich eins seiner Neutronen in ein Proton umwandelt. Die Ladungserhaltung sagt uns ja: Wird ein Neutron zum Proton, haben wir hinterher eine positive Ladung mehr. Man könnte aber auch sagen: eine negative weniger. Da Ladung aber erhalten bleibt, muss die irgendwo hingehen.

Damit ein Neutron zum Proton werden kann, muss sich eins der beiden Down-Quarks im Neutron zu einem Up-Quark umgewandelt haben, wie Abb. 2.32a zeigt. Das kann ja nur das W-Boson. Und das nimmt auch gleich die positive Ladung mit. Aber was passiert dann? In Abschn. 2.7.4 haben wir gelernt, dass beim β^--Zerfall ein Elektron aus dem Kern gespuckt wird. Da kommt dann auch die negative Ladung her, die die des positiven Protons ausgleicht. Aber wer hatte sie denn zuletzt? Das W-Boson!

Leptonenfamilien und das Materie-Antimaterie-Gleichgewicht Hat sich das W-Boson also einfach zu einem Elektron umgewandelt? Hat es. Aber nicht nur. Denn überlegen wir mal kurz: Das Elektron ist Materie. Aber Materie lässt sich nicht einfach so erzeugen, ohne das Ganze mit gleich viel Antimaterie auszugleichen. Aber außer dem Elektron sieht man kein Teilchen, das aus dem Atomkern fliegt. Wo ist das zum Elektron gehörende Antimaterieteilchen?

Es existiert, es fliegt sogar aus dem Kern, aber wir können es nicht sehen. Das liegt daran, dass es extrem selten mit seiner Umwelt reagiert. Es hat keine Ladung, ist kein Quark und kann daher auch nur über die Schwache Wechselwirkung reagieren. Wir haben es in Abschn. 2.9 schon kennengelernt. Es

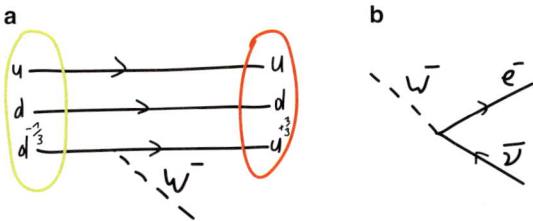

Abb. 2.32 **a** Der β-Zerfall als Umwandlung eines Up-Quarks in ein Down-Quark. *Links* bilden die drei Quarks ein Neutron, *rechts* ein Proton. **b** Zerfall eines W-Bosons in ein Elektron und ein Antineutrino

ist das von Wolfgang Pauli vorhergesagte Neutrino (siehe Abb. 2.32b), in diesem Fall sogar ein Antineutrino. Es wird durch das griechiche ν (sprich: Nü) dargestellt.

Antiteilchen bekommen übrigens immer ein Dach auf den Kopf. So auch unser Antineutrino. Aus einem ν wird ein $\bar{\nu}$. Durch das Antineutrino bleibt neben der Ladung auch das Materie-Antimaterie-Gleichgewicht erhalten: Aus der Energie des W-Bosons (Bosonen zählen weder zu Materie noch zu Antimaterie) wurde ein Teilchen (Elektron) und ein Antiteilchen (Antineutrino).

Wir werden später sehen, dass das Elektron auch noch zwei Geschwister hat: das *Myon* (μ) und das *Tau* (τ). Und jedes dieser Geschwister hat nicht nur einen Antimateriekollegen ($\bar{\mu}, \bar{\tau}$), sondern auch sein eigenes Neutrino bzw. Antineutrino (ν_e, ν_μ, ν_τ). Und das, was wir hier als Materie-Antimaterie-Erhaltung besprochen haben, gilt für jede dieser drei Sorten getrennt.

Weil Physiker auch mal hin und wieder ganz herzlich und sozial sind, nennen die eine Sorte des Elektrons und seiner Kollegen *Leptonenfamilie* oder auch *Leptonengeneration*. Denn das Elektron, seine beiden Geschwister und die dazugehörigen drei Neutrinos nennt man insgesamt *Leptonen*. Die entsprechende Erhaltungsgröße nennt man etwas sperrig *Leptonenfamilienzahlerhaltung*. Zerfällt ein W-Boson also in ein Elektron und ein Antineutrino, ist das Neutrino ein Elektron-Antineutrino.

So wie sich Quarks von einem Typ in einen anderen umwandeln können, tun das auch die Leptonen. Schwere geladene Leptonen zerfallen immer in leichtere. Diese Umwandlung wird, wie auch bei den Quarks, durch das W-Boson durchgeführt, so wie in Abb. 2.32a. Eine Zerfallsreihe vom schwersten Bruder des Elektrons, dem Tau (als griechischer Buchstabe: τ), bis hin zum Elektron selbst sehen wir in Abb. 2.33.

Wenn das τ eine Ladung von -1 hat und vom W-Boson umgewandelt wird, muss das W-Boson die negative Ladung mitnehmen. Was dann übrig bleibt, ist also neutral und außerdem Mitglied der τ-Familie: das τ-Neutrino! Und genauso geht es mit dem Myon weiter.

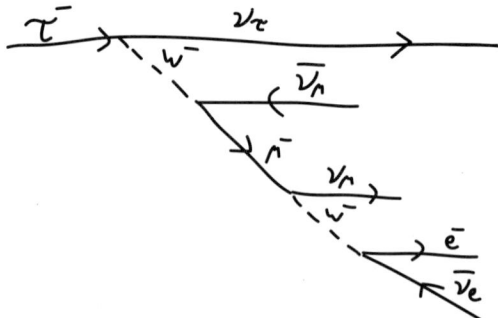

Abb. 2.33 Zerfallskette, die mit einem Tau startet. Es zerfällt in ein Tau-Neutrino und ein W-Boson, das dann weiter in ein Myon und ein Myon-Neutrino zerfällt. Das Myon zerfällt weiter in ein Myon-Neutrino und ein W-Boson, das in ein Elektron und ein Elektron-Neutrino zerfällt

Am Ende sind alle Erhaltungsgrößen auch wirklich erhalten: Die Ladung war am Anfang −1 (vom Tau) und am Ende auch (vom Elektron). An Materie hatten wir zu Anfang ein Teilchen (das Tau), Antimaterie keine. Am Ende haben wir drei Teilchen (Tau-Neutrino, Myon-Neutrino und Elektron), von denen wir zwei Antiteilchen (Myon- und Elektron-Antineutrino) abziehen müssen. Passt! Und auch die Leptonenfamilien passen: Alles aus der Myon- und Elektron-Familie hebt sich mit einem entsprechenden Antiteilchen weg. Was bleibt, ist am Ende nur ein Teilchen der Tau-Familie: das Tau-Neutrino. Und am Anfang hatten wir nur ein Tau. Also alles erhalten!

Unterm Strich ist alles weiß: Farbladungserhaltung und Confinement Bei den Quarks und ihrer Starken Kraft bleibt auch etwas erhalten, nämlich die Farbe der Starken Kraft. Wenn ein Quark die Farbe Rot und ein anderes die Farbe Grün trägt und diese dann miteinander über ein Gluon reagieren (als Reaktion können wir hier auch das einfache Zusammenkleben betrachten), passiert Folgendes (Abb. 2.34a):

Vom roten Quark geht ein Gluon aus. Es trägt die Farbe Rot mit sich, hat dem Quark also quasi die Farbe geklaut. Gleichzeitig braucht das ehemals rote Quark aber trotzdem weiterhin eine Farbe. Es wird daher nun grün. Da aber die Farbladung erhalten bleibt und Grün nicht einfach aus dem Nichts kommen kann, trägt das Gluon nicht nur Rot mit sich, sondern auch noch Antigrün, die Antifarbe zu grün. Die hebt dann nämlich das neu gewonnene Grün des Quarks auf, also genauer: neues grünes Quark plus Antigrün des wegreisenden Gluons mach in der Summe null Grün. Und so soll's auch sein.

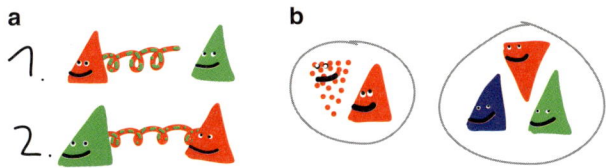

Abb. 2.34 **a** Farbübertragung und -erhaltung: Das Gluon trägt eine Farbe und eine Antifarbe. Auf dem Weg von einem Quark zum anderen kann es eine Farbe mitnehmen (*Rot*) und die neue Farbe des ersten Quarks mit einer Antifarbe (*Antigrün*) ausgleichen. Das Antigrün des Zielquarks wird dabei aufgehoben und das Quark neu rot eingefärbt. **b** Weiße Objekte aus einer Farbe und einer Antifarbe (Mesonen, *links*) oder drei verschiedenen Farben (Baryon, *rechts*)

Trifft unser rot-antigrüne Gluon nun auf das zweite, grüne Quark, bringt es einmal die rote Ladung mit, die es ja geklaut hatte und nun auf das nächste Quark überträgt. Die antigrüne Farbe kann dabei gleichzeitig noch die bis dahin grüne Farbe des zweiten Quarks aufheben. Klingt zunächst alles ganz kompliziert, ist aber letztlich doch klar.

Zum Thema Farbe gibt es noch eine interessante und wichtige Tatsache. Man könnte sich ja fragen, ob man die drei Farben auf die drei Quarks in einem Proton beliebig verteilen könnte. Oder auch, ob überhaupt alle Quarks eine unterschiedliche Farbe haben müssen. Vielleicht sind ja auch alle drei von der gleichen Farbe. Genau das sind sie aber nicht. Hier haben wir jetzt auch die früher angekündigte Analogie zur echten Farbenwelt: Freie Teilchen, also solche, die wir wirklich beobachten können, so wie das Proton oder Neutron, ohne dass sie irgendwo drinstecken müssen, sind immer „weiß". Immer.

Und Weiß bekommt man, wenn man die drei Grundfarben Grün, Blau und Rot mischt. Deshalb bestehen die Bildpunkte von Fernsehern ja auch immer aus diesen drei Farben. Die drei Quarks im Proton werden also immer unterschiedliche Farben tragen, genau wie die drei Quarks im Neutron auch. Und die Tatsache, dass es nur weiße Objekte gibt, passt auch dazu, dass wir keine freien Quarks beobachten können.

Diese Regel nennen Physiker *Confinement* („Eingesperrtheit"). Quarks sind immer nur in Objekten gebunden, entweder zu dritt in etwas wie dem Proton oder dem Neutron – oder auch mal zu zweit. Das letztere geht, weil Quarks auch Antifarben tragen können. Ein blaues und ein antiblaues Quark bilden zusammen auch ein weißes Objekt. Teilchenphysiker geben Objekten aus drei verschiedenfarbigen Quarks den Namen *Baryon*. Solche aus einem Quark und einem Antiquark heißen *Mesonen*. Ein Beispiel für ein Baryon und ein Meson gibt's in Abb. 2.34b.

Die folgende Tab. 2.3 listet noch einmal alle Erhaltungsgrößen auf.

Tab. 2.3 Eine übersicht der wichtigsten Erhaltungsgrößen unserer Naturgesetze

Erhaltungsgröße	Beispiel
Energie	Paarerzeugung, Kernspaltung
Impuls	Teilchenstöße und -zerfälle, Affen auf Skateboards
elektrische Ladung	Paarerzeugung, Schwache Wechselwirkung
Farbladung	Starke Kraft, weiße Objekte
Leptonenfamilienzahl	β-Zerfall: $u \rightarrow d + W \rightarrow d + e + \nu$

Wenn wir diese Regeln im Hinterkopf behalten, können wir damit so einiges erklären und vorhersagen. Um uns dann richtig auszudrücken und mit anderen Teilchenphysikern verständigen zu können, müssen wir nur noch ihre Sprache sprechen. Und die kommt im nächsten Abschnitt dran!

2.12   Bastelkasten für Teilchenphysiker: Feynman-Diagramme

Das Leben eines Teilchenphysikers ist ein sehr hektisches. Meeting hier, Meeting da. Viel Stress, wenig Zeit. Da ist es ganz besonders wichtig, dass man mit seinen Erklärungen schnell auf den Punkt kommt. Statt jetzt physikalische Prozesse in netten Kapiteln zu klären, hat man dafür nur ein paar Zeilen und ein paar Sekunden Zeit.

Dafür haben die Teilchenphysiker eine eigene Sprache entwickelt: die *Feynman-Graphen*, bekannt nach ihrem Erfinder, dem amerikanischen Physiker Richard Feynman. Dabei malt man alle Teilchen als Linien, die sich durch Zeit und Raum ausdehnen. Eigentlich bräuchte man dafür dann vier Dimensionen, nämlich drei für den Raum und eine für die Zeit. Weil man aber auf dem Papier nur zwei Dimensionen hat, bekommt die Zeit eine (z. B. von links nach rechts) und der Raum eine (z. B. von unten nach oben).

Teilchen lässt man dabei vorwärts in der Zeit laufen und Antiteilchen malt man einfach als Teilchen, die rückwärts durch die Zeit laufen. Damit man die Richtung erkennt, bekommen die Teilchenlinien Pfeile.

Es wird an dieser Stelle auch noch mal wichtig, die „normalen" Teilchen von den Kraftteilchen zu unterscheiden. Die Kraftteilchen nennen wir ja Eichbosonen oder einfach nur Bosonen. Alle anderen, also bisher das Up-Quark, das Down-Quark und die Leptonen nennt man *Fermionen*.

Bei den Fermionenlinien malt man einfach den Buchstaben des entsprechenden Fermions dran, zum Beispiel ein u für ein Up-Quark und ein d für ein Down-Quark. Bei den Bosonen gibt es auch Linien, die keine Pfeile haben, dafür aber ein unterschiedliches Aussehen für jede Sorte Boson.

Wenn nun eine Kraft auf ein Fermion wirkt, also eine Fermionenlinie auf eine Bosonlinie trifft, werden die beiden an einem Punkt verbunden. Diesen nennt man *Vertex*. Je nach Kraft bzw. Wechselwirkung steht dieser Vertex auch für eine bestimmte Stärke bzw. Kopplung. Manchmal schreibt man an den Vertex noch die Kopplungskonstante α der entsprechenden Wechselwirkung, zum Beispiel α_s für die Starke Wechselwirkung oder α_{EM} für die elektomagnetische Wechselwirkung. Man sieht schon: Linien und Punkte sind schnell hingekritzelt.

Die Zeit läuft bei unseren Feynman-Diagrammen immer von links nach rechts. Der Ort ändert sich von unten nach oben. Und wie erwähnt, sind die drei Dimensionen hier einfach mal zu einer zusammengefasst, das macht das Zeichnen einfacher.

Bei den Diagrammen geht es in erster Linie darum, ob Teilchen sich überhaupt bewegen oder nicht. Ein paar Linien und was sie bedeuten, sieht man in Abb. 2.35a.

Ein einfacher Prozess, den wir alle schon kennen, ist in Abb. 2.35b dargestellt: Zwei Elektronen stoßen sich elektrisch, also unter Austausch eines virtuellen Photons ab.

Normalerweise malt man diese Linien auch nicht mehr farbig. Das hier ist jetzt nur mal zur Umgewöhnung, weil wir Elektronen früher immer grün gemalt haben. Physiker können aber auch superkomplizierte Prozesse mit solchen Diagrammen beschreiben.

Der britische Physiker John Ellis, der sein wirklich bemerkenswertes Büro (siehe Abb. 2.35d) bei mir um die Ecke hat, verlor einst eine Wette gegen eine Studentin. Als Strafe musste er in seine nächste wissenschaftliche Veröffentlichung das Wort Pinguin einbauen. Es ist nicht einfach, eine Situation zu finden, in der das Wort Pinguin einfach so vom Himmel fällt, erst recht nicht in der Teilchenphysik. Aber Ellis war pfiffig. Eines seiner Feynman-Diagramme, das aussah wie in Abb. 2.35c, nannte er kurzerhand *Pinguindiagramm*. Wer genug Fantasie hat, hier die Ähnlichkeit zu einem Pinguin festzustellen, kann ja mal einen reinmalen.

Alles klar, wir kennen jetzt einen Haufen Teilchen, ihre Kräfte, die Regeln, nach denen sie gelten, und eine nette Art, das alles aufzuzeichnen: die Feynman-Diagramme. Dann kann die Party jetzt ja steigen! Machen wir uns selbst mal ans Werk und beschreiben einen spannenden Prozess in Physikersprache: die Kernfusion, Antriebsmotor unserer Sonne.

Abb. 2.35 **a** Ein paar unverbundene Fermionen- und Bosonenlinien. Die *horizontalen Linien* stehen für Teilchen, die stillstehen, die *steigenden Linien* für solche, die sich mit der Zeit bewegen. **b** Ein einfacher Prozess: Zwei negativ geladene Elektronen stoßen sich durch Austausch eines virtuellen Photons ab. **c** Ein etwas komplizierterer Prozess vom Typ der Pinguindiagramme. **d** Der Physiker John Ellis in seinem Büro. (Foto: © CERN)

2.13 Kernfusion zum Mitmachen

Unsere Sonne produziert für uns täglich eine ganze Menge Energie und bringt sie uns in Form von Wärme vorbei. Die Wärmestrahlung der Sonne ist übrigens nichts anderes als Photonen mit verschiedenen Wellenlängen. Die Photonen mit Wellenlängen, die länger sind als die des sichtbaren Lichts, machen schön warm. Sie liegen außerhalb des roten Lichtspektrums und heißen infrarote Strahlung. Licht, das noch kurzwelliger als violettes Licht und daher auch nicht mehr sichtbar ist, heißt ultraviolette (UV) Strahlung oder UV-Licht. Diese Photonen haben mehr Energie als die des sichtbaren Spektrums. So viel,

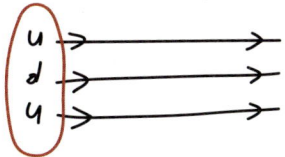

Abb. 2.36   Kernfusion zum Mitmachen. Links ein Proton, bestehend aus zwei Up-Quarks und einem Down-Quark. Rechts soll am Ende ein Neutron stehen

dass sie chemische Verbindungen mit ihrer Energie aufbrechen können. Daher cremen wir uns auch immer gut ein, damit wir nicht zu viel UV-Strahlung abbekommen, die dann Bindungen in unserer Haut brechen und sie damit schädigen könnte. Aber woher bekommen die Photonen denn nun ihre Energie? Also bei welchem Prozess produziert die Sonne Energie?

Die Sonne ist im Wesentlichen ein ziemlich großer Klumpen an Protonen. Im Abschn. 2.5.2 hatten wir ja schon mal kurz besprochen, was in der Sonne passiert: Protonen werden durch die Schwerkraft der Sonne zusammengedrückt und durch die Abstoßung der elektromagnetischen Kraft auseinandergedrückt. Da es aber den quantenmechanischen Tunneleffekt gibt, können Protonen manchmal durch die Barriere der Abstoßung durchtunneln und fusionieren. In Abschn. 2.5.2 hieß es dazu nur knapp: „Zwei Protonen fusionieren zu Deuterium. Dabei wandelt sich ein Proton in ein Neutron um." Dass diese Umwandlung nicht einfach so vom Himmel fällt, wissen wir mittlerweile. Was wirklich passiert, ist die Umwandlung eines Up-Quarks in ein Down-Quark. Diese Umwandlung findet durch die Schwache Wechselwirkung statt. Na, dann malen wir das Ganze doch mal auf.

Machen wir den Anfang zusammen. In unserem folgenden Feynman-Diagramm läuft die Zeit von links nach rechts. Das Proton ist also am Anfang links. Wir können es hier durchaus mal als ruhend malen, es muss also nicht von unten nach oben wandern. Das Proton selbst bekommt aber keine Linie. Stattdessen müssen wir drei Linien für die drei Quarks zeichnen.

Das Grundgerüst der Reaktion ist in Abb. 2.36 vorgemalt. Links liegt ein Proton, bestehend aus zwei Up-Quarks und einem Down-Quark. Rechts soll am Ende ein Neutron stehen. Wir müssen uns jetzt einige Fragen stellen und die Anworten dann aufmalen. Wieso eigentlich nicht mit einem Bleistift direkt in die Vorlage in Abb. 2.36? Zu klären wäre Folgendes:

- Ein Quark muss seinen Typ ändern, damit am Ende aus dem Proton ein Neutron wird. Eines der Up-Quarks oder das Down-Quark?
- An dem Punkt, wo sich der Quarktyp ändert, muss eine Kraft wirken, die das kann. Die muss dem Quark entweder eine positive oder eine negative Ladung klauen (wenn man einem negativen Down-Quark eine negative Ladung klaut, wird daraus ein positives Up-Quark).
- Welches Kraftteilchen (Boson) gehört dazu?
- Das Boson muss muss wieder an ein anderes Fermion geklebt werden. Denken wir mal an seine Ladung und schauen, was infrage kommt.
- Aus dem Boson ist plötzlich Materie oder Antimaterie entstanden. Was muss noch dazukommen, um das Gleichgewicht wiederherzustellen?

Da Rätsel doof sind, wenn die Lösung direkt daneben steht, steht hier jetzt einfach mal keine Lösung. Wer aber ein wenig geknobelt hat und prüfen will, ob die Antwort stimmt, der kann einfach den hier stehenden QR-Code benutzen.

Link

Hier gibt's die Auflösung zur Kernfusion.

Wir kennen nun die Geschichte der Elementarteilchen bis heute. Und wir haben alles, was wir an Werkzeugen brauchen, um die Welt der Teilchenphysik zu verstehen und zu beschreiben. Es kann also im nächsten Kapitel ans Eingemachte gehen. Auf geht's!

3

Bauplan für ein Universum – oder was Physiker am LHC untersuchen

© Pascal Oser

Ich hielt mich für unglaublich schlau, mir den Wecker bereits auf 5 Uhr morgens zu stellen. Das Seminar sollte zwar erst um 9 Uhr beginnen, aber an diesem Tag wollte ich auf Nummer sicher gehen. Es war der 4. Juli 2012 und am CERN ein Seminar über „Updates zur Suche nach dem Higgs-Boson" angekündigt. Gut, das kann alles heißen. Oder auch einfach nichts. Update im Sinne von: „O. k., hm, ja, wir haben immer noch nichts." Es könnte aber auch ein Stück Geschichte geschrieben werden an diesem Tag und diesem Ort.

Die Ergebnisse, die an diesem Tag gezeigt wurden, waren natürlich streng geheim. Die beiden Großexperimente ATLAS und CMS suchten beide nach einem Teilchen, das vor ungefähr 50 Jahren vorhergesagt worden war und für dessen Suche die beiden Kollaborationen nun seit über 15 Jahren gigan-

B. Lemmer, *Bis(s) ins Innere des Protons*, DOI 10.1007/978-3-642-37714-3_3,
© Springer-Verlag Berlin Heidelberg 2014

tische Detektoren planten und bauten. Sie suchten nach der Antwort auf die Frage des Ursprungs der Masse all unserer Elementarteilchen (mehr dazu in Abschn. 3.6.2), ein bis dahin ungelöstes Rätsel. Und weil ich als Mitglied von ATLAS ja wusste, was wir in der Tasche hatten, versprach das Ganze sehr spannend zu werden. Und dass ich am Abend davor am CERN Peter Higgs, den Namensgeber dieses vorhergesagten Teilchens, rumlaufen sah, heizte die Gerüchteküche noch mehr auf.

So kreuzte ich dann früh morgens am CERN auf, fest davon überzeugt, mir einen Platz in der ersten Reihe zu sichern. Als ich das Foyer von Gebäude 500 betrat, stank es nach Energydrinks. Verdammt. Da war jemand schneller als ich. Aber nicht nur jemand. Über 300 Leute standen und lagen (auf ihren mitgebrachten Kissen) in einer Reihe vor mir. Ich wartete brav bis 9:00 Uhr, aber ich bekam keinen Platz mehr im Auditorium und schaute mir das Ganze dann per Videoübertragung in meinem Büro an. Die Ergebnisse waren ein richtiger Durchbruch und wir schafften es nicht nur in die *Tagesthemen*, sondern auch auf die Titelseiten aller großen deutschen Tageszeitungen.

Obwohl wir sie nun alle schon kennen, die Bausteine unserer Erde, gibt es doch noch so viele Dinge, die wir nicht wissen. Der Teilchenphysiker sagt sich: „Erde? Alles klar! Will jetzt Universum!" Wir wollen nicht nur wissen, aus was wir bestehen, sondern auch, woher wir kommen. Und wie es mit uns weitergeht.

Und auch wenn wir in den ersten beiden Kapiteln unsere Welt relativ gut beschrieben haben, gibt es doch noch einiges mehr, wenn man sich den Rest des Universums anschaut und wirklich den kompletten Masterplan verstehen will. Wir widmen uns in diesem Kapitel daher den letzten großen Rätseln der Teilchenphysik. Wir sehen, wo es in unserem Formelgerüst noch ganz unten wackelt und wieso wir von so vielem bisher noch keine Ahnung haben. Aber wir haben Ideen, wie wir dahinterkommen. Und dafür bauen wir die riesigen Teilchenbeschleuniger und Experimente, denen wir uns hier in den Kap. 4 und 5 widmen werden. Fangen wir mal an mit einem seltsamen Bruder vom Up- und Down-Quark, der plötzlich auftauchte und einiges durcheinanderbrachte.

3.1   Ein seltsamer neuer Freund: das Strange-Quark

Wenn ein Teilchen mit richtig viel Energie vom Weltall auf unsere Atmosphäre knallt, kann das Teilchen seine Energie ausnutzen, um neue Teilchen zu erzeugen. Das haben wir in Abb. 2.23a gesehen. Natürlich haben die Forscher

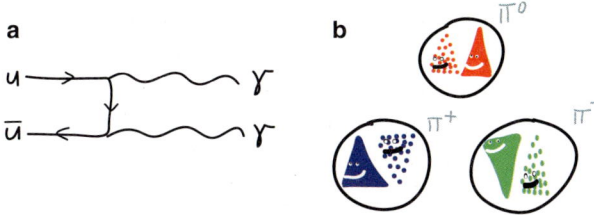

Abb. 3.1   a Ein Pion, bestehend aus einem Up- und einem Antiup-Quark, zerfällt in zwei Photonen. **b** Das Pion und seine geladenen Geschwister

diese Höhenstrahlung auch sorgfältig untersucht. Das Blöde an diesen und auch fast allen anderen künstlich aus Energie erzeugten Teilchen ist nun aber, dass sie sich nicht lange halten. Sie gehen kaputt.

3.1.1   Wie gewonnen, so zerronnen: Teilchenzerfälle

Man spricht davon, dass ein Teilchen zerfällt. Wieso es das macht? In dem Film *Inside Man* erklärt der Bankräuber Dalton Russell, warum er den Einbruch in die Bank begangen hat: „Warum ich den perfekten Bankraub begehe? Nun, weil ich es kann." Das denken sich auch die Elementarteilchen. Schauen wir uns mal ein recht einfaches, künstlich erzeugtes Teilchen an: das *Pion*. Diese Dinger werden bei den Teilchenschauern in der kosmischen Höhenstrahlung zuhauf produziert.

Wir haben sie auch schon kennengelernt, als wir uns im Abschn. 2.11 überlegten, wie Quarks und Antiquarks aus ihren Farben weiße Objekte bilden können. Denn nur wenn ein Objekt insgesamt weiß ist, kann man es frei beobachten. So wie zum Beispiel auch in unserer Höhenstrahlung.

Das Zusammensetzen von Quarks erfolgt auf zwei Arten: Entweder formen drei Quarks mit unterschiedlichen Farben ein Baryon, oder zwei Quarks mit einer Farbe und einer Antifarbe formen ein Meson. Nehmen wir mal ein Up-Quark und seinen Antipartner, das Antiup-Quark. Aus diesen beiden Jungs besteht ein neutrales Pion, das wir mit π^0 bezeichnen. Wir sehen es in Abb. 3.1a. Und wie wir's für die Feynman-Diagramme gelernt haben, bewegt sich das Antiteilchen rückwärts in der Zeit, die von links nach rechts läuft. Während das Pion links im Bild noch ganz ist, dachten sich nach einer Weile das Quark und das Antiquark: „Ach komm, du bist ein Teilchen, ich bin ein Antiteilchen ... Wieso zerstrahlen wir nicht einfach zu Energie? So wie es Positron und Elektron tun, wenn sie sich treffen." Gesagt, getan. Die beiden Quarks sind also zu zwei Photonen zerstrahlt, das Pion ist futsch. Professionell kann man auch sagen, dass das Teilchen zerfallen ist.

Was hier auch schön sichtbar wird: Folgt man einfach der Linie des Up-Quarks, sieht es so aus, als würde es, nachdem es zwei Photonen abgestrahlt hat, einfach wieder links aus dem Bild laufen. Doch eigentlich ist ja nicht ein Teilchen rückwärts in der Zeit (nämlich nach links) gelaufen, sondern ein Antiteilchen vorwärts in der Zeit. Sieht genauso aus und lässt sich mathematisch genauso beschreiben. Da aber alles auf einer Linie bleibt, sieht man auch schön die Erhaltung von Materie. Links ist Materie (das Up-Quark), rechts nicht mehr. Aber die Materie ist nicht futsch, sondern nur rückwärts in der Zeit wieder abgehauen. Skurril, oder?

Kurz und schmerzlos: die Lebensdauern von Teilchen In Abschn. 3.4 sehen wir später, wie man aus den Bruchstücken lernen kann, was da kaputtgegangen ist. Für den Fall, dass man mal zu spät hingeschaut hat. Wie lange hat man eigentlich Zeit, so ein Pion zu beobachten, bevor es zerfällt? Im Mittel $8{,}5 \cdot 10^{-17}$ s. Nicht gerade besonders lang. Wenn wir Teilchenphyiker dann mal ein Statement à la „Wir haben das Higgs-Teilchen gefunden!" machen, heißt das eigentlich nur, dass wir gesehen haben, in was es kaputtgegangen ist. Das Teilchen selbst zerfällt viel zu schnell.

Das neutrale Pion hat übrigens auch noch zwei geladene Geschwister. Die bekommt man, wenn man zum Beispiel ein Up-Quark mit einem Antidown-Quark kombiniert ($u, \bar{d}$): Das Up-Quark hat die elektrische Ladung von $+2/3$ und das Antidown-Quark hat als Antiteilchen des Down-Quarks das Gegenteil von dessen Ladung ($-1/3$), also $+1/3$. Also hat dieses geladene Pion eine Gesamtladung von $+2/3 + 1/3 = +1$. Das Ganze geht auch negativ, indem man ein Down- mit einem Antiup-Quark verbindet ($\bar{u}, d$), wie man in Abb. 3.1b sieht.

Teilchenphysiker haben nun Detektoren entwickelt, mit denen man durchaus geladene Pionen direkt beobachten kann, bevor sie kaputtgehen. Wenn man wissen will, wie lange so ein Teilchen lebt, bevor es zerfällt, kann man dafür im *Particle Data Booklet* nachsehen. Für den Teilchenphysiker ist das sowas wie eine kleine Bibel, die er immer griffbereit hat. In diesem Büchlein sind alle Elementarteilchen, alle Teilchen, die man aus ihnen bauen kann, sowie alle ihre Eigenschaften aufgelistet. Bei den instabilen Teilchen, also denen, die zerfallen können, kann man auch die Lebensdauer τ nachlesen.

Link

Das *Particle Data Booklet* ist sowas wie eine Bibel für den Teilchenphysiker. Er hat sie immer griffbereit, um schnell die Eigenschaften wie Lebensdauer, Masse, Ladung und vieles mehr von allen bekannten Teilchen nachschlagen zu können.

Lebensdauer

Die genaue Zeit, nach der ein Teilchen zerfallen ist, lässt sich nicht angeben. Nicht weil wir zu blöd zum Messen sind, sondern weil der Zerfallszeitpunkt einfach aufgrund der Quantenmechanik nicht scharf definiert ist. Wenn man einen Haufen Teilchen der gleichen Sorte nimmt, sieht man, wie die Anzahl der noch nicht zerfallenen Teilchen mit der Zeit abnimmt. Hat man am Anfang eine Anzahl N_0 an Teilchen, hat man nach einer Zeit t noch N Stück davon übrig. Die Abnahme der übrig bleibenden Teilchen ist exponentiell, und wie schnell die Teilchen abnehmen, beschreibt der Parameter τ:

$$N(t) = N_0 e^{-\frac{t}{\tau}} \qquad (3.1)$$

Nachdem die Zeit τ vergangen ist, ist also noch der Anteil $1/e$ der anfänglichen Zahl N_0 der Teilchen vorhanden. Diese Zeit τ nennt man die *Lebensdauer*. Wenn man von radioaktivem Abfall spricht, fällt auch öfter mal das Wort *Halbwertszeit*. Das ist die Zeit, nach der die Hälfte der Teilchen zerfallen ist, also der Anteil von N_0 noch $1/2$ ist. Halbwertszeit $t_{1/2}$ und Lebensdauer τ lassen sich über

$$t_{\frac{1}{2}} = \frac{\tau}{\ln 2} \qquad (3.2)$$

ineinander umrechnen.

Wer im *Particle Data Booklet* nachliest, wird sehen, dass die Lebensdauer eines (positiven oder negativen) Pions $2{,}6 \cdot 10^{-8}$ s beträgt. Das ist nicht gerade besonders lang. Nehmen wir mal an, innerhalb eines Schauers in der kosmischen Höhenstrahlung wird ein Pion produziert. Gar nicht mal so unrealistisch wäre es, wenn wir schätzen, dass es sich mit 99,96 % der *Lichtgeschwindigkeit* $c = 299.792.458$ m/s bewegt. Die Strecke s, die es innerhalb seiner Lebensdauer zurücklegen kann, lässt sich leicht berechnen. Wie beim Autofahren auch bildet man das Produkt aus Geschwindigkeit v und Zeit t:

$$s = vt = 0{,}9996 \cdot c\tau = 0{,}9996 \cdot 299.792.458 \, \frac{\text{m}}{\text{s}} \cdot 2{,}6 \cdot 10^{-8} \, \text{s} \approx 7{,}8 \, \text{m}$$

$$(3.3)$$

Ungefähr acht Meter weit würde es kommen, na ja. Nicht besonders weit. Zum Glück aber sehen wir in Wirklichkeit wesentlich längere Spuren. Und das bei gleicher Geschwindigkeit. Wie kann das sein? Lebt es in Wirklichkeit doch länger?

3.1.2 Alles relativ kurz: Zeitdilatation bei extremen Geschwindigkeiten

„Ansichtssache", würde Albert Einstein jetzt vielleicht sagen. Denn die Lebensdauer der Pionen wurde aus dessen Sicht angegeben. Wir Physiker sagen dazu, dass sie „in dessen Ruhesystem gilt". Man spricht von Ruhesystemen im Rahmen der Relativitätstheorie. Aus meiner Sicht bin ich stets in Ruhe. Wenn ich laufe, sehe ich meine Umgebung sich um mich rum bewegen. Andere Menschen dagegen sehen beim gleichen Vorgang, dass jemand anderes (also ich) sich bewegt und sie selbst (in ihren Ruhesystemen) stehen bleiben. Wer Bewegungen beschreiben will, muss dabei stets sagen, relativ zu was sich etwas bewegt. Abbildung 3.2a zeigt ein schönes Beispiel: Ich lasse einen Ball in einem Regionalexpress fallen. Die Bewegung des Balls geht gerade von oben nach unten. Wenn der Regionalexpress sich schnell bewegt und jemand von außen zuschaut, überlagert sich der Fall nach unten mit der Vorwärtsbewegung der Eisenbahn und der Ball fliegt eine Kurve (Abb. 3.2b).

Richtig verrückt wird das Ganze jetzt, wenn die Geschwindigkeiten viel größer werden als die von fallenden Bällen und fahrenden Regionalexpress-Zügen. In etwa so groß wie die Lichtgeschwindigkeit. Dann passieren seltsame Dinge, die auch etwas relativ erscheinen lassen, was für uns doch schon sehr absolut erscheint: die Zeit. Leider haben wir keine Zeit, Einsteins Relativitätstheorie hier in voller Pracht zu besprechen.

Abb. 3.2 **a** Im Regionalexpress fällt ein Ball hin. **b** Im Regionalexpress fällt wieder ein Ball hin. Diesmal schaut jemand von außen zu und sieht die Bewegung überlagert mit der Bewegung des Zuges

Fassen wir mal zusammen, was man mit ihr ausrechnen kann: „Bewegte Uhren gehen langsamer." Man nennt diesen Effekt auch *Zeitdilatation*. Sagen wir mal, mein Bruder Dennis fährt mit seinem Auto mit halber Lichtgeschwindigkeit an mir vorbei, während ich auf dem Parkplatz stehe. Wenn er jetzt drei Sekunden abzählt (das ist jetzt etwas unrealistisch, weil er dann schon sehr weit weg wäre) und ich ihm dabei zuschauen und selbst auch mitzählen würde, hätte das Ganze aus meiner Sicht länger gedauert. Wenn seine Sekunden die Zeit t und meine Sekunden die Zeit t' haben, dann stehen die beiden Zeiten über die Zeitdilatation in folgendem Verhältnis zueinander:

$$t' = \frac{t}{\sqrt{1 - \left(\frac{v}{c}\right)^2}} \tag{3.4}$$

Setze ich für $v = c/2$ ein, bekomme ich für meine Zeit $t' = 3{,}46\,\text{s}$ raus. Also fast eine halbe Sekunde länger.

Kommen wir mal zurück zum Pion. Aus seiner Sicht lebt es nur $2{,}6 \cdot 10^{-8}$ s. Und wenn es vor mir rumliegen würde und wir uns damit im gleichen Bezugssystem befänden (weil ich mich relativ zu ihm ja nicht bewege), würde auch ich sagen: „Ja, auch ich habe gesehen, wie es nach $2{,}6 \cdot 10^{-8}$ s kaputtging!" Aber wenn das Pion nun in der Atmosphäre bei einem Teilchenschauer produziert wird und dabei noch eine richtig hohe Geschwindigkeit hat, kommt es mir vor, als würde es viel länger leben.

Eine realistische Geschwindigkeit für ein Pion war in unserem Beispiel 99,96 % der Lichtgeschwindigkeit. Daher kommt es mir, der ich ja auf der Erde stehen bleibe, während das Pion darauf zufliegt, so vor, als würde es durch die Zeitdilatation länger leben, nämlich:

$$t' = \frac{t}{\sqrt{1 - \left(\frac{v}{c}\right)^2}}$$

$$= \frac{2{,}6 \cdot 10^{-8}\,\text{s}}{\sqrt{1 - (0{,}9996)^2}} \tag{3.5}$$

$$\approx 9{,}2 \cdot 10^{-7}\,\text{s}$$

Das ist ne ganze Menge länger, nämlich ca. 35 Mal! Und damit fliegt es auch eine ganze Menge weiter, nämlich ca. 276 m.

Man sieht: Je extremer die Dinge sind, die man so tut (z. B. sich extrem schnell bewegen), desto präziser muss man sein („Treffen wir uns in zehn Minuten?" „Zehn Minuten in meinem oder deinem Bezugssystem?").

Es ist nicht so, dass es den Effekt der Zeitdilatation im Alltag nicht geben würde. Die Uhren in GPS-Satelliten müssen diese Zeitverschiebungen zum Beispiel berücksichtigen. Wenn ich jetzt aber auf meinem Fahrrad mit 20 km/h fahre, werden zehn Minuten nur 0,00000000000013 s länger. Nicht so wild, das dann nicht zu berücksichtigen.

3.1.3 Geht schon, aber nicht so gern: Zerfälle über die Schwache Kraft

Dank der Zeitdilatation kann man also Teilchen aus der Höhenstrahlung besser untersuchen. Hat man auch getan. Und dabei eine in jeder Hinsicht seltsame Entdeckung gemacht: Man entdeckte Teilchen, die wesentlich länger brauchten, um kaputtzugehen, also zu zerfallen, als all ihre bekannten Kollegen.

Pion und Kaon

Wenn man genau ist, kannte man zwar noch eine andere Sorte von Teilchen, die genauso lange brauchten, um zu zerfallen, nämlich die geladenen Pionen, die aus einem Up- und einem Antidown-Quark $(u, \bar{d})$ bzw. einem Down- und einem Antiup-Quark $(d, \bar{u})$ bestehen. Allerdings zerfielen die Pionen in ein Myon und waren daher sowieso schon etwas Besonderes, denn Myonen beinhalten keine Quarks mehr, so dass hier eine Teilchen-Antiteilchen-Vernichtung vorliegt und das μ aus der Energie der Vernichtung erzeugt wurde.

Die neuen Teilchen zerfielen hingegen in drei weitere Pionen, also wieder Teilchen mit Quarks. Das war etwas seltsam.

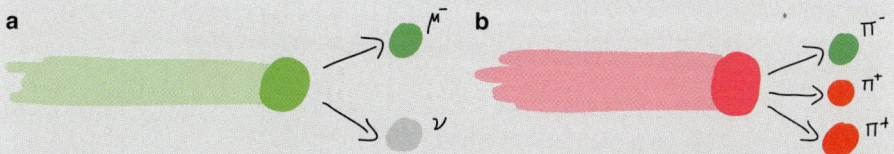

Abb. 3.3 **a** Ein Pion zerfällt in ein Myon und ein Neutrino. **b** Ein seltsames Teilchen, das zwar auch länger lebt, aber in drei Pionen zerfällt

Abbildung 3.3 zeigt im Vergleich den Zerfall der beiden Teilchenarten: Abb. 3.3a ein Pion, das lange lebt und in ein Myon zerfällt. Und Abb. 3.3b das neue, seltsame Teilchen, das auch in drei Pionen zerfällt, aber genauso langsam wie ein Pion.

Erklären konnte man sich das nicht. Vor allem nicht, dass es von den neuen langlebigen Teilchen sehr viele verschiedene gab, die man nicht so recht zuordnen konnte. Also schrieb man diesen Teilchen eine neue Eigenschaft zu und nannte sie *Strangeness* (*Seltsamkeit*). Zu dieser Zeit, um das Jahr 1949, kannte man das Modell der Quarks noch nicht. Man hatte schon weitere Teilchen neben Proton, Neutron und Elektron entdeckt, aber keine Ahnung davon, dass sie aus etwas noch Kleinerem bestehen würden, den Quarks. Als die Physiker Jerome Friedman, Henry Kendall und Richard Taylor im Jahre 1969 das Quarkmodell durch die Versuche mit der Elektronenstreuung an Protonen etablieren konnten (und dafür 1990 den Nobelpreis für Physik kassierten), gab es plötzlich auch eine Lösung für das Problem der Strangeness. Während Up- und Down-Quark noch ganz normal waren, da sie ja immerhin alle Materie um uns rum ausmachen, nahm man an, dass es noch ein neues Quark geben sollte, das eben etwas seltsam ist und kaputtgeht. Das *Strange-Quark* war geboren. Wieso brauchte es ein neues Quark für die Seltsamkeit und was macht Objekte aus diesen seltsamen Quarks so langlebig? Abbildung 3.4 wird es uns erklären:

Wir sehen ein *Kaon*, so nannte man eines der Teilchen mit der Seltsamkeit, die man damals entdeckte. Von den Kaonen gibt es drei Stück: ein positiv geladenes, ein negativ geladenes und ein neutrales. Hier haben wir ein positiv geladenes: Es besteht aus einem Up-Quark und einem Antistrange-Quark. Am Ende zerfällt es in drei Pionen. Die bestehen nur aus Up- und Down-Quarks sowie deren Antiteilchen. Auf der rechten Seite fehlt also ein Strange-Quark.

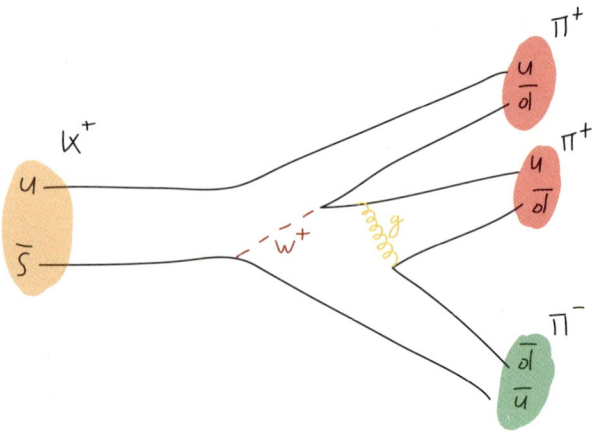

Abb. 3.4 Ein Kaon zerfällt in drei Pionen. Dabei wird ein Strange-Quark über die Schwache Kraft mithilfe eines W-Bosons in ein Up-Quark umgewandelt

Einfach so verschwindet in der Physik ja nichts. Selbst Energie kann man ja nicht wegzaubern, sondern nur in eine andere Art Energie (im Alltag meistens Wärme) umwandeln, mit der man dann nichts mehr anfangen kann. So ist es auch mit dem Strange-Quark. Es wird einfach in ein anderes Quark umgewandelt. Und wen rufen wir zu Hilfe, wenn wir Quarks umwandeln wollen? Na, wer half bei der Kernfusion aus, als ein Up- zu einem Down-Quark werden musste? Genau, das W-Boson! Auf Quark-Ebene, also der Ebene, wo man sieht, was wirklich los ist, sieht das Ganze schon etwas komplizierter aus als in Abb. 3.3, wo man sich nur die zusammengesetzten Teilchen anschaut. Das Strange-Quark ist im Grunde genommen sowas wie das Down-Quark. Es hat auch die Ladung $-1/3$ und entsteht auf die gleiche Weise wie das Down-Quark bei der Kernfusion: Es kommt dabei raus, wenn das W-Boson ein Up-Quark umgewandelt hat. Einen feinen Unterschied zwischen Strange- und Down-Quark gibt es dann aber doch. Das Strange-Quark ist ca. 20 Mal schwerer.

3.2 Ein voller Bastelkasten: das Standardmodell

So fand sich plötzlich ein neues Elementarteilchen. Für unsere Erde reichen doch eigentlich Up-Quark, Down-Quark (aus denen wir dann Protonen und Neutronen und damit auch Atomkerne bauen können) und Elektronen. Jetzt ist da plötzlich noch ein Strange-Quark. Braucht eigentlich kein Mensch, existiert aber. Und daher möchte es auch erklärt werden. Denn wenn der Teilchenphysiker schon behauptet, das ganze Universum beschreiben zu können, darf er bei dem Strange-Quark keine Ausnahme machen. Man muss dieses Teilchen zwar künstlich erzeugen und es geht auch ratzfatz wieder kaputt, aber es existiert im Bauplan des Universums. Gut, wenn es jetzt ein Strange-Quark gibt, das von seiner Art her wie ein Down-Quark ist, dann müsste es auch einen entsprechenden Bruder für das Strange-Quark, jemanden von der Up-Sorte, geben.

Das Strange-Quark war ja wie ein Down-Quark, nur schwerer. Daher konnte es auch zerfallen. Ein leichter Atomkern wird nie in einen schwereren zerfallen, denn sowas verletzt ja die Energieerhaltung. Für das, was schwer ist, braucht man Energie, um es zu erzeugen.

Sollte der Bruder des Strange-Quarks nun aber noch schwerer sein, bräuchte man dafür noch mehr Energie. So war es dann auch: Man baute sich Maschinen, die Teilchen mit noch höherer Energie beschleunigten, bis dann irgendwann genug da war, um auch den Bruder des Strange-Quarks zu erzeugen: das *Charm-Quark*.

Danach spielten sich dann die theoretischen Physiker und die Experimentalphysiker die Bälle zu: Mal findet der eine ein Teilchen und der andere will es erklären, mal sagt der andere etwas voraus und der eine muss es finden. Teilchenbeschleuniger mit immer größeren Energien erzeugen immer schwerere Teilchen. Schauen wir uns doch mal den heute aktuellen Stand der Forschung an (Abb. 3.5).

Teilchen mit Farbladung: die Quarks Der Baukasten ist nun ziemlich vollständig und im Rahmen der Physik auch gut erklärt. Man kann die Teilchen in verschiedene Gruppen, Familien und Generationen einteilen. Man sieht die drei Generationen der Quarks: Up- und Down-Quark, Charm- und Strange-Quark, Top- und Bottom-Quark.

Die Paare sind sich bei genauerer Betrachtung eigentlich sehr ähnlich: Sie alle tragen Farb- und elektrische Ladung und können über die Starke, die Schwache und die elektromagnetische Wechselwirkung reagieren. Und die Ersten in jeder Familie haben als Ladung $+2/3$, die zweiten jeweils $-1/3$. Nur ist jede Familie immer um einiges schwerer als die davor.

Die schweren Familien zerfallen auch mal in die leichten. Darum kümmert sich die Schwache Kraft, da nur sie Quarktypen ändern kann. Weil die Teilchen immer schwerer werden (die Masse des Top-Quarks ist ca. 85.000 Mal schwerer als die des Up-Quarks – ein echter Brummer!), sind sie auch immer schwerer zu entdecken. Denn viel m bedeutet, dass man viel E braucht, um sie zu erzeugen. Daher kam das Top-Quark auch als letztes Quark ans Licht, nämlich im Jahre 1995 am amerikanischen Teilchenbeschleuinger *Tevatron*.

Abb. 3.5   Die komplette Familie der Elementarteilchen, also der komplette Baukasten für unser Universum. Im Regal die Fermionen. *Reihe oben:* Up-Quark, Charm-Quark, Top-Quark, Elektron, Myon, Tau. *Reihe unten:* Down-Quark, Strange-Quark, Bottom-Quark, Elektron-Neutrino, Myon-Neutrino, Tau-Neutrino. *Daneben* die Bosonen: Photon (*o. l.*), Gluon (*o. r.*), W-Boson (*u. l.*) und Z-Boson (*u. r.*). (Fotos von Teilchen: © Particle Zoo)

Etwas farblos: die Leptonen   Das Elektron und seine Freunde nennt man *Leptonen*. Das Elektron selbst hat zwei schwerere Kollegen: das Myon und das Tau. Sie tragen die Ladung -1, bilden die Gruppe der geladenen Leptonen und gehören je einer Leptonengeneration bzw. Leptonenfamilie an. Jedes der geladenen Leptonen hat einen entsprechenden elektrisch neutralen Partner: So wie das Up-Quark ein Down-Quark hat, hat das Elektron ein Elektron-Neutrino (die anderen entsprechend ein Myon-Neutrino oder Tau-Neutrino).

Da Neutrinos neutral sind und auch nicht der Gruppe der Quarks angehören, tragen sie weder elektrische Ladung noch Farbladung und können so weder über die Starke Kraft noch über die elektromagnetische Kraft miteinander wechselwirken. Bleibt nur die Schwache. Und die ist eben schwach. Daher kann man Neutrinos nur sehr sehr schwer entdecken, weil sie einfach kein Interesse haben, sich in unseren Detektoren irgendwie bemerkbar zu machen. Egal, was man ihnen entgegensetzt, es hält sie nur schwach auf. Noch dazu sind sie sehr leicht und man wusste lange Zeit nicht mal, ob sie überhaupt eine Masse haben.

Vermittler der Kräfte: die Bosonen Und dann gibt es da noch die Austausch-bosonen, die für die Kräfte zuständig sind: Das Z-Boson, das W-Boson (in zwei Ausführungen: positiv und negativ) für die Schwache Kraft, das Photon für die elektromagnetische Kraft und das Gluon für die Starke Kraft. Damit haben wir jetzt aber wirklich alle Zutaten für die Welt beisammen. Ein paar Dinge im Universum kommen uns noch ein wenig komisch vor, aber im Grunde genommen haben wir ein sehr solides Paket, mit dem wir nahezu alles ausrechnen können, was wir in die Finger bekommen. Wir nennen das ganze *Standardmodell* der Teilchenphysik.

Obwohl wir für alle Atome auf der Erde nur drei Teilchen brauchen (Up-Quark, Down-Quark, Elektron), wissen wir, dass es auch den Rest gibt. Und wenn wir uns die Jungs anschauen wollen, müssen wir sie eben künstlich erzeugen. Doch dabei ist etwas wichtiges zu beachten …

3.3   Gott und seine Würfel: Wirkungsquerschnitte

Albert Einstein war schon ein schlauer Mensch. Bei Günter Jauchs Quiz-shows wäre er auch ein super Telefonjoker. „Wie gewinnt man Kernenergie?" „$E = mc^2$!" Oder: „Wo liegt die Protonenmasse, wenn nicht in den Massen seiner Bestandteile, den Quarks?" „$E = mc^2$!" – viel sagen müsste der gute Mann nicht. Und trotzdem hätte er ja irgendwie immer recht. Daher zitiert man ihn auch mal gerne.

Nur ein Zitat, das macht etwas Bauchschmerzen. Denn ganz stimmt es leider nicht. Einstein war es, der sinngemäß sagte: „Gott würfelt nicht!", und damit seinen Unmut gegenüber der Quantenmechanik ausdrücken wollte. Die Quantenmechanik war die Geschichte mit den Wahrscheinlichkeitswellen, die dafür sorgen, dass man nie genau sagen kann, wo ein Teilchen genau sitzt. Und sie sorgt auch dafür, dass für eine kurze Zeit mal aus dem Nichts ein wenig Energie geliehen werden kann, um ein neues Paar an Teilchen und An-titeilchen zu erzeugen, solange es am Ende nur auch wieder verschwindet und seine Energie wieder abgibt. Vieles ist also nicht wirklich bestimmt, sondern nur mit einer Wahrscheinlichkeit versehen.

Wenn man jetzt einen Haufen Energie zur Verfügung hat und daraus Materie-Antimaterie-Paare erstellt, dann stellt sich immer noch die Frage (Abb. 3.6a): Was werde ich denn nun genau erzeugen? Ein Up-Antiup-Quarkpaar? Ein Down-Antidown-Paar? Oder ein Strange-Antistrange-Quarkpaar? Gut, wichtig ist, dass man die Energieerhaltung nicht verletzt und erst mal genug Energie für die beiden Quarks hat. Aber dann gilt: Alles,

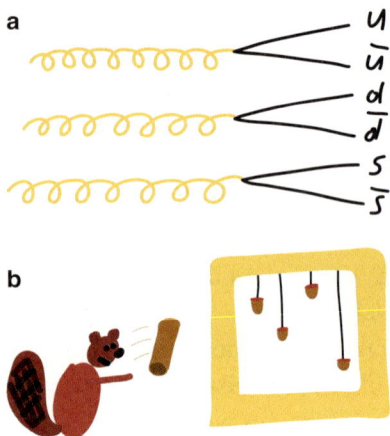

Abb. 3.6 **a** Ein Gluon mit genug Energie für ein Up-Antiup-, ein Down-Antidown- oder ein Strange-Antistrange-Paar. Welches wird es erzeugen? **b** Ein Biber wirft ein Stück Holz durch einen Rahmen, in dem ein paar Nüsse hängen

was möglich ist, kann passieren. Aber was im Einzelfall genau passieren wird, das wissen wir nicht. Die Natur hat hier keine Präferenz.

Wenn also Energie in ein Quark-Antiquark-Paar umgewandelt wird, dann schnappt sich der gute Herr doch seine Würfel und lässt diese dann entscheiden, welche Sorte Quarks erzeugt wird. Wir Teilchenphysiker unterhalten uns in unserer ganz eigenen Sprache, wenn wir beschreiben wollen, wie wahrscheinlich etwas ist. Da spricht man nicht unbedingt von Wahrscheinlichkeiten, sondern von einer anderen Größe: dem *Wirkungsquerschnitt*.

3.3.1 Bibers Erfolgsquote beim Holzwurf: Wirkungsquerschnitte veranschaulicht

Ein Wirkungsquerschnitt wird mit den Einheiten einer Fläche angegeben. Das hat den Vorteil, dass man nicht nur sagt, wie wahrscheinlich ein Prozess ist, sondern auch die Umstände berücksichtigt, unter denen er stattfindet. Schauen wir uns mal ein Beispiel an, das den Wirkungsquerschnitt verdeutlichen soll.

In Abb. 3.6b wirft ein Biber Holzstücke durch einen Bilderrahmen. Dabei versucht er, darin hängende Haselnüsse zu treffen. Damit das Ganze nicht von seinem Geschick, sondern vom Zufall abhängt, hat er die Augen verbunden (sieht man in der Abbildung jetzt nicht). Will man nun beschreiben, wie wahrscheinlich es ist, eine Nuss zu treffen, könnte man entweder die Wahrscheinlichkeit in Prozent angeben oder aber die Querschnittsfläche einer Nuss.

Je größer die ist, desto wahrscheinlicher wird eine Nuss getroffen. Andersrum gilt: Schmeißt der Biber jetzt einfach größere Holzstücke, steigt auch die Trefferwahrscheinlichkeit. Und das, obwohl sich an der Nuss erst mal nichts geändert hat.

Daher beschreibt man zum einen die Wahrscheinlichkeit aufseiten des Getroffenen (eben durch den Wirkungsquerschnitt) und dann noch die „Möglichkeit, überhaupt erst getroffen zu werden". Also quasi noch mal eine zweite Zahl, die sagt, wie groß die geworfenen Holzstücke sind und wie viele davon geworfen werden. Diese Größe nennt man *Luminosität* und sie hängt vom Experiment ab. Man versucht sie meist so groß wie möglich zu machen. Würde der Biber eine echt kleine Nuss treffen wollen, also einen Prozess durchführen, der sehr unwahrscheinlich ist, müsste er viel großes Holz werfen, also eine hohe Luminosität zur Verfügung stellen.

Natürlich geht es im Quantenmechanischen nicht unbedingt darum, dass man eine Nuss mit einem Stück Holz trifft. Die Formeln zur Berechnung quantenmechanischer Wahrscheinlichkeiten haben damit recht wenig zu tun. Trotzdem berechnet man den Wirkungsquerschnitt noch als Fläche. Mehr zu dem Thema gibt es, wenn wir uns über Teilchenbeschleuniger unterhalten. Aber wir sollten an dieser Stelle schon mal wissen, was der Physiker meint, wenn er von einem Wirkungsquerschnitt spricht.

In unserem Beispiel in Abb. 3.6a ging es uns erst mal nur darum, welche Sorte Quarks mit welcher Wahrscheinlichkeit erzeugt wird. Da wären die Chancen ja gleich: 33 % für jede der drei Produktionsarten, wenn es nur diese Möglichkeiten gäbe. Natürlich könnte das Gluon aber auch weitersausen, ohne sich aufzuspalten. Oder es könnte etwas ganz anderes passieren, was dort nicht auf der Liste steht. Daher sagt der Wirkungsquerschnitt nicht nur, wie wahrscheinlich etwas unter einer bestimmten Bedingungen ist, sondern wie wahrscheinlich etwas absolut ist.

3.3.2 Beispiele für spannende Teilchen

Wie im echten Leben passieren auch in der Teilchenphysik die spannenden Dinge nicht besonders oft. Vergleichen wir mal die Wirkungsquerschnitte für einen langweiligen und einen spannenden Prozess. Was wir noch gar nicht geklärt haben, ist die Schreibweise. Ein Wirkungsquerschnitt bekommt ein griechisches σ (Sigma). O. k., im Abschn. 2.5 kam der Wirkungsquerschnitt schon mal zur Sprache, aber da kannten wir ihn noch nicht so richtig.

Man schreibt beim Wirkungsquerschnitt dann noch dazu, welchen Prozess man meint. Nehmen wir mal einen Prozess, der am Teilchenbeschleuniger LHC abläuft. Zwei Protonen mit nahezu Lichtgeschwindigkeit, also auch sehr viel Energie, krachen aufeinander. Manchmal wird dabei auch ein neues Materie-Antimaterie-Quarkpaar erzeugt. Das ist jetzt für uns nichts Neues, denn Quarks kennen wir schon zuhauf. Nennen wir diesen Prozess mal $\sigma_{pp \to q\bar{q}+X}(\sqrt{s} = 7\,\text{TeV})$. Das X heißt, dass auch sonst was noch dazu produziert werden kann. Das q steht für irgendein Quark und das $\bar{q}$ für das entsprechende Antiquark. Die 7 TeV sind die Gesamtenergie, die in der Kollision der beiden Protonen steckt. Die mit anzugeben, ist recht wichtig, da viele Prozesse bei höheren Energien auch häufiger vorkommen.

Die Produktion von einem Quark und einem Antiquark (und evtl. noch was dazu) ist jetzt mal unser langweiliger Prozess. Ein besonders spannender ist hingegen einer, bei dem ein Higgs-Teilchen erzeugt wird. Man kennt es ja aus Zeitung und Fernsehen, aber wir werden gleich im Abschn. 3.6.2 auch noch mal richtig drüber reden. Jedenfalls erzeugt man ein Higgs-Teilchen nicht so oft. Seinen Wirkungsquerschnitt würden wir mit $\sigma_{pp \to H+X}(\sqrt{s} = 7\,\text{TeV})$ bezeichnen. Vergleichen wir mal die beiden Werte:

$$\sigma_{pp \to q\bar{q}+X}(\sqrt{s} = 7\,\text{TeV}) = 1 \cdot 10^{-25}\,\text{cm}^2 \tag{3.6}$$

$$\sigma_{pp \to H+X}(\sqrt{s} = 7\,\text{TeV}) = 20 \cdot 20^{-36}\,\text{cm}^2 \tag{3.7}$$

Was sehen wir denn hier? Zum einen, dass die „Flächen" der Wirkungsquerschnitte sehr klein sind. Da das bei anderen teilchenphysikalischen Prozessen auch nicht anders ist, hat man die Einheit *Barn* definiert. Ein Barn entspricht $10^{-24}\,\text{cm}^2$.

Die zweite Auffälligkeit: Die beiden Wahrscheinlichkeiten unterscheiden sich stark. Teilt man eine durch die andere, sieht man, nach wie vielen Quark-Antiquark-Paaren auch mal ein Higgs-Teilchen produziert wird:

$$\frac{\sigma_{pp \to H+X}(\sqrt{s} = 7\,\text{TeV})}{\sigma_{pp \to q\bar{q}+X}(\sqrt{s} = 7\,\text{TeV})} = 2 \cdot 10^{-10} \tag{3.8}$$

Interessante Teilchen sind also nur sehr schwer zu erzeugen. Wirklich sehr schwer! Das wäre ein Higgs alle 20 Milliarden Quark-Antiquark-Paare. Selbst die Wahrscheinlichkeit, sechs Richtige im Lotto zu haben (und die Superzahl noch dazu) ist 35 Mal höher. Was kann man denn dagegen tun? Denken wir zurück an den Biber. Wenn er erst dann zufrieden nach Hause gehen könnte, nachdem er eine Haselnuss getroffen hätte (noch dazu eine sehr kleine), dann müsste er einfach besonders viel Holz werfen oder besonders großes Holz. Oder beides.

3.3.3   Schlechte Chancen? Öfter probieren! – Die Luminosität

So wie die Trefferfläche von Bibers Nüssen Wirkungsquerschnitt genannt wird, gibt es auch ein Maß, um zu beschreiben, wie viel Holz er wirft und wie groß die Stücke sind. Wir haben diese Größe beim Biber schon als Luminosität (L) kennengelernt. Allgemeiner und ohne Biber kann man sagen, dass die Luminosität beschreibt, wie oft die Möglichkeit für eine Reaktion gegeben wird. Beim Biber wäre das ja dann „Holz pro Fläche". Es wäre dann nicht nur wichtig zu sagen, wie viel Holz er wirft, sondern auch, wie groß der Rahmen überhaupt ist. Daher ist die Einheit der Luminosität auch $1/m^2$, wenn man mit der Messzeit multipliziert, also das Inverse einer Fläche. Spricht man von der instantanen Luminosität, teilt man noch durch die Zeit, hat also noch $1/s$ in der Einheit. Bei immer kleinerer Fläche wächst also die Wahrscheinlichkeit, mit unserem Holz etwas zu treffen. Und so, wie bei den Wirkungsquerschnitten gerne das Barn benutzt wurde, kann man hier ein inverses Barn benutzen.

Als ich mich mal mit einem theoretischen Physiker unterhalten habe, ging es unter anderem um das Thema Frauen. Wie es denn gerade so bei mir laufen würde, wollte er wissen. „Mäßig", antwortete ich. Daraufhin er: „Tja, wenn dein Wirkungsquerschnitt nicht so groß ist, brauchst du einfach mehr Luminosität!" Also: Wenn's dir nicht so leichtfällt, probier's einfach öfter. Das war jetzt die höfliche und wohlwollende Interpretation von einem geringen Wirkungsquerschnitt. Man sieht aber schon: Will man etwas erreichen und der Wirkungsquerschnitt ist klein, braucht man eine hohe Luminosität (kleine Nüsse beim Biber, also großes Holz). Und ist der Wirkungsquerschnitt groß genug, reicht weniger Luminosität (kleines oder wenig Holz reicht bei großen Nüssen).

Wie kann ich denn jetzt ausrechnen, wie viele Ereignisse N ich von einem bestimmten Prozess bekomme bzw. wie viele Teilchen ich von einer bestimmten Sorte erzeugen kann? Ganz einfach:

$$N = L \cdot \sigma \tag{3.9}$$

Wirkungsquerschnitte von Teilchen, die man schon kennt, kann man direkt messen. Ich schaue einfach, wie viele Teilchen ich entdecke und wie oft ich es versucht habe. Aber woher bekomme ich den Wirkungsquerschnitt von einem Teilchen, das noch niemand vermessen hat? Oder, schlimmer noch, von einem Teilchen, von dem man nicht mal weiß, ob es wirklich existiert? Dafür gibt es die *theoretischen Physiker*. Manchmal sagt man auch nur kurz *Theoretiker*.

Die können nämlich entsprechend den Formeln für unsere Teilchen und Kräfte (wie zum Beispiel auf meiner Jacke in Abb. 1.1) einfach ausrechnen, wie wahrscheinlich gewisse Prozesse sind. Wenn wir zum Beispiel ein

Abb. 3.7 **a** Eine theoretische Physikerin hat sich überlegt, mit welcher Wahrschein-lichkeit man ein Higgs-Teilchen erzeugen kann. **b** Eine Experimentalphysikerin hat eine Idee, wie man auch seltene Teilchen erzeugen kann. (Fotos: © Boris Lemmer)

Higgs-Teilchen vermuten, so können wir eine theoretische Physikerin wie in Abb. 3.7a höflich bitten, den Wirkungsquerschnitt auszurechnen, und uns anhören, was sie zu sagen hat.

Die Antwort klingt dann vielleicht etwas kryptisch, heißt aber einfach nur: Das Ding zeigt sich kaum. Dazu kommt dann eine Experimentalphysikerin, also eine Fachfrau, die Experimente baut und durchführt, um die Rechnungen des Theoretikers zu überprüfen, und sie sagt auch etwas (Abb. 3.7b). Was sie damit meint: „Na dann versuchen wir's eben oft genug." Diese Gespräche finden statt, bevor man große Teilchenbeschleuniger baut. Denn so kann erst mal geprüft werden, wie viel Luminosität man benötigt, um eine gewisse Anzahl an Ereignissen zu finden.

Die Kunst besteht also zum einen darin, Experimente zu bauen, die genug „Holz", also eine große Luminosität liefern, wenn wir etwas Neues und Seltenes entdecken wollen. Aber die Kunst besteht auch darin, mit den Konsequenzen umzugehen, die eine hohe Luminosität mit sich bringt. In den nächsten Kapiteln werden wir daher noch des Öfteren auf das Bild vom Biber und seinem Holz zurückkommen.

3.4 Kaputtes zusammenbauen: Teilchenrekonstruktion

Zugegeben, es kommt hin und wieder einmal vor, dass mir jemand vorwirft, ich hätte als Teilchenphysiker immer nur mit sehr abstrakten Dingen zu tun. Und auch, dass man das, was dabei erzeugt und untersucht wird, nicht anfassen kann. Das stimmt wohl. Während meiner Diplomarbeit an der Uni Gießen habe ich ein ganz besonderes Teilchen untersucht (die Details dazu gibt es im Abschn. 6.5.1): das ω-Meson (sprich: „Omega-Meson").

Ein Elementarteilchen ist es schon mal nicht, sonst hätten wir es ja in unserem Baukasten. Es gehört zur Gruppe der Mesonen, also zu den Teilchen, die aus einem Quark und einem Antiquark aufgebaut sind. Genauer gesagt aus einem Up-Quark und einem Antiup-Quark. (O. k., für die ganz Genauen: Es ist eine quantenmechanische Überlagerung eines Zustands, bestehend aus einem Up- und Antiup-Quark sowie einem Down- und Antidown-Quark).

Es hat, wie eigentlich alle Teilchen bis auf das Proton und das Elektron, eine ziemlich ärgerliche Eigenschaft: Es zerfällt. So wie sich ein Atomkern, wenn er radioaktiv ist, ab und an dazu entscheidet, zu zerfallen, so tut es auch das ω-Meson. Dabei ist es allerdings so kurz entschlossen, dass es von seiner Entstehung bis hin zur Entscheidung, jetzt zu zerfallen, nur $8 \cdot 10^{-23}$ s braucht. Das ist wirklich nicht viel. Da hilft uns leider auch die Zeitdilatation nicht großartig weiter.

Das heißt dann ja auch, dass ich nur $8 \cdot 10^{-23}$ s Zeit hatte, es zu beobachten. Reicht nicht. Wirklich nicht! Aber man kann was anderes machen, um zu schauen, was denn bei einem Experiment wirklich entstanden ist. Das geht selbst dann, wenn das erzeugte Teilchen schon wieder kaputtgegangen ist. Was passiert denn nun mit dem ω-Meson?

Die Bruchstücke eines ω-Mesons Das ω-Meson kennt viele Arten, zu zerfallen. Wir konzentrieren uns hier mal nur auf eine. Da wir ja mittlerweile die Sprache der Feynman-Graphen sprechen, können wir mit unseren lustigen Linien auch aufmalen, was passiert (Abb. 3.8a): Zunächst strahlt das ω-Meson ein Photon ab. Dadurch bleiben das Up- und das Antiup-Quark noch immer die gleichen, ändern aber ihre Beziehung zueinander. Sieht man ihnen so nicht direkt an. Aber sie haben noch eine Eigenschaft, die man *Spin* nennt.

Den Spin kennt man vielleicht vom Tischtennis oder vom Fußball: Man kann dem Ball einen Drall verpassen und dann fliegt er lustige Bahnen in der Luft. Gerade beim Tischtennis kann es ganz schön witzig aussehen, wenn man dem Ball ordentlich Drall verpasst und sich der Gegner nicht drauf einstellt. Dann fliegt ihm der Ball nämlich vom Schläger davon, der Gegner macht einen Punkt und das Publikum lacht. Früher habe ich auch mal Tischtennis

Abb. 3.8 **a** Das ω-Meson zerfällt zunächst in ein Photon und ein Pion (der Zustand zwischen dem Abstrahlen des ersten und dem der beiden anderen Photonen). Das Pion zerfällt anschließend noch mal in zwei Photonen. **b** Schokoteilchen … **c** … und das aus den Bruchstücken rekonstruierte Schokoei. (Fotos: © Boris Lemmer)

gespielt und kenne die Situation daher ganz gut. Leider aus Sicht desjenigen, der den Ball dann verhaut.

Spin

Noch kurz zum Spin: Physiker sind sich immer noch nicht ganz einig, wie man den Spin nun genau beschreiben soll. Man nennt ihn auch Eigendrehimpuls und er hat in gewisser Weise auch die gleichen Eigenschaften wie Drehungen um eine eigene Achse. Das Problem ist nur: Wenn ein Teilchen punktförmig ist, so wie unsere Quarks, wie kann es sich dann um irgendetwas drehen? Es hat ja keine Oberfläche, die sich dreht. Auch den Drehwinkel kann man für punktförmige Teilchen ja gar nicht definieren. Aber gut, das ist eine ganz andere Geschichte.

Tun wir der Einfachheit halber einfach mal so, als würde sich das Quark um sich selbst drehen und hätte dabei nur zwei Möglichkeiten: linksrum und rechtsrum. Beim ω-Meson drehen sich Up- und Antiup-Quark in die gleiche Richtung. Wir nennen das jetzt mal „linksrum". Man sagt, sie haben gleichgerichteten Spin.

Das abgestrahlte Photon klaut dem System jetzt aber Spin, daher muss der Spin des Down-Quarks seine Richtung ändern. Weil aber der Gesamtspin stets erhalten bleibt, so wie Energien und Impulse, muss eine Richtungsumkehr des Antiup-Quarks, wenn sie in unserem Beispiel von Links- auf Rechtsdrehung geschaltet wurde, durch eine doppelt so hohe Linksdrehung des Photons ausgeglichen werden. Denn einmal links, einmal rechts und zweimal links macht unterm Strich zweimal links, ganz wie am Anfang.

Rechnungen mit Spins verursachen auch bei Physikstudenten im vierten Semester noch ordentlich Würgereiz. Daher haben wir die kleine Diskussion ja auch in eine Schlaubox gesperrt und beenden sie an dieser Stelle auch schon wieder. Das war nur für diejenigen, die wissen wollten, wie aus einem Teilchen ein anderes werden kann, ohne dass sich dessen Zusammensetzung ändert. Denn unterschiedliche Spinkonfigurationen führen zu unterschiedlichen Energien und damit dann zu unterschiedlichen Massen, was wir wiederum als unterschiedliche Teilchen wahrnehmen.

Halten wir fest: Der Zustand der beiden Quarks im ω-Meson hat sich geändert, und zwar so sehr, dass wir von einem anderen Teilchen sprechen können. Immer noch nur aus Up- und Antiup-Quark bestehend, ist das ω-Meson zum Pion geworden. Zwischen den beiden Teichen lag letztlich also nur ein umgeklappter Spin. Und dann dauert's auch nicht lange, bis das Up- und das Antiup-Quark aufeinandertreffen und zu Energie zerstrahlen: nämlich zu zwei Photonen, so wie's auch passiert, wenn ein Elektron auf ein Positron trifft.

Jetzt haben wir am Ende also den Salat: Statt eines ω-Mesons sehen wir nur noch drei Photonen. Wer aber kann uns jetzt sagen, dass die drei Photonen mal ein ω-Meson waren und nicht einfach aus meiner Nachttischlampe abgestrahlt wurden (denn Obacht: Photonen sind ja nichts anderes als Lichtteilchen)? Ist gar nicht so schwierig: das geht so, wie ich auch rausfinden kann, woher die Schokoteilchen auf meinem Küchentisch kommen, die wir in Abb. 3.8b sehen. Ich stecke sie einfach wieder zusammen und schaue, was dann dabei rauskommt: tada, ein Schokoladenei (Abb. 3.8c).

Verschiedene Vektoren für die gleiche Sache: Relativbewegungen Wie aber kann man denn nun die drei Photonen, die man am Ende sieht, zusammenbauen und dann sehen, dass das Ganze mal ein ω-Meson war? Wann immer wir ein Teilchen beschreiben und sagen wollen, was es ist und wo und wie schnell es gerade rumfliegt, benutzen wir einen sogenannten *Vierervektor*. Einen normalen Vektor kennen wir ja: ein Ding mit drei Komponenten, wo jede Komponente eine Raumrichtung beschreibt. Das Ganze ist dann ein Pfeil, der in eine bestimmte Richtung zeigt, weshalb Buchstaben, die Vektoren beschreiben, auch immer einen Pfeil oben drauf bekommen. Dann weiß man, dass es nicht bloß eine Zahl ist, die dahintersteckt, sondern drei Zahlen für drei Richtungen (weil wir in einer dreidimensionalen Welt leben). Ein Vektor hat auch noch eine bestimmte Länge. Damit kann man dann zusätzlich feststellen, „wie stark" er in eine Richtung zeigt. Sinn macht das zum Beispiel bei einem Geschwindigkeitsvektor:

$$\vec{v} = \begin{pmatrix} v_x \\ v_y \\ v_z \end{pmatrix} = \begin{pmatrix} 20\frac{\text{km}}{\text{h}} \\ 0 \\ 0 \end{pmatrix} \tag{3.10}$$

Dieser Vektor beschreibt also etwas, was sich mit 20 km/h in x-Richtung bewegt, und gar nicht in y- oder z-Richtung. Schlau natürlich, vorher festzulegen, wo x, wo y und wo z langgehen soll.

Statt einer Geschwindigkeit kann ein Vektor auch etwas anderes beschreiben, zum Beispiel einen Impuls. Statt also die drei Geschwindigkeitskomponenten in die Zeilen des Vektors $\vec{v}$ zu schreiben, würden dann die drei Impulskomponenten in einen Vektor $\vec{p}$ reinkommen. Aber da Impuls auch nur das Produkt aus Masse und Geschwindigkeit ist, müsste man einfach vor jedes v noch die Masse m des Teilchens schreiben. Ein leichter Job.

Mit einem Impulsvektor könnte man dann doch schon super ein Teilchen beschreiben: Man weiß dann, mit welchem Impuls es sich wohin bewegt. Leider wäre das Ganze aber keine eindeutige Geschichte mehr. Schauen wir mal auf Abb. 3.9a:

Ein Affe flitzt auf einem Skateboard durch die Gegend und wird dabei von einem Igel beobachtet. Aus Sicht des Igels ist der Affe ganz schön schnell unterwegs, sagen wir mal mit 30 km/h. Der Igel hat sich daher den Impulsvektor dieses Affen aufgeschrieben, der, sagen wir mal, 20 kg wiegt und sich

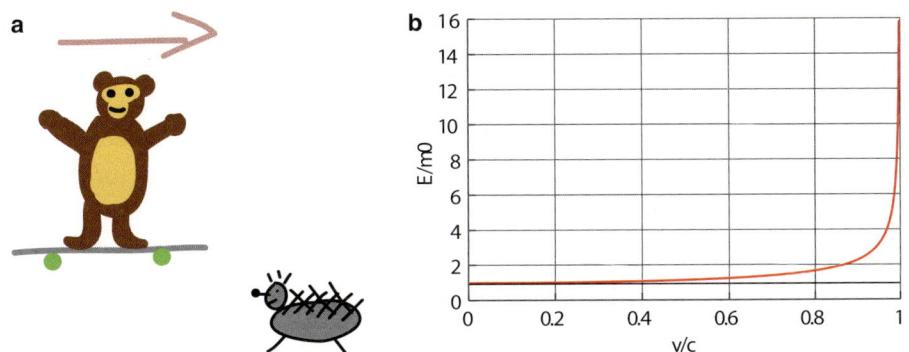

Abb. 3.9 **a** Ein Affe flitzt auf einem Skateboard und ein Igel beobachtet ihn. Während der Affe aus Sicht des Igels schnell flitzt, glaubt er selbst, dass er stehen bleibt. **b** Je schneller sich etwas bewegt, desto größer wird seine Energie. Ausdrücken kann man die Zunahme in Einheiten der Ruhemasse m_0. Merken tut man's erst in Bereichen der Lichtgeschwindigkeit

in x-Richtung bewegt:

$$\vec{p}_{\text{Igel}}^{\text{Affe}} = \begin{pmatrix} mv \\ 0 \\ 0 \end{pmatrix} = \begin{pmatrix} 30\,\frac{\text{km}}{\text{h}} \cdot 20\,\text{kg} \\ 0 \\ 0 \end{pmatrix} \tag{3.11}$$

Würden wir jetzt den Affen fragen, wie er das Ganze sieht, also was sein Impuls wäre, würde er sagen:

$$\vec{p}_{\text{Affe}}^{\text{Affe}} = \begin{pmatrix} mv \\ 0 \\ 0 \end{pmatrix} = \begin{pmatrix} 0\,\frac{\text{km}}{\text{h}} \cdot 20\,\text{kg} \\ 0 \\ 0 \end{pmatrix} = \begin{pmatrix} 0 \\ 0 \\ 0 \end{pmatrix} \tag{3.12}$$

Klar, der Affe ist vielleicht gebildet und weiß, dass er sich gerade relativ zur Straße bewegt. Aber aus seiner Sicht bleibt er eben auf dem Skateboard stehen. Er wird sich auch von sich selbst nie entfernen können. Daher nennt man das Bezugssystem, in dem man selbst sich nicht bewegt, auch sein *Ruhesystem*.

Die Energie mitnehmen: der Viererimpuls Wie kann man nun den Affen auf dem Skateboard einheitlich beschreiben, so dass sich alle einig sind? Man setzt jetzt auf den Impulsvektor einfach noch einen drauf, und zwar die Energie. Und schon wird aus einem Impulsvektor $\vec{p}$ ein Viererimpulsvektor p:

$$p = \begin{pmatrix} \frac{E}{c} \\ p_x \\ p_y \\ p_z \end{pmatrix} \tag{3.13}$$

Die Energie wird noch mal durch die Lichtgeschwindigkeit geteilt, damit die Einheiten in allen Zeilen die gleichen sind. Oft definieren Teilchenphysiker auch, dass die Lichtgeschwindigkeit $c = 1$ ist. Hat den Vorteil, dass man sich viele c sparen kann und Energie und Masse die gleichen Einheiten haben. Unsere berühmte Formel wird dann noch einen Tick einfacher und heißt $E = m$.

Beim Affen auf dem Skateboard wird die Energie steigen, wenn er sich immer schneller bewegt. Und wenn er stehen bleibt? Hat er dann keine Energie mehr? Was würde Einstein wohl zum Affen auf dem Skateboard sagen? Richtig! $E = mc^2$! Das heißt jetzt zweierlei:

1. Bewegt der Affe sich nicht, hat er immer noch die Energie durch seine 20 kg Masse ($E = 20\,\text{kg} \cdot c^2$).
2. Hätte er nur die Energie $E = mc^2$, wäre es ja egal, wie schnell er sich bewegen würde. Also muss da noch etwas anderes sein. Oder?

Der erste Punkt ist zweifellos richtig. Egal wie platt man sich nach dem Joggen fühlt, man hat immer noch die Energie der in einem liegenden Masse. Auch wenn man die nicht unbedingt für sich nutzen kann.

Der zweite Punkt stimmt auch. Wie verwurstet man jetzt die beiden Punkte? Entweder man macht es wie in der Schule und sagt, dass, wenn man sich bewegt, noch eine *kinetische Energie* dazukommt ($E_\text{kin} = 1/2\,mv^2$). Das gilt streng genommen nur für nicht ganz so krass hohe Energien. Schnell über die Autobahn fahren geht noch voll in Ordnung, aber in der Größenordnung der Lichtgeschwindigkeit sollte es nicht sein. Man kann es aber auch so machen wie Albert Einstein:

Mit seiner bekannten Formel $E = mc^2$ sagte er ja im Prinzip, dass Masse einer Energie entspricht. Das gilt auch umgekehrt: Die Energie eines Teilchens kommt von seiner Masse. Die Masse ist auch der einzige Beitrag zu seiner Energie, solange das Teilchen einfach nur rumliegt. Bewegt es sich, muss man noch etwas korrigieren. Dafür muss man einfach die Masse, die man beim einfachen Rumliegen hat (und man daher auch *Ruhemasse* nennt) und die das Symbol m_0 bekommt, mit einem Faktor multiplizieren, der mit größerer Geschwindigkeit v auch immer größer wird. Man nennt diesen Faktor den γ-*Faktor* („Gamma-Faktor"):

$$\gamma = \frac{1}{\sqrt{1 - \left(\frac{v}{c}\right)^2}} \qquad (3.14)$$

Das γ kennen wir schon von der Zeitdilatation: Je schneller man wird, desto größer wird γ und desto langsamer vergeht die Zeit. Und so, wie durch Einsteins Relativitätstheorie die Zeit gestreckt wird, bringt man in $E = mc^2$

eine Erhöhung der Masse unter. Streng genommen ist es nicht die Masse, die sich erhöht. Aber es verhält sich alles so, als wäre einfach der Wert der Masse gestiegen.

Daher ist meine Masse m, wenn ich es richtig machen will, nicht mehr einfach nur die Ruhemasse m_0, sondern m_0 wird noch mit dem γ-Faktor multipliziert: $m = \gamma m_0$. Bleibe ich stehen (also bei $v = 0$), ist $\gamma = 1$ und an meiner Masse ändert sich nichts. Je schneller ich aber werde, desto größer wird γ. Wenn ich's übertreibe und in Richtung Lichtgeschwindigkeit gehe, geht der korrigierte Wert der Masse gegen unendlich, wie man in Abb. 3.9b sehen kann. Daher werde ich auch niemals Lichtgeschwindigkeit erreichen können, weil schwere Massen (und so verhält sich das Ganze schließlich bei hohen Geschwindigkeiten) immer schwerer zu beschleunigen sind. Und eine unendlich schwere Masse bräuchte unendlich viel Kraft. Geht nicht. Daher können sich auch nur masselose Teilchen mit Lichtgeschwindigkeit bewegen. Das Photon zum Beispiel. Macht Sinn, es ist ja schließlich auch ein Lichtteilchen.

Wir werden jetzt der Einfachheit halber von einer erhöhten Masse sprechen. Im Hinterkopf behalten wir aber, dass damit eigentlich nur die Zunahme der Energie gemeint ist, wenn sich ein Teilchen bewegt und wir diese Energie in der Masse „verstecken". Wenn man die Zunahme der Masse bei größeren Geschwindigkeiten mit in Betracht zieht, dann stimmt auch Einsteins $E = mc^2$ wieder ganz allgemein und lässt die Energie auch ansteigen, wenn man schneller wird:

$$E = mc^2 = m_0 \gamma c^2 = \frac{m_0 c^2}{\sqrt{1 - \left(\frac{v}{c}\right)^2}} \tag{3.15}$$

Stets gleich: die Ruhemasse Wir wollten ja ab jetzt Vierervektoren bauen, damit sich Igel und Affe auf dasselbe einigen können. Machen wir doch noch mal das Gleiche wie eben, einmal aus Sicht des Igels und einmal aus Sicht des Affen:

$$p_{\text{Igel}}^{\text{Affe}} = \begin{pmatrix} \frac{E}{c} \\ p_x \\ p_y \\ p_z \end{pmatrix} = \begin{pmatrix} m_0 \gamma c \\ m_0 \gamma v \\ 0 \\ 0 \end{pmatrix} \tag{3.16}$$

$$p_{\text{Affe}}^{\text{Affe}} = \begin{pmatrix} \frac{E}{c} \\ p_x \\ p_y \\ p_z \end{pmatrix} = \begin{pmatrix} m_0 \gamma c \\ m_0 \gamma v \\ 0 \\ 0 \end{pmatrix} = \begin{pmatrix} m_0 c \\ 0 \\ 0 \\ 0 \end{pmatrix} \tag{3.17}$$

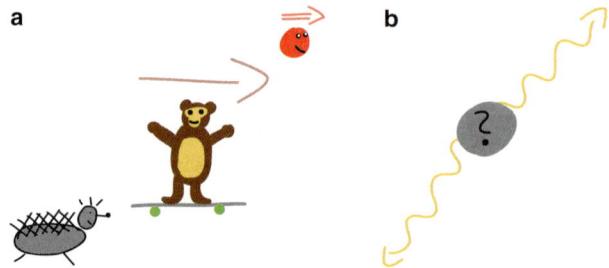

Abb. 3.10 **a** Ein auf der Erde stehender Igel und ein skatender Affe schauen sich beide ein schnell vorbeirauschendes Proton an. **b** Zwei Photonen mit einer Energie von 511 keV, die in entgegengesetzter Richtung auseinanderfliegen

Hm, besonders weitergeholfen hat uns das mit den Vierervektoren nicht. Aus Sicht des Affen und des Igel beschreiben die beiden Vektoren noch immer etwas anderes. Man hat sich aber noch eine mathematische Feinheit ausgedacht, die hier hilft: Wenn man einen Vierervektor quadriert, ergibt dies das Quadrat der ersten Komponente minus das Quadrat vom Rest. Schauen wir also mal, wie sich die Quadrate der beiden Vektoren aus Sicht von Igel und Affe unterscheiden:

$$\left(p_{\text{Igel}}^{\text{Affe}}\right)^2 = \begin{pmatrix} m_0 \gamma c \\ m_0 \gamma v \\ 0 \\ 0 \end{pmatrix}^2 = m_0^2 \gamma^2 c^2 - m_0^2 \gamma^2 v^2 = m_0^2 c^2 \tag{3.18}$$

$$\left(p_{\text{Affe}}^{\text{Affe}}\right)^2 = \begin{pmatrix} m_0 c \\ 0 \\ 0 \\ 0 \end{pmatrix}^2 = m_0^2 c^2 \tag{3.19}$$

Sieh mal einer an! Es kommt das Gleiche raus. Und zwar die Ruhemasse m_0 des Affen, multipliziert mit der Lichtgeschwindigkeit (und das Ganze dann quadriert). Egal wie schnell er sich bewegt, egal wie viel Energie er hat (und Vorsicht: das hängt ja sogar noch davon ab, von wo aus man sich den Affen anschaut!), seine Ruhemasse bleibt immer gleich.

Weil man den Wechsel von einem Bezugsystem in ein anderes *Lorentz-Transformation* nennt, sagt man auch, dass die Ruhemasse m_0 *lorentz-invariant* ist. Für einen Teilchenphysiker ist das superpraktisch! Schauen wir uns mal Abb. 3.10a an:

Ein Proton fliegt durch die Gegend. Dem Proton fährt ein Affe auf einem Skateboard hinterher. Er ist etwas langsamer und kann nicht ganz mithalten. Der Igel steht auf der Erde und schaut sich das Treiben gelassen an.

Aus Sicht des Igels ist das Proton ganz schön schnell und hat viel Energie. Aus Sicht des Affen ist es etwas langsamer, weil der Affe selbst ja auch in die gleiche Richtung fährt. Kennt man ja vom Autofahren, wenn man 100 km/h fährt und dann mit 110 km/h überholt wird. Das wirkt dann auch nicht so schnell. Wenn jetzt Igel und Affe beide den Impuls und die Energie vom Proton aus ihrer Sicht messen würden, kämen sie auf verschiedene Ergebnisse. Auch die gebauten Vierervektoren würden unterschiedlich aussehen. Aber wenn die beiden sich dann abends beim *Tatort*-Schauen unterhalten, was sie den Tag über so entdeckt haben, und dann nicht nur ihre gemessenen Vierervektoren auf die Kartons ihrer bestellten Pizza schreiben, sondern auch das Quadrat dazu und danach die Wurzel davon ziehen, dann steht bei beiden: $m_0^{\text{Proton}}c$. Und sie können vergleichen, was sie gesehen haben, nämlich ein Proton. Ohne den Trick mit der invarianten Masse – so heißt das, was jetzt rausgekommen ist – würde das nicht funktionieren.

Rekonstruiertes über die invariante Masse erkennen Physiker nehmen daher auch die invariante Masse von Teilchen, um sie zu sortieren und zu beschreiben. Was sie messen, sind die Energien und Impulse. Und wie das eine zum andern kommt, wissen wir ja jetzt.

Zum Schluss noch ein Beispiel. Wir hatten den Abschnitt ja begonnen mit einem ω-Meson, das in drei Photonen zerfällt. Die misst man letztendlich und soll am Ende rausbekommen, was am Anfang kaputtgegangen ist. Mittlerweile wissen wir, dass uns die Vierervektoren dabei helfen.

Das mit dem ω-Meson auszurechnen, kann aber trotzdem etwas kompliziert werden. Daher nehmen wir mal ein leichteres Beispiel.

In Abb. 3.10b sehen wir, was wir schon vom PET-Scanner kennen: Zwei Photonen fliegen in entgegengesetzter Richtung auseinander. Ihre Energie ist gleich, und zwar genau 511 keV (was diese Einheit bedeutet, klären wir im Kap. 4). Bei Photonen sind Energie und Impuls übrigens immer gleich groß. Das liegt daran, dass sie keine Masse haben.

Wenn wir jetzt die x-Achse in Flugrichtung des einen Photons legen und die beiden Vierervektoren addieren und quadrieren, bekommen wir:

$$(p)^2 = \left(\begin{pmatrix} 511\,\text{keV} \\ 511\,\text{keV} \\ 0 \\ 0 \end{pmatrix} + \begin{pmatrix} 511\,\text{keV} \\ -511\,\text{keV} \\ 0 \\ 0 \end{pmatrix} \right)^2 = (2 \cdot 511\,\text{keV})^2 = (2 \cdot m_e)^2$$

$$(3.20)$$

Sieh an! Es kommt die doppelte Masse eines Elektrons raus. Und weil ein Positron, also ein Antielektron, genauso viel Masse hat wie ein Elektron, entspricht das genau der Masse eines Elektron-Positron-Paars. Und das ist doch das, was im PET-Scanner passiert ist: Ein Elektron und ein Positron sind aufeinandergetroffen und zu Energie in Form von zwei Photonen zerstrahlt. Bäm! So kann man sehen, was in der Mitte des Körpers passiert ist, obwohl man nur die Zerfallsprodukte davon beobachtet. Toll, die Vierervektoren, oder?

Und genauso kann man bei den drei Photonen vom zerfallenen ω-Meson erst zwei zusammenbauen und sehen, dass die invariante Masse eines Pions rauskommt, und dann noch mal das Pion mit dem dritten Photon kombinieren und sehen, dass es ein ω-Meson war.

3.5 Evolution des Universums nach dem Urknall

„Woraus sind wir gemacht?" Das ist eine der großen Fragen, die sich vielleicht jeder Mensch schon mal gestellt hat. Und es ist eine der großen Fragen, die Teilchenphysiker zu beantworten versuchen. Woraus wir gemacht sind und wie unsere Einzelteile miteinander umgehen, darüber wissen wir jetzt ja schon gut Bescheid.

Auf unserer Erkundungstour sind uns auch schon andere Teilchen begegnet. Die brauchen wir nicht unbedingt, um unsere Welt aus Einzelteilen zusammenzubauen, aber es gibt sie. Wichtiger noch: Es gab sie auch. So richtig live, ganz ohne Beschleuniger. Vor langer langer Zeit, kurz nach Entstehung des Universums. Woran wir Physiker glauben (zumindest die meisten von uns), nennen wir die *Urknalltheorie*.

Nach ihr war das ganze Universum bei seiner Entstehung zu einem einzigen Punkt zusammengequetscht. Ein Punkt, der unvorstellbar viel Energie enthielt. Und dann gab es plötzlich einen großen Knall, der Punkt hat sich ausgedehnt und aus ihm entstand unser Universum.

Als kurz nach dem Urknall noch alles ganz dicht zusammengeknäult war, hatten die Teilchen noch ordentlich Energie im Rucksack. Die Teilchen knallten aufeinander und erzeugten neue Teilchen-Antiteilchen-Paare. Diese knallten dann wieder auf ihre entsprechenden (Anti-)Teilchenpartner und löschten sich zu purer Energie aus, die dann wieder woanders dagegenknallen konnte, um neue Teilchen zu erzeugen. Ein ewig andauerndes Spiel. Also so richtig ewig ja nicht, denn heute ist von dem ständigen Teilchenerzeugen und -vernichten nichts mehr zu sehen. Ist auch besser so. Heute gibt es sie einfach nicht mehr, die Charm-, Strange-, Top- und Bottom-Quarks, die Myonen, Tauonen und all ihre Antiteilchen, wie sie frei durch die Gegend schwirren. Wieso nicht? Was ist passiert und was war damals anders als heute? Wie hat das Universum sich seit diesem wilden Zustand kurz nach dem Urknall entwickelt?

3.5.1 Die Hitze der Ursuppe, die sich beim Expandieren abkühlte

Wer mal ein paar echte Teilchenphysiker in Aktion sehen will und sich dazu entscheidet, dem Forschungszentrum CERN in Genf einen Besuch abzustatten, der kann entweder mit der Bahn, dem Flugzeug oder dem Auto kommen. Autofahrer werden auf dem Weg feststellen, dass Diesel in der Schweiz teurer ist als Benzin. Neben dem Preis gibt es noch einen anderen Unterschied zwischen Diesel und Benzin: Während ein Benzinmotor Zündkerzen braucht, um das Luft-Gas-Gemisch im Motor zu zünden und den Verbrennungsvorgang zu ermöglichen, braucht ein Dieselmotor keine Zündkerzen. Der drückt einfach nur das Diesel-Luft-Gemisch fest genug zusammen und dann knallt es von alleine. Wieso? Weil sich die Temperatur beim Komprimieren so sehr erhöht hat. Knäult man ein Gas zusammen, wird es heiß. Andersrum kühlt es sich bei der Expansion auch ab.

Dopplereffekt und Rotverschiebung Das ging unserem Universum auch nicht anders. Dass sich das Universum ausdehnt, kann man sogar beobachten. Man schaut sich weit entfernte Galaxien mit Teleskopen an. Mit einem kleinen Teleskop bei sich zu Hause bekommt man das nicht hin, aber wenn man eins hat, das groß genug ist und genau genug messen kann, wird man etwas feststellen. Wenn man die Farben der Galaxien vergleicht, wird man bemerken: Die leuchten in allerlei Farben und decken alle mehr oder weniger das komplette Spektrum ab. Schaut man dann sehr genau hin, wird man feststellen, dass manche Galaxien etwas rötlicher, andere etwas bläulicher erscheinen. Was bitte ist denn da los? Und ist das nicht eigentlich egal?

Wäre es den Leuten egal gewesen, hätte man auch nicht rausgefunden, dass sich das Universum ausdehnt. Oder anders: dass es früher mal zusammengeknäult war.

Um zu verstehen, was da vor sich geht, nehmen wir mal einen Rennwagen und einen Igel zur Erklärung. In Abb. 3.11a sehen wir einen Rennwagen, der auf den Igel zufährt. Keine Sorge, die beiden treffen nicht aufeinander. Der Igel nimmt das Gleiche wahr wie ein Zuschauer bei einem Formel-1-Rennen oder ein Fußgänger bei einem vorbeifahrenden Polizeiauto. Der Ton des Fahrzeugs (oder seiner Sirene) hört sich höher an, wenn der Rennwagen sich auf den Igel zubewegt, und wird tiefer, wenn er sich von ihm entfernt.

Wenn sich der Rennwagen auf den Igel zubewegt, sendet er Schallwellen voraus. Zu jeder Tonhöhe gehört eine bestimmte Frequenz. Breitet sich die Schallwelle nun in Richtung des Igels aus, fährt ihr der Rennwagen hinterher. Dadurch drückt er die Schallwelle vor sich her und verkürzt damit auch den Abstand der Wellentäler und Wellenberge.

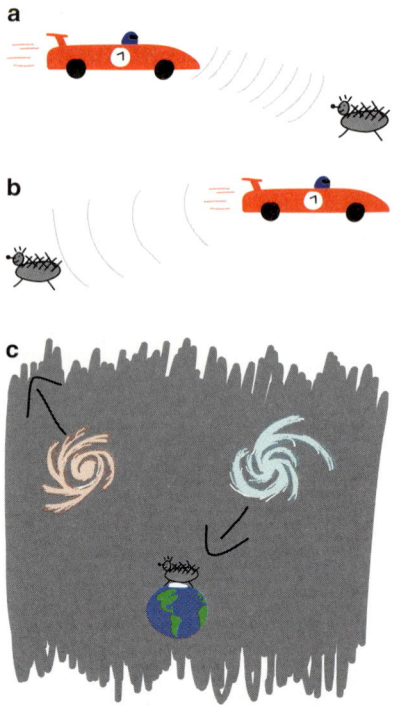

Abb. 3.11   **a** Ein Rennwagen fährt auf einen Igel zu und der Igel hört einen höheren Ton, also eine höhere Frequenz des Autogeräuschs. **b** Fährt der Rennwagen weg, wird der Ton tiefer bzw. die Frequenz niedriger. **c** Eine Galaxie fliegt auf den Igel zu. Das Licht wird hochfrequenter, also blauer. Eine andere Galaxie fliegt vom Igel weg. Ihr Licht wirkt niederfrequenter, also röter

Eine zusammengedrückte Schallwelle sieht auch nicht anders aus als eine Schallwelle mit höherer Frequenz. Daher nimmt der Igel einen höheren Ton wahr.

Wenn sich der Rennwagen nun vom Igel entfernt (Abb. 3.11b), fährt er auch nicht mehr der Schallwelle hinterher und nimmt ihr Wellenlänge ab. Sondern er fährt der Schallwelle davon, zumindest aus Sicht des Igels (Wagen fährt nach rechts, Schallwelle geht nach links zum Igel). Damit passiert das Gegenteil: Die Frequenz nimmt nicht zu, sondern ab. Und der Ton wird damit nicht höher, sondern tiefer. Diesen Effekt nennt man *Dopplereffekt*.

Mit den Galaxien in unserem Universum ist das auch nicht anders. Der Igel in Abb. 3.11c schaut sich von der Erde aus ein paar Galaxien an. Statt Schallwellen senden die aber Lichtwellen aus. Schall kann sich im Weltraum nämlich gar nicht ausbreiten, da er ein Trägermedium braucht (bei uns in der Regel Luft oder eine Schnur vom Dosentelefon). Daher sind die ganzen Explosionen im Weltall, die man bei Star Wars immer hört, ganz schöner Quatsch.

Wie auch immer. Die Galaxien senden Licht aus. Das sind auch Wellen. Und auch diese entfernten Galaxien bewegen sich entweder auf unsere eigene Galaxie zu oder von unserer weg. Daher wird auch ihr Licht hoch- oder niederfrequenter. Entfernt sich eine Galaxie, wird die Wellenlänge des Lichts länger. Im Farbspektrum entspricht das der Verschiebung zum Roten hin. Bewegt sich eine Galaxie auf uns zu, wird die Wellenlänge kürzer und ihr Licht blauer. Und der Igel wird feststellen: Es sind wesentlich mehr Galaxien ins Rote statt ins Blaue verschoben. Also bewegen sich auch mehr von uns weg als auf uns zu. Und, tada: Diese *Rotverschiebung* ist die Erklärung dafür, dass sich unser Universum ausdehnt!

Heute eisig, damals heiß: die Temperatur des Universums   Ausgedehnt hat es sich also, das Universum. Und so, wie's beim Zusammendrücken heißer geworden wäre, hat es sich beim Ausdehnen abgekühlt. Heute ist es für uns draußen im Weltall einer der kältesten Orte, die man sich vorstellen kann. Das war nicht immer so. In Abb. 3.12 können wir sehen, wie sich die ganze Sache entwickelt hat, vom Urknall bis heute.

Wenn die Teilchen damals so unglaublich heiß waren, heißt das ja auch, dass sie eine sehr hohe Energie hatten. Denn Temperatur ist nichts anderes als die Bewegungsenergie von Teilchen. Je schneller sich die Teilchen bewegen, desto heißer ist es.

Daher arbeiten Physiker auch gerne mit der Kelvin- statt der Celsius-Skala, wenn es um Temperaturen geht. Während auf der Celsius-Skala 0° als der Gefrierpunkt von Wasser und 100° als dessen Siedepunkt definiert ist, sagt man sich bei der Kelvin-Skala: „O. k., machen wir den Abstand von einem Grad mal genauso groß wie bei der Celsius-Skala. Aber legen wir doch mal den Nullpunkt einfach dahin, wo es nicht mehr kälter geht!" Und diesen Punkt gibt es. Wenn Temperatur der Bewegung von Teilchen entspricht, sind es eben 0 K (also null Grad auf der Kelvinskala), wenn die Teilchen komplett stehen bleiben. Wenn man das umrechnet, entsprechen 0 K genau −273,15 °C. Kälter geht's dann echt nicht mehr.

Im Weltall sind es jetzt so ca. 3 K, also echt kalt. Dahingegen waren es früher mal 1.000.000.000.000 K (10^{12} K), also echt heiß. Was haben die heißen Teilchen dann mit all der Energie gemacht? Zum einen haben sie ständig aus Energie neue Teilchen-Antiteilchen-Paare erzeugt. Und zwar alle Sorten von Teilchen! All die Quarks, die wir heute mit Mühe neu entdecken mussten. Energie war ja genug da. Und die Teilchen und Antiteilchen sind dann wieder zu Energie zerstrahlt, wenn sie sich getroffen haben. Ein schönes Hin und Her.

Zum anderen aber haben sie dafür gesorgt, dass die Elementarteilchen sich nie zu etwas zusammenbauen konnten. Wir wissen ja heute, dass Quarks sich

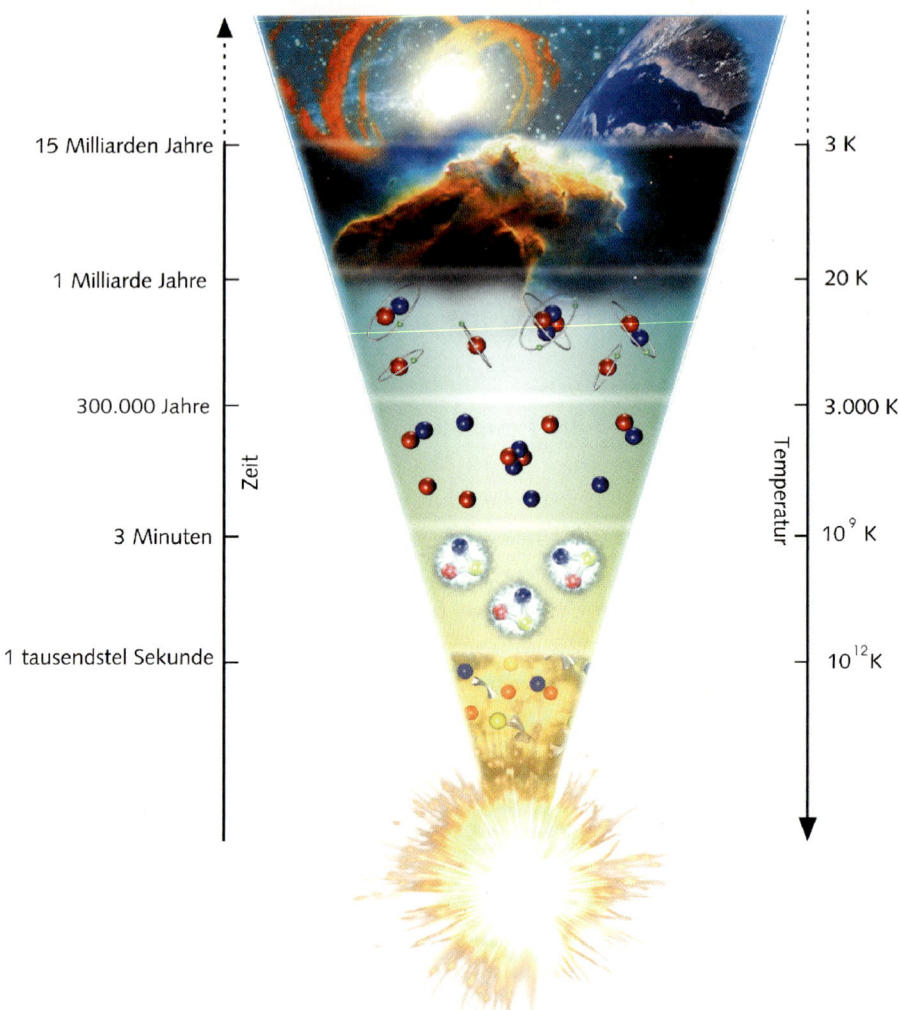

Abb. 3.12 Die Expansion des Universums mit der Zeit brachte auch eine Abkühlung mit sich. Bei jedem Unterschreiten einer bestimmten Temperaturschwelle können sich neue Strukturen zusammensetzen. (Grafik: © GSI Helmholtzzentrum für Schwerionenforschung)

zu Protonen und Neutronen zusammentun, man aus diesen Atomkerne baut, dann noch ein paar Elektronen dazupackt und damit Atome hat. Da diese Dinge dann fest zusammenkleben, braucht man Energie, um sie wieder auseinanderzubrechen. Aber von der Energie gab's bei der Hitze damals mehr als genug. Ein LEGO-Haus steht auch stabil, wenn's erst mal fertig ist. Aber wenn zwischendurch ständig die Erde bebt und ein starker Wind weht, bekommt man das Ding erst gar nicht zusammen.

So war das mit dem Universum auch. Ganz am Anfang schwirrten also alle Elementarteilchen in allen Sorten und auch ihre Antiteilchenkollegen wirr durch die Gegend. Das Ganze war eine einzige Teilchensuppe. Diesen Zustand nennt man heute auch *Quark-Gluon-Plasma* (QGP).

Dass sich Quarks und Gluonen noch nicht einmal zu Protonen, Neutronen oder anderen Mesonen und Baryonen zusammengebaut haben, ist schon bemerkenswert. Schließlich sagt man ja auch, dass keine freien Quarks existieren können, sondern sie sich stets zu irgendwas zusammenbauen müssen, um ihren Farben wieder etwas Weißes zu geben. Aber im QGP eben nicht.

Kalt genug, um etwas zu formen: die Bildung erster Atome Die Expansion und Abkühlung des Weltalls ging recht fix. Nach einer tausendstel Sekunde war es dann so weit: Die Temperatur war so weit gefallen, dass sich in der QGP-Suppe Klumpen gebildet hatten: Quarks und Gluonen schlossen sich zu Hadronen zusammen, auch zu Protonen und Neutronen. Eine erste Temperaturschwelle war unterschritten. Es war kalt genug, die simpelsten zusammengebauten Objekte zu bauen, ohne dass sie von der hohen Energie gleich wieder auseinandergerissen wurden.

Von diesen Schwellen gab es dann noch weitere. Nach drei Minuten war es so kalt (immer noch 10^9 K, aber hey), dass sich hier und da auch mal ein Proton und ein Neutron trafen und aneinander kleben blieben. Damit waren dann erste Mini-Atomkerne gebaut. Die fingen sich dann vielleicht auch mal ein Elektron ein, verloren es aber auch gleich wieder. Der Teilchenwind war einfach noch zu stark und hat es gleich wieder weggefegt.

Aber 300.000 Jahre später war's dann auch schon so weit und es war nur noch 3000 K heiß und erste Atome blieben stabil. Und ein paar Milliarden Jahre später war es dann auch kalt genug, dass die warmen Teilchen sich nicht mehr auseinandergedrückt haben, sondern sich die Atome durch die Gravitation anziehen und Sterne, Planeten und Galaxien bilden konnten. Und da sind wir heute. Und so sehr wir versuchen, alles was heute so los ist, zu verstehen, würden wir auch gerne in die Vergangenheit schauen.

Wenn man die Reise wieder rückwärts gehen will, muss man tun, was wir in den letzten Kapiteln getan haben: die Dinge aufmachen und schauen, was drin ist. Und je mehr man aufmachen muss, desto mehr Energie braucht man dafür. Die Dinge kleben eben einfach immer fester zusammen. Wir brauchen also immer mehr Energie, um immer weiter in die Vergangenheit zu schauen.

3.5.2 Urknall im Labor

Wenn man in den Medien mal etwas von den Teilchenphysikern und ihren Experimenten hört, dann lautet die Schlagzeile oft „Neues vom Urknall-

Experiment" oder „Neue Ergebnisse von der Zeitmaschine". O. k., ein bisschen was ist an solchen Überschriften schon dran. Aber ich glaube, man kann leicht eine etwas schräge Vorstellung von dem bekommen, was vor sich geht.

Wir bauen große Maschinen, die viel Energie in Teilchen pumpen. Und dann werfen wir diese Teilchen zusammen. Dann passieren im Grunde genommen die gleichen Dinge wie damals kurz nach dem Urknall, als die Teilchen noch superviel Energie hatten. Heute haben sie die nicht mehr, daher müssen wir nachhelfen. Und dann sollen sich die Teilchen genauso verhalten wie damals, während wir dem Ganzen genüsslich zuschauen. Zum Zuschauen haben wir uns auch große Experimente aufgebaut, sogenannte Detektoren. Die machen dann für uns Fotos von dem ganzen Geschehen und analysieren das dann.

Den Urknall selbst bauen wir natürlich nicht nach. So viel Energie wie damals haben wir nicht. Woher auch? Aus der Energie ist schließlich das ganze Universum entstanden. Und jetzt sollen sich hier ein paar Menschen hinsetzen und genauso viel Energie noch mal besorgen? Nein, nein, so geht das nicht.

Was wir aber hinbekommen können, sind ähnlich hohe Energiedichten. Je mehr Energie wir dabei zur Verfügung haben, desto näher kommen wir dabei dem Urknall bzw. den Bedingungen, die damals herrschten. Damit kommen wir auch zeitlich immer weiter in die Vergangenheit. Das mag dann den ein oder anderen dazu verleiten, Teilchenbeschleuniger Zeitmaschinen zu nennen. Aber wir schicken ja niemanden in die Vergangenheit, sondern bauen die Vergangenheit nur nach und schauen sie uns an. Dabei können wir aus der Energie auch Teilchen erzeugen, die es heute nicht mehr gibt. Das Top-Quark zum Beispiel zerfällt nach 10^{-25} s und kommt dann auch von alleine nicht wieder. Es sei denn, wir holen uns genug Energie und erzeugen es noch mal. Damals ging das ganz von alleine, heute müssen wir nachhelfen. Und unser Job ist dabei ganz ähnlich wie der von Archäologen. Während die in der Erde graben und Knochen von alten Tieren suchen, diese zusammenbauen und schauen, was damals auf der Erde so los war, produzieren wir Elementarteilchen, die damals hier rumflogen, und schauen uns dann an, wie sie sich so verhalten.

3.6   Wo's im Weltbild noch klemmt

Schauen wir noch mal auf das Gewürzregal in Abb. 3.5. Es ist randvoll. Es reicht aus, um alle zusammengesetzten Teilchen, die wir beobachten können, zu erklären. Die Zutaten sind also alle da. Und das Standardmodell liefert uns dazu noch die passenden Rezepte. Eine Lücke gibt's im Regal auch nicht.

Kein Teilchen, das noch einen vorhergesagten Bruder sucht. Na dann: Zeit für Urlaub!

Auch wenn die Formeln der Teilchenphysiker noch so schön sind und noch so viel können, gibt es doch leider ein paar Möglichkeiten, einen Teilchenphysiker schachmatt zu setzen. Und das geht sowohl auf riesengroßen Skalen als auch auf winzig kleinen. Schauen wir mal, wo es noch klemmt.

3.6.1   Das Problem der Riesenmassen: Dunkle Materie

„Na, muss das nicht irre frustierend sein, wenn man nie das sieht, womit man eigentlich arbeitet?", werde ich hin und wieder mal gefragt. Natürlich ist das schon komisch, dass man sagt, man entdeckt Elementarteilchen und untersucht ihre Eigenschaften, obwohl man sie niemals direkt sehen wird. Stattdessen baut man sich abstrakte Modelle, macht Experimente und schaut dann, dass die Messung zum Modell passt. Aber wie geht es denn den Menschen, die sich nicht mit den allerkleinsten Objekten im Universum beschäftigen, sondern mit den allergrößten? Mit ganzen Sternen und Galaxien nämlich.

Das ist der Job der Astrophysiker. Denen scheint es ja ganz gut zu gehen, mag man glauben. Schauen sie ins Teleskop, sehen sie was. Aber sie haben zurzeit ein paar große Probleme. Nehmen wir mal einen Klassiker aus der Astrophysik: eine Spiralgalaxie wie in Abb. 3.13a.

Das Hubble-Teleskop hat uns diese wunderschöne Aufnahme der *Spiralgalaxie* M51 geliefert. Sie besteht aus mehreren tausend Sternen und dreht sich um ein supermassives Zentrum. Das Ding ist ca. 25 Millionen Lichtjahre von uns weg und entfernt sich jede Sekunde 500 km weiter. Unsere Sonne ist ja schon ein ganzes Stückchen von unserer Erde entfernt. Und obwohl sich Licht mit Lichtgeschwindigkeit, also ca. 300.000 km/s bewegt, macht es von der Sonne bis zur Erde noch ca. 8 Minuten und 30 s, da die Sonne ca. 150 Millionen Kilometer von uns entfernt ist. Wenn man das Licht nun noch 25 Millionen Jahre weiterreisen lassen würde, wäre man bei M51. Da wirken plötzlich auch die Objekte der Astrophysiker irgendwie realitätsfern.

Nun hat man sich Spiralgalaxien wie diese etwas näher angeschaut. Man wollte auch gerne wissen, wie schnell sich das Ding so dreht. Und eine einfache Überlegung zeigt: Je weiter entfernt vom Zentrum man ist, desto langsamer müsste sich die Galaxie eigentlich drehen. Wieso das? Wer sich mal auf ein Stehkarussell auf dem Kinderspielplatz gestellt hat, wird merken: Je weiter weg man vom Zentrum entfernt ist, desto schwieriger wird es, nicht rauszufliegen. Das liegt an der Zentrifugalkraft, die mit dem Abstand stärker wirkt.

Wenn ich ganz in der Mitte stehe, stört mich die Drehung gar nicht. Aber weit außen muss ich mich schon richtig gut festhalten, wenn es schneller wird. Was aber macht ein Stern in einer Galaxie, der nun das Pech hat, nicht in der

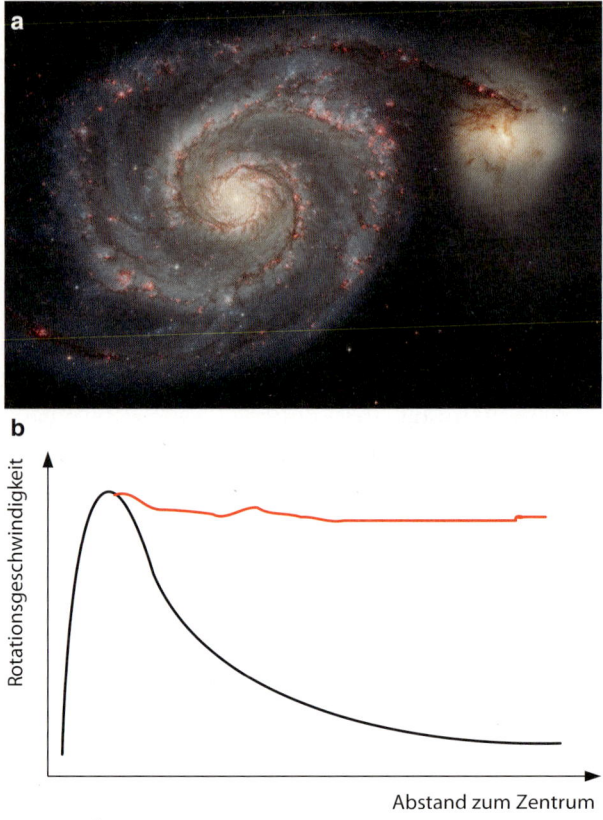

Abb. 3.13 a Eine Aufnahme der Spiralgalaxie M51, aufgenommen vom Hubble-Weltraumteleskop. (Foto: © NASA, ESA, S. Beckwith (STScI), and The Hubble Heritage Team (STScI/AURA)) **b** Drehgeschwindigkeit einer Galaxie in Abhängigkeit des Abstands zur Mitte: *in Schwarz* die Erwartung, *in Rot* die Messung

Mitte zu stecken? Wie hält der sich denn bitteschön fest? Das übernehmen seine anderen Sternen-Freunde. Durch die Gravitation ziehen sie sich an und halten zusammen, so wie auch die Erde den Mond durch ihre Anziehungskraft in seiner Umlaufbahn hält. Je weiter man aber nun nach außen kommt, desto weniger Materie ist um einen herum. Damit wird auch die Gravitationskraft kleiner und man wird „weniger festgehalten". Was macht der Stern dann?

In der Schlaubox von Abschn. 2.4 haben wir ja schon die Zentrifugalkraft F_z kennengelernt:

$$F_z = m\omega^2 r = m\frac{v^2}{r} \tag{3.21}$$

Dabei ist m die Masse eines Objektes, r der Abstand zur Drehachse und ω seine Winkelgeschwindigkeit.

Die Winkelgeschwindigkeit sagt, wie viele Umdrehungen man pro Sekunde schafft. Eine volle Umdrehung entspricht dabei 2π. Ein Objekt mit einer Winkelgeschwindigkeit von $\frac{4\pi}{s}$ dreht sich also zweimal pro Sekunde.

Die echte Geschwindigkeit, mit der man sich bewegt, ist v. Wer ω hat, kann v ausrechnen: $v = \omega \cdot r$. Wer also in der Mitte von einem Karussell steht, bewegt sich gar nicht. Und je weiter außen, desto schneller.

Viele unsichtbare galaktische Karusselpferdchen Wenn man jetzt weniger Gravitationskraft hat, um nicht auseinanderzufliegen, muss auch die Zentrifugalkraft kleiner werden. Und man sieht in Gl. 3.21, dass dafür die Geschwindigkeit kleiner werden muss. Denn an Masse m und Abstand r lässt sich wenig ändern. Langsamer fliegen, das ist die Devise. Was Astrophysiker aber beobachtet haben, hat alle ein wenig verstört: Statt sich mit wachsendem Abstand immer langsamer zu bewegen, blieb die Geschwindigkeit nach außen hin immer konstant (Abb. 3.13b).

Jetzt gibt es einige Wissenschaftler, die sagen: „O.k., gut, dann müssen halt die Formeln für die Berechnung der Gravitationskraft falsch sein." Solche Menschen arbeiten an einer *Modifizierten Newtonschen Dynamik*, kurz MOND.

Der Rest, der glaubt, dass die Formeln sich bisher alle gut bewährt haben, ist davon überzeugt, dass es doch mehr Masse geben muss, die alles zusammenhält. Masse, die man einfach nicht sieht – quasi weitere, aber unsichtbare Karusselpferdchen, wenn man so will.

Klingt vielleicht ein wenig weit hergeholt. Aber das Beispiel mit den sich drehenden Galaxien ist nur eines unter vielen aus der Astrophysik, wo weniger Materie gesehen wird, als eigentlich da sein müsste. Klar, es ist schon dunkel im Weltraum, da kann man mal was übersehen. Aber es geht jetzt nicht nur um direktes Nicht-Gesehen-Werden, sondern darum, dass diese Objekte nicht unbedingt selbst leuchten müssen, aber vielleicht durch andere Objekte angestrahlt werden könnten oder bei Kollisionen mit diesen zu leuchten anfangen mussten. Tun sie aber nicht.

Daher geht man davon aus, dass es dort draußen im Weltall noch etwas gibt, was sich uns generell nicht zeigen will. Vielleicht eine Sorte Elementarteilchen, die nicht mit uns kommunizieren kann? Eines, das wir noch auf keinem Familienfoto der Elementarteilchen draufhaben. Einen originellen Namen dafür haben sich die Physiker auch schon ausgedacht: *Dunkle Materie*. Klingt geheimnisvoll. Ist es auch. Denn wir haben wirklich keine Ahnung, was das sein könnte. Aber wir haben die Vermutung, dass man sie, wenn es sie denn gibt, künstlich aus Energie erzeugen können müsste. Eine Vermutung, die man mit modernen Teilchenbeschleunigern wie dem LHC testen kann.

3.6.2   Das Problem der Mini-Massen: der Higgs-Mechanismus

Wieso noch mal war ich eigentlich so schwer? Ach ja, richtig, zu wenig Sport, zu viel gegessen. Aber wieso habe ich überhaupt eine Masse, auch wenn sie mal nicht über dem Durchschnitt liegt? Woraus war ich noch mal gebaut?

Ach ja: aus allerlei Atomen. Und deren Masse liegt fast komplett im Kern, also den Protonen und Neutronen. Und die tricksen dann ja ein wenig: Statt dass wirklich viel Massives im Proton und Neutron drin ist, schwirren da nur Gluonen, die gar keine Masse haben, und Quarks, die nur eine viel zu kleine Masse haben, rum. Den Rest besorgt dann $E = mc^2$ über die Energie der Teilchen, die im Proton superschnell rumflitzen. Das gibt dem Ganzen dann Masse. O. k., Thema verstanden.

Es sei denn, jemand kommt auf die Idee und sagt: „Was ist eigentlich mit der Masse der Elementarteilchen? Die trägt zwar kaum zur Masse unserer Atome bei (weil das ja im Wesentlichen Energie ist), aber trotzdem: Woher kommt sie? Wieso sind Photonen und Gluonen masselos und W- und Z-Bosonen dann aber doch so schwer? Und wieso ist das Top-Quark ca. 85.000 Mal schwerer als das Up-Quark?" Ähm, tja. Gute Fragen sind das. Die Antworten darauf hat übrigens noch niemand. Irre, oder? So wie wir die Masse der allergrößten Objekte im Weltall, der Galaxien, nicht verstanden haben, so klemmt es auch bei den Massen der allerkleinsten Objekte, den Elementarteilchen. Schauen wir uns doch mal an, was die Jungs denn so für Massen haben. In Abb. 3.14 sehen wir noch mal alle Elementarteilchen mit ihren Massen.

Retter der Formeln: der Higgs-Mechanismus Dass wir keine Ahnung haben, wieso die Teilchen überhaupt eine Masse haben und wieso auch noch gerade die, die sie haben, ist die eine Sache. Die andere aber ist, dass unsere Wunderwaffe zur Erklärung der Welt, nämlich das Standardmodell der Teilchenphysik, in seinem Formalismus keine Massen mag. Oder anders gesagt: der Formelhaufen auf meiner Jacke in Abb. 1.1 macht nur dann Sinn, wenn die Elementarteilchen erst mal keine Masse haben. Nimmt man das an, passt auch alles wunderbar.

Damit aber sowohl die Teilchen eine Masse bekommen als auch die Formeln weiterhin funktionieren, musste man ein wenig dran schrauben. Schauen wir uns noch mal genauer an, was auf der Jacke steht:

$$
\begin{aligned}
\mathcal{L} = &-\frac{1}{4}F_{\mu\nu}F^{\mu\nu} \\
&+ i\bar{\psi}\,\slashed{D}\psi + \text{h. c.} \\
&+ \psi_i y_{ij}\psi_j\phi + \text{h. c.} \\
&+ \left|D_\mu\phi\right|^2 - V(\phi)
\end{aligned}
\tag{3.22}
$$

Up-Quark 2 MeV	Charm-Quark 1.275 MeV	Top-Quark 173.500 MeV	Photon 0 MeV
Down-Quark 5 MeV	Strange-Quark 95 MeV	Bottom-Quark 4.180 MeV	Gluon 0 MeV
Elektron 0,5 MeV	Myon 106 MeV	Tauon 1.777 MeV	W-Boson 80.385 MeV
Elektron-Neutrino <0,0001 MeV	Myon-Neutrino <0,0001 MeV	Tau-Neutrino <0,0001 MeV	Z-Boson 91.188 MeV

Abb. 3.14 Eine Übersicht aller Elementarteilchen und ihrer dazugehörigen Massen. (Fotos von Teilchen: © Particle Zoo)

Die erste Zeile beschreibt die Kraftfelder der elektromagnetischen, Schwachen und Starken Kraft. Die zweite Zeile erklärt, wie die Quarks und Leptonen mit den Kraftfeldern reagieren. Hierbei steht „h. c." übrigens für das sogenannte „hermitesch Konjugierte", ein Summand, der so ähnlich aussieht, wie der davor. So weit reicht das eigentlich schon, um die Welt zu erklären. Wäre da nicht die Sache mit der Masse.

Damit die Teilchen wieder eine Masse bekommen, gibt es die beiden letzten Zeilen. Die retten das Ganze, indem die Teilchen nicht direkt eine Masse verpasst bekommen, sondern diese dynamisch durch Wechselwirkung mit einem neuen Feld erhalten. Klingt jetzt erst mal verrückt, aber wir werden gleich sehen, was das anschaulich heißt.

Während die beiden ersten Zeilen schon auf Herz und Nieren geprüft wurden und die tollsten Sachen berechnen können, waren die beiden letzten bis vor kurzem nicht mehr als eine Idee. Der experimentelle Beweis steht noch aus. Vielleicht funktioniert das Ganze auch ganz anders und überhaupt nicht so, wie sich die Teilchenphysiker das überlegt haben. Die beiden letzten Zeilen beschreiben etwas, um das es in letzter Zeit viel Remmidemmi gab.

Man kennt diese Idee des „Den Teilchen mal Masse geben" auch als *Higgs-Mechanismus*. Wenn die ganze Geschichte wirklich stimmen sollte, müsste man in die Familie der Elementarteilchen auch noch ein weiteres Mitglied aufnehmen: das *Higgs-Teilchen*. Es ist der absolute Popstar der Teilchenphysik. Über nichts anderes wurde in letzter Zeit so viel spekuliert, getuschelt und so viel Zeit, Arbeit und Geld in seine Suche investiert. Das Higgs-Teilchen gilt als einer der Hauptgründe für den Bau des größten Teilchenbeschleunigers der Welt, des *Large Hadron Collider* (LHC), der zurzeit am CERN seinen Job erledigt. Wie man so ein Teilchen entdecken kann und ob das mittlerweile vielleicht schon passiert ist, erfahren wir später im Abschn. 6.5.3.

Funktionsweise des Higgs-Mechanismus Schauen wir uns noch mal an, was der Higgs-Mechanismus mit den Teilchen so macht. Ich spüre meine ei-gene Masse immer am ehesten, wenn ich im Jura-Gebirge wandern gehe. Das kostet ganz schön Kraft, meine 80 kg die Berge hochzubringen. Wie verhält es sich denn mit Kraft und Masse? Ganz allgemein gilt immer:

$$\vec{F} = m \cdot \vec{a} \qquad (3.23)$$

Eine Beschleunigung $\vec{a}$ zeigt immer in die gleiche Richtung wie die Kraft $\vec{F}$, die ich dafür ausübe. Eigentlich sind Kraft und Beschleunigung ja fast das Gleiche. Das Einzige, was zwischen den beiden steht, ist die Masse m. Mal angenommen, ich habe eine große Kraft und wenig Masse. Dann ist die Be-schleunigung groß. Umgekehrt sinkt die Beschleunigung bei gleicher Kraft, wenn ich die Masse größer mache. Also ist doch Masse im Grunde genom-men nichts anderes als ein Widerstand gegen die Beschleunigung. Man spricht daher auch von der *trägen Masse*, die eben für Trägheit sorgt.

Und jetzt kommt das Higgs-Feld ins Spiel. Man stellt sich das Higgs-Feld so vor, dass es den kompletten Raum gleichmäßig ausfüllt. Früher gab es mal ein ähnliches Modell, das man *Äther* nannte. Dieser sollte das Trägermedium sein, in dem sich Licht ausbreitet. Man konnte dann aber zeigen, dass es den Äther nicht gibt und Licht keinen Träger braucht. Aber zurück zum Higgs-Feld.

Wenn sich ein Teilchen durch den Raum bewegt, reagiert es mit dem Higgs-Feld. Zumindest tun das alle Teilchen, die eine Masse haben. Und je stärker sie mit dem Higgs-Feld reagieren, desto stärker werden sie gebremst. Jedes Teilchen zeichnet sich dadurch aus, dass es unterschiedlich stark mit

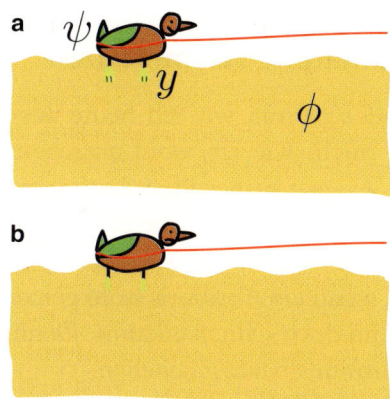

Abb. 3.15 **a** Eine Ente ψ wird über einen Teich aus Honig (ϕ) gezogen und hat dabei ihre Füße (y) um 90° gedreht (die Unterseiten der Füße zeigen jetzt zu uns hin), um weniger Widerstand auszuüben. Daher lässt sie sich leicht ziehen und es scheint, als sei sie leicht. **b** Wenn die Ente ihre Füße aber nun normal in den Honigteich hängt, als würde sie schwimmen wollen, wächst der Widerstand und sie lässt sich schwerer ziehen

dem Feld reagiert. Und wir nennen die Stärke dieser Reaktion dann Masse. Wie kann man sich das vorstellen? Schauen wir mal auf Abb. 3.15:

Das Higgs-Feld ϕ ist quasi so ein Teich aus Honig und die Ente ψ, die darauf an einem Seil gezogen wird, stellt jetzt mal ein Teilchen dar (vielleicht etwas gewöhnungsbedürftig, aber ganz anschaulich). In Abb. 3.15a hat sie ihre Füße um 90° gedreht. Damit verringert sie den Widerstand, wenn sie gezogen wird.

In unserem Beispiel soll die Ente nun mal einen Bauch aus Teflon haben, damit der einzige Widerstand durch die Stellung der Füße (y) entsteht. Die Ente aus unserem Beispiel lässt sich also recht gut ziehen und man könnte denken, sie hätte keine so große Masse. So wie ein Elektron zum Beispiel. Wenn sie nun aber die Füße wieder so hinstellt, wie eine Ente ihre Füße im Wasser eben normalerweise so hinstellt, hat sie wesentlich mehr Widerstand (Abb. 3.15b). Zieht man so mit gleicher Kraft an der Ente, bewegt sie sich langsamer. Das sieht dann aus wie weniger Beschleunigung und daher mehr Masse. Man könnte also die Ente in Abb. 3.15a mit einem leichten und die Ente in Abb. 3.15b mit einem schweren Teilchen vergleichen.

So kann man sich also den Higgs-Mechanismus vorstellen. Und wenn er stimmt, gehört zu dem Higgs-Feld auch ein neues Teilchen, das Higgs-Teilchen. Aber gibt es das? Stimmt die Geschichte? Mehr dazu in Abschn. 6.5.3!

3.6.3 Existenz dank kosmischer Schieflage: Materie-Antimaterie-Asymmetrie

Ein Blick in den Spiegel sagt mir, wie ich heute aussehe. Optimierungsbedürftig. Also frage ich mich, wie ich wohl aussehen würde, wenn ich aus Antimaterie bestünde. Was wir bisher über Antimaterie wissen, sagt uns: eigentlich genauso. Gut, o. k., die Ladung meiner Atomkerne wäre negativ und nicht positiv und die Elektronen hätten auch ein umgekehrtes Vorzeichen in der Ladung. Aber auch, wenn ein Antiboris wohl genauso aussehen würde wie ein normaler, hätte ich ihn doch schnell erkannt. Denn wenn er mir die Hand schütteln würde, wär's um uns beide geschehen.

„Materie trifft Antimaterie" kann ja für heftige Reaktionen sorgen. Teilchen und Antiteilchen löschen sich aus und werden zu purer Energie. Und im Abschn. 2.7.1 haben wir auch schon mal ein Gefühl dafür bekommen, wie groß die Sauerei werden könnte, wenn das in größerem Maßstab passiert. Wenn ein halbes Gramm ausreicht, um mit der anschließenden Explosion eine Stadt zu vernichten, dann … na ja. Ein kurzer Blick auf meinen Bauch kündigt für den Fall Schlimmes an.

Wir stellen fest: Würde es hier auf der Erde größere Mengen Antimaterie geben, würde man das auch ganz schnell merken. Gibt es aber zum Glück nicht. Aber vielleicht gibt es ja draußen im Weltall irgendwo größere Mengen Antimaterie? Die könnte dann ja auch ruhig mal hin und wieder auf Materie treffen und dann zerstrahlen. Wir könnten uns das hier von der Erde aus in Ruhe anschauen, solange es weit genug weg ist. Und genau das haben Wissenschaftler auch versucht. Sie suchten Annihilationen von Materie und Antimaterie im Weltall. Und sie fanden sie nicht. Wenn man kurz rechnet, wie Materie und Antimaterie im Weltall verteilt sein müssten, wird man schnell feststellen, dass sich die beiden auch öfters mal treffen sollten. Tun sie aber nicht, weil man die dabei entstehenden Lichtblitze schlicht nicht beobachtet hat. Und die Moral von der Geschicht: Ganz viel Antimaterie gibt es nicht.

Vom Gleichgewicht zum Ungleichgewicht So weit, so gut. Doch wie war das noch gleich mit der Entstehung des Universums? War da nicht mal ganz am Anfang pure Energie? Und wandelt sich Energie nicht immer in Paare von Materie und Antimaterie um? Eigentlich schon. Wenn sich aus dem Energieklumpen am Anfang aber nun ein Universum gebildet hat, in dem es (fast) nur noch Materie gibt, was ist dann mit der Antimaterie passiert? Kann ja nicht sein, dass die einfach wieder verschwindet.

Und hier haben wir wieder einen Punkt, wo man auf dem Weg hin zu einer alles beschreibenden Weltformel noch ein wenig basteln muss. Wieso ist das anfängliche Gleichgewicht von Materie und Antimaterie zu Gunsten der Materie gekippt? Eine nicht ganz unwichtige Frage. Denn wäre das Gleichgewicht nicht gekippt, würden wir nicht existieren. Irgendwann wären wir einfach mit unseren Antimaterie-Freunden zu Energie zerstrahlt und das Universum wäre so stark abgekühlt, dass die Energiedichte zu klein wäre, wieder neue Materie (oder Antimaterie) zu erzeugen. Und dann wäre einfach Schluss und im Universum wäre nichts weiter als Energie.

Teilchenphysiker arbeiten mit Hochdruck an einer Erklärung. Ein Phänomen, das bei dieser Erklärung eine wichtige Rolle spielt, ist die sogenannte *CP-Verletzung*. Sie besagt, dass eine Symmetrie, die sonst eigentlich immer gilt, manchmal einfach nicht mehr gilt. Das wäre ähnlich wie eine Brechung der Symmetrie zwischen Materie und Antimaterie bei der paarweisen Erzeugung aus Energie.

CP-Verletzung

Die CP-Symmetrie setzt sich aus zwei verschiedenen Symmetrien zusammen: Ladung (im Englischen „charge") und *Parität*. Wenn Ladungssymmetrie gilt, heißt das: Wenn ich eine Reaktion habe, die mit Teilchen stattfinden kann, sollte das Ganze auch gehen, wenn ich aus allen Teilchen einfach Antiteilchen mache, also die Ladung der Teilchen rumdrehe. Für die elektromagnetische Kraft ist diese Symmetrie erhalten: Zwei Positronen stoßen sich genauso ab wie zwei Elektronen. Die Paritätssymmetrie ist etwas schwieriger vorzustellen. Schauen wir mal auf Abb. 3.16.

a

b

c

Abb. 3.16 **a** Ein Holzvogel und eine zweite Version, die aussieht wie sein Spiegelbild. **b** Ein Holzvogel kippt nach vorne um, der Nachbau seines Spiegelbilds ebenfalls. **c** In dieser Version kippt der Nachbau des Spiegelbilds nicht in die gleiche Richtung, sondern nach hinten

In Abb. 3.16a sehen wir einen Holzvogel. Es wurde auch eine Kopie angefertigt, die aussieht wie sein Spiegelbild. Der Vogel hat nun einen Konstruktionsfehler und kippt immer nach vorne um. Der Nachbau kippt auch nach vorne um, genauso wie wenn man den echten im Spiegel betrachten würde (Abb. 3.16b). In diesem Fall würde man sagen, dass die Umfallreaktion des Vogels paritätsinvariant ist. Diese Invarianz ist in Abb. 3.16c verletzt. Hier kippt das Spiegelbild nicht nach vorne, sondern nach hinten.

Im Gegensatz zur Starken und elektromagnetischen Kraft ist die Schwache Kraft nicht paritätssymmetrisch: Gespiegelte Prozesse laufen anders ab als ungespiegelte. Eine kombinierte CP-Symmetrie sagt, dass ein Prozess vielleicht nicht unbedingt gespiegelt genauso abläuft wie ungespiegelt, aber dass die Reaktion wieder genauso abläuft, wenn man zusätzlich noch die Ladung aller beteiligten Teilchen rumdreht. Es sieht fast so aus, als wäre diese Symmetrie bei der Schwachen Kraft stets erhalten. Aber nur fast. Den kleinen Anteil, bei dem das nicht der Fall ist, nennt man dann CP-Verletzung.

Das *LHCb*-Experiment, eines der vier großen Experimente am Teilchenbeschleuniger LHC, hat sich die Untersuchung dieser CP-Verletzung zur Hauptaufgabe gemacht. Von seinen Ergebnissen erhofft man sich wichtige Antworten auf die Frage nach der Materie-Antimaterie-Asymmetrie und damit auch nach dem Grund unserer Existenz.

3.6.4   Alles aus einem Guss: die Große Vereinheitlichte Theorie

Ist es nicht faszinierend zu sehen, dass Menschen und Tiere zu einem großen Teil ein gemeinsames Erbgut haben? Dass wir sozusagen aus dem gleichen Holz geschnitzt sind? So etwas herauszufinden ist in vielerlei Hinsicht interessant. Es ist aber vor allem auch wichtig, um zu verstehen, wie der Hase läuft, also wie grundlegende Mechanismen in der Biologie ablaufen.

Was für Biologen wichtig und interessant ist, gilt auch für Physiker. Je tiefer man bei der Beschreibung von Phänomenen geht, desto mehr Gemeinsamkeiten entdeckt man. Dinge, die eigentlich auf den ersten Blick nichts miteinander zu tun haben, zeigen plötzlich so einige Gemeinsamkeiten. Was bitte haben zwei sich anziehende Magnete damit zu tun, dass ich auf der Rolltreppe im Kaufhaus eine gewischt bekomme? Während Ersteres durch den Magnetismus erklärt werden kann, ist Zweiteres eine Sache der Elektrostatik, also geht es um magnetische und elektrische Kraft. Beschäftigt man sich mit den eigentlich unterschiedlichen Bereichen etwas näher, sieht man: Bewegte Ladungen, also elektrische Ströme, erzeugen Magnetfelder. Und sich ändernde Magnetfelder erzeugen elektrische Ströme. Das legt ja nahe, dass die beiden Kräfte etwas miteinander zu tun haben. Und in der Tat: Mithilfe der Maxwell-

Gleichungen (Gln. 2.34 bis 2.37) lassen sich Elektrizität und Magnetismus über den Elektromagnetismus gemeinsam beschreiben.

Und während Schwache und elektromagnetische Kraft in diesem Buch noch getrennt behandelt wurden, weiß man heutzutage auch, dass sie eigentlich nur zwei Erscheinungsformen desselben Mechanismus sind, nämlich der *Elektroschwachen Kraft*. Für diese Erkenntnis gab es 1979 für den pakistanischen Physiker Abdus Salam sowie für die amerikanischen Physiker Sheldon Glashow und Steven Weinberg den Nobelpreis in Physik.

Wenn jetzt schon Elektrizität und Magnetismus das Gleiche sind und die Schwache Kraft auch, dann liegt es doch nahe, zu sagen: Die Starke Kraft und die Gravitation, die müssen doch auch irgendwie dazugehören. Nämlich so, dass letztlich alle Naturgesetze den gleichen Prinzipien gehorchen und nichts mehr einfach so vom Himmel fällt, nach dem Motto: „O. k., und hier haben wir nun noch mal was völlig anderes." Auch hieran arbeiten Teilchenphysiker. Man erhofft sich, irgendwann einmal tatsächlich ein alles umfassendes Formelwerk zu haben, eine *Große Vereinheitlichte Theorie* (engl. *Grand unifying Theory*, GUT). Und so wie Elektromagnetismus und Schwache Kraft erst bei sehr hohen Energien im Prinzip das Gleiche sind, sollten andere Kräfte sich bei sehr hohen Energien auch gleich verhalten. Das ist das Stichwort: hohe Energien. Diese wird man brauchen, um zu verstehen, was kurz nach dem Urknall mal so alles das Gleiche war und von uns heute als unterschiedliche Kräfte wahrgenommen wird.

3.6.5 Einfach alles noch mal, nur anders: Supersymmetrie

Es gibt da noch so eine Theorie, die sich anbietet, um gleich auf einen Schlag eine ganze Menge Probleme zu lösen. Das macht sie auch sehr bekannt und beliebt. Ihr Name: *Supersymmetrie*.

Glaubt man dem Namen, scheint es sich hier um eine ganz besondere Symmetrie zu handeln. Wir kennen zum Beispiel schon die Ladungssymmetrie, die jedem Teilchen ein Antiteilchen zuordnet. An sich auch eine super Sache. Die Supersymmetrie hingegen versucht zu verbinden, was wir bisher streng in zwei Gruppen getrennt hatten: Fermionen und Bosonen.

Die beiden unterscheiden sich in ihren Aufgaben (Fermionen sind die Bausteine, Bosonen vermitteln Kräfte) und auch in ihrem Spin, den wir im Abschn. 3.4 in einer Schlaubox kennenlernten. Fermionen haben halbzahligen Spin, Boson ganzzahligen.

So wie die Ladungssymmetrie jedem Teilchen ein Antiteilchen zuordnet, ordnet die Supersymmetrie jedem Teilchen einen Partner aus der anderen Gruppe zu: Jedes Fermion bekommt einen bosonischen Partner und umgekehrt.

Abb. 3.17   Die Fermionen und Bosonen des Standardmodells (*oben*). *Unten:* Super-symmetrische Partner zu allen Teilchen. Jedes Fermion bekommt ein Boson, jedes Boson ein Fermion. (Fotos von Teilchen: © Particle Zoo)

In Abb. 3.17 sehen wir, was das heißen würde. Es gäbe doppelt so viele Teilchen im Standardmodell, wie man bisher kennt. Lustige Namen für die Partnerteilchen existieren auch schon. Die Partner der Fermionen bekommen einfach ein „s" vorne dran, die der Bosonen ein „ino" hintendran. Zum Top-Quark gehört demnach also ein Stop-Quark, zum Photon ein Photino. Klingt alles ganz lustig. Aber was hat die Theorie zu bieten?

Zum einen könnte sie die Lösung für das Rätsel der Dunklen Materie sein. Auch supersymmetrische Teilchen würden zerfallen. Aber dasjenige mit der kleinsten Masse wäre stabil, so wie auch Up- und Down-Quarks nicht weiter zerfallen. Das leichteste supersymmetrische Teilchen, bei dem man auch vom *LSP* spricht (*lightest supersymmetric particle*), wäre ein guter Kandidat für die Dunkle Materie! Wir kennen sie nicht, wir verstehen sie nicht und sie ist durch kein Teilchen aus dem Standardmodell erklärbar. Vielleicht aber durch das leichteste supersymmetrische Teilchen!

Ein weiterer Vorteil der Supersymmetrie: Sie wäre eine große Hilfe bei der Suche nach der Großen Vereinheitlichten Theorie. Denn dank der neu auftretenden Teilchen würden entsprechend den Berechnungen alle Kräfte bei einer gewissen Energie die gleiche Stärke aufweisen. Ein guter Hinweis auf eine gemeinsame Superkraft, der alle anderen entsprechen. Es gibt noch ein paar andere Vorteile der Supersymmetrie, die hier jetzt aber zu sehr ins Detail gehen. Wo aber ist denn jetzt der Haken?

Dummerweise hat man noch keines der supersymmetrischen Teilchen entdeckt. Kein einziges. Das ist ziemlich ärgerlich und hilft nicht gerade dabei, an die Theorie zu glauben, so schön sie auch wäre. Allerdings wird weiter fleißig nach ihnen gesucht, denn ausgeschlossen ist sie noch nicht. Sind die supersymmetrischen Partnerteilchen zum Beispiel sehr viel schwerer, sind sie auch nicht so leicht zu entdecken.

3.7 Probleme lösen, Teilchen besorgen!

Für einige der großen Fragen werden noch Lösungen gesucht. Aber eine Sache haben alle Fragen gemeinsam: Es wird etwas gesucht, was es hier und heute nicht mehr gibt. Es sind Teilchen, die damals kurz nach dem Urknall existiert hatten und dann aber vernichtet wurden. Irgendwann sind die Energiedichten im Universum dann zu klein geworden und die Teilchen sind nur noch zerfallen und wurden nicht mehr neu erzeugt.

Es ist nicht so, dass die Teilchen heute nicht mehr existieren würden. Die Teilchen existieren auch heute noch, aber nur noch virtuell. Virtuelle Teilchen waren die, die sich aus dem Nichts im Rahmen der Unschärferelation mal für kurze Zeit ein wenig Energie ausgeliehen haben, um zu existieren. Dann erledigten sie ihren Job, verschwanden wieder und gaben ihre Energie zurück. So etwas passiert zum Beispiel, wenn die Schwache Kraft über ein Z-Boson wirkt.

Denken wir mal an ein Neutrino, das gegen ein Elektron knallt. Ein Neutrino hat keine elektrische Ladung, kann also nicht über die elektromagnetische Kraft reagieren. Es hat auch keine Farbladung (ist ja schließlich kein Quark) und kann daher auch nicht über die Starke Kraft reagieren. Was ihm bleibt, ist die Schwache Kraft. Wenn sich das Neutrino nicht umwandeln will, sondern einfach nur mal gegen den Elektron dotzt und es dabei wegschubst, brauchen wir dafür ein Z-Boson. Das W-Boson geht nicht, denn das wird zwar auch von der Schwachen Kraft benutzt, müsste dem Neutrino aber Ladung mitbringen, da es ja selbst geladen ist. Und daher würde es das Neutrino umwandeln. Wollen wir aber jetzt grad mal nicht.

Schauen wir mal auf Abb. 3.18a. Das Neutrino und das Elektron tauschen ein Z-Boson aus und ändern danach ihre Richtung. Da so ein Z-Boson aber eine Masse hat, die viel größer ist als die Energie, die in dem Prozess zur Verfügung steht, muss sich das Z-Boson diese Energie leihen und wieder zurückgeben. Das Z-Teilchen existiert also nur virtuell.

Virtuelle Teilchen zeichnen sich dadurch aus, dass man sie in Feynman-Diagrammen nie am Ende betrachten kann. Sie sind nicht frei, sondern zwischen anderen Teilchen eingesperrt.

Wenn man nun einmal mehr Energie zur Verfügung hat, als das Z-Boson für seine Masse braucht, kann man es auch reell erzeugen und nicht nur virtuell. Das passiert in Abb. 3.18b: Jemand hat einen Teilchenbeschleuniger

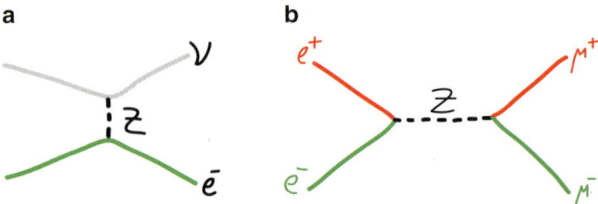

Abb. 3.18 **a** Ein virtuelles Z-Boson wird zwischen einem Elektron und einem Neutrino ausgetauscht. **b** Ein Z-Boson wird aus einem Elektron und einem Positron erzeugt. Wenn die beiden genug Energie haben, ist das Z-Boson reell und kann beobachtet werden

gebaut und ein Elektron und ein Positron so schnell gemacht, dass die beiden genug Energie haben, um die Masse eines Z-Bosons aufzubringen. Das Z-Boson muss sich seine Energie nun nicht mehr aus dem Nichts leihen und auch nicht zurückgeben. Es bekommt sie von dem Elektron und dem Positron am linken Bildrand. Und wenn's erst mal da war, kann das Z-Boson auch wieder in aller Ruhe kaputtgehen. In unserem Beispiel zerfällt es in ein Myon und ein Antimyon.

Diese Teilchen versuchen die Physiker zu beobachten und zusammenzubauen. Und zwar genau so, wie wir es im Abschn. 3.4 gelernt haben: Vierervektoren addieren, invariante Masse anschauen und dann feststellen: „Ach, schau an! Die beiden Myonen waren mal ein Z-Boson!" Zwar kann ein Prozess wie in Abb. 3.18b auch mit einem virtuellen Z-Boson passieren, ist dann aber viel seltener. Sobald man genau die Energie reinsteckt, die der Ruhemasse des Z-Bosons entspricht (also auch nicht zu viel), schießt der Wirkungsquerschnitt in die Höhe und man sieht plötzlich jede Menge Myonen-Paare (oder andere Zerfallsprodukte des Z-Bosons) mit einer ganz bestimmten invarianten Masse.

Die noch fehlenden Teilchen, mit denen sich zum Beispiel das Rätsel der Dunklen Materie lösen ließe, könnten theoretisch sehr große Massen haben. Also braucht man dafür sehr hohe Energien. Genau wie man sehr hohe Energien braucht, um die Zustände kurz nach Urknall wieder herzustellen und dann zu schauen, ob die fundamentalen Kräfte der Natur vielleicht alle einen gemeinsamen Ursprung haben. Und wie man diese Energien bekommt, lernen wir im nächsten Kapitel.

4

Auf dem Protonen-Highway: mehr über Teilchenbeschleuniger

© Boris Lemmer

Ein Besuch bei der Familie heißt für mich: Traditionen pflegen. Eine wichtige Tradition dabei ist der Besuch unseres Lieblings-Fast-Food-Restaurants in Gießen. Die Stadt verfügt über einen wunderbaren Autobahnring, was die Anreise mit dem Pkw sehr bequem macht. Kaum auf die A485 aufgefahren, fühle ich mich gleich wieder wie am CERN. Während wir hier mit 120 km/h über den 22 km langen Ring flitzen, rasen am CERN Protonen mit 1.079.252.849 km/h durch den 27 km langen Teilchenbeschleuniger LHC.

Wir und die Protonen haben so einiges gemeinsam. Beide sind wir sehr erfreut darüber, freie Fahrt auf der Strecke zu haben. Und plötzlich auftretende Hindernisse können fatale Folgen haben, sowohl für das Proton als auch für unser Auto. Eine andere wichtige Erkenntnis für Auto und Proton: Enge Kurven sollte man lieber nicht zu schnell fahren, sonst fliegt man raus. Und auch die Nothaltebuchten erkenne ich wieder. Während man das Auto dort lieber

B. Lemmer, *Bis(s) ins Innere des Protons*, DOI 10.1007/978-3-642-37714-3_4,
© Springer-Verlag Berlin Heidelberg 2014

in Ruhe ausrollen lässt, krachen die Protonen im Notfall brachial in einen acht Meter langen Grafitblock, umringt von 1000 t Beton. Während die Motivation für den Besuch des Lieblings-Fast-Food-Restaurants recht naheliegend ist, kann man sich schon fragen: Wieso bauen Physiker Teilchenbeschleuniger? Was machen sie damit überhaupt? Und wie funktioniert so ein Ding? Die Antworten gibt es auf den folgenden Seiten.

4.1 Wieso Teilchen beschleunigen? – Kollisionen und hohe Dichte

Wieso beschleunigt man eigentlich Teilchen? Besonders leicht zu handhaben sind sie ja schon mal nicht, alleine deshalb, weil sie so klein sind. Dafür machen sie aber auch wenig Dreck, wenn sie kaputtgehen. Gut, das ist jetzt nicht gerade die Hauptmotivation. Der weltgrößte Teilchenbeschleuniger LHC wurde als „Entdeckermaschine" gebaut. Er soll uns helfen, neue Teilchen zu finden. Und wir wissen nun ja auch schon, wie das funktioniert: Energie nehmen und dann in Teilchen-Antiteilchen-Paare umwandeln. Schwupps, hat man dann – ruck, zuck! – auch Teilchen, die es sonst nur kurz nach dem Urknall gab. Also brauchen wir Energie.

Und genau die Energie bringen die Teilchen mit, die wir beschleunigen. Je schneller wir die Teilchen machen, desto mehr Energie steckt in dem Knall. So weit, so gut. Nun, wie viel Energie steckt denn in einem Proton, wenn man es fast auf Lichtgeschwindigkeit beschleunigt? Bis zum Frühjahr 2013 waren es 4 Teraelektronenvolt (TeV). Da Proton auf Proton trifft, macht das eine Gesamtenergie von 8 TeV. Nach einer Pause in den Jahren 2013 und 2014 wird der LHC dann mit 14 TeV Gesamtenergie wieder in Betrieb gehen. Was das für eine seltsame Energieeinheit ist, die hier benutzt wird, werden wir gleich noch erfahren.

Viel Energie auf kleinstem Raum   Man kann diese Energie eines Protons im LHC jetzt auch mal in etwas Alltagstauglicheres umrechnen, zum Beispiel in eine zwei Gramm schwere Mücke, die mit 8 km/h fliegt. Das ist jetzt kein Witz, die Energie ist die gleiche. Wie kann das sein?

Ganz einfach: Schauen wir mal, auf was sich die Energie verteilt. Beim Proton ist es ein einzelnes Teilchen. Eine Mücke aber besteht aus ca. 10^{21} Teilchen. Und die müssen sich die ganze Energie der Mücke teilen. Da bleibt am Ende für jedes nicht mehr viel übrig. Und damit wären wir auch schon bei dem Grund dafür, dass man Elementarteilchen beschleunigt. Wenn man jemandem mit der flachen Hand in den Nacken schlägt, nervt ihn das sicherlich. Wenn man jetzt aber einen zweiten Schlag in den Nacken mit der gleichen Energie durchführt, aber vorher eine Nadel in die Hand nimmt und die voraus gehen lässt, ist der Effekt (Schmerz) des Schlags um ein Vielfaches höher. Es dreht sich also alles um die Frage der Energiedichte. Viel Energie ist gut. Richtig gut ist aber erst viel Energie auf möglichst kleiner Fläche. Und das Kleinste, was wir zur Verfügung haben, sind Elementarteilchen. Daher muss das Proton ran. Wer jetzt schon meint, dass es Teilchen gibt, die noch besser geeignet wären als Protonen, der behält sich den Gedanken mal bis zum Abschn. 4.6.1.

Wenn der LHC erst mal auf Vollgas läuft, befinden sich nicht nur zwei Protonen darin, die dann aufeinanderkrachen. Stattdessen gibt es ca. 3000 Päckchen mit jeweils zehn Milliarden Protonen. Und weil jedes davon ja 4 TeV Energie hat, macht das eine Gesamtenergie für den ganzen Strahl, die der eines voll besetzten ICE entspricht. Klingt jetzt wieder nicht sonderlich spektakulär, aber man möge bedenken, dass der Protonenstrahl im LHC am Kollisionspunkt nur den Durchmesser eines Haares hat.

Während ein ICE nichts ist, was man für ein Experiment mal gegen die Wand fahren lassen würde, ist man bei Protonen weniger zimperlich. Denn die Protonen bekommt relativ einfach und günstig. Aber wie beschleunigt man eigentlich ein Teilchen, das viel zu klein zum Anfassen ist?

4.2 Teilchen auf Zack bringen

4.2.1 Omas alter Teilchenbeschleuniger

Er ist einfach immer Gold wert, Omas reichhaltiger Erfahrungsschatz. Gerade weil Omas selten große Angeber sind, unterschätzt man oft, was sie alles wissen. Das gilt bei Rezepten für richtig leckere Kuchen, beim Zusammennähen kaputter Kleidung oder auch bei der Funktionsweise von Teilchenbeschleunigern. Klingt komisch? Ist aber so. Bei Oma findet man nämlich, was früher fast jeder, heute aber kaum noch jemand zu Hause stehen hat: einen richtigen Teilchenbeschleuniger. Statt damit den Urknall zu simulieren, hat man ihn lieber dazu benutzt, sonntagsabends den *Tatort* zu schauen.

Es geht um den guten alten Röhrenfernseher. Er beschleunigt Elektronen, also auch Elementarteilchen, um sie dann nach vorne auf die Mattscheibe knallen zu lassen. Aber nicht einfach irgendwohin, sondern an ganz bestimmte Punkte. All diese Punkte fangen dann an zu leuchten, wenn sie getroffen werden. Und je nach Punkt in einer anderen Farbe. Springt man schnell genug von Punkt zu Punkt, gibt das Ganze ein schönes bewegtes Farbbild. Während der Teilchenbeschleuniger LHC im Bau ca. 3 Milliarden Euro gekostet hat, gab es Röhrenfernseher schon um einiges günstiger. Trotzdem eignen sie sich ganz wundervoll zum Erklären, denn sie haben die meisten wichtigen Zutaten schon in sich, die ein echter Teilchenbeschleuniger braucht. Schauen wir uns doch mal an, was dort so vor sich geht.

Mit Hochspannung beschleunigen Zunächst einmal brauchen wir eine Quelle für unsere Teilchen, die Elektronen. Frei rumliegen tun sie in der Natur nicht, sie kleben sich gerne an Atome dran. An manchen kleben sie fester, an anderen weniger fest. Los bekommt man sie, wenn man nur fest genug daran schüttelt, also ihnen Bewegungsenergie gibt. Und Bewegungsenergie von Teilchen, das entspricht einer Temperatur.

Also haben wir die erste Zutat: eine Heizung. Das ist nichts weiter als ein dünner Draht, durch den ein Strom fließt, der den Draht dabei aufheizt. Durch die Energie der Temperatur springen die Elektronen immer mal aus dem Draht und fallen wieder hinein. Das Ganze sieht dann aus wie eine Wolke aus Elektronen um den Glühdraht herum. Jetzt müsste man den Teilchen doch einen Anreiz geben, sich da mal wegzubewegen. Und wie man geladene Teilchen bewegen kann, das wissen wir ja schon: mit elektrischen Feldern.

Elektronen sind negativ, daher braucht man ein elektrisches Feld mit dem positiven Potenzial auf der Seite, wo die Elektronen hinwandern sollen. Abbildung 4.1a zeigt den Heizdraht. Zwischen ihm und der anderen Seite liegt eine Spannung an. Die negative Seite am Heizdraht heißt Kathode, die positive Anode.

Die Elektronen folgen nicht nur dem Weg von der Kathode zur Anode, sondern werden dort sogar noch beschleunigt.

Teilchenbeschleunigung

Eine Beschleunigung a bekommt man immer mit einer Kraft F:

$$F = ma \tag{4.1}$$

Die beschleunigende Kraft ist die Lorentz-Kraft aus Gl. 2.1, in die wir jetzt gleich mit einfüttern, dass das elektrische Feld E bei einer Spannung U zwischen zwei Platten mit dem Abstand d gegeben ist als $U = Ed$:

$$F = qE = q\frac{U}{d} \tag{4.2}$$

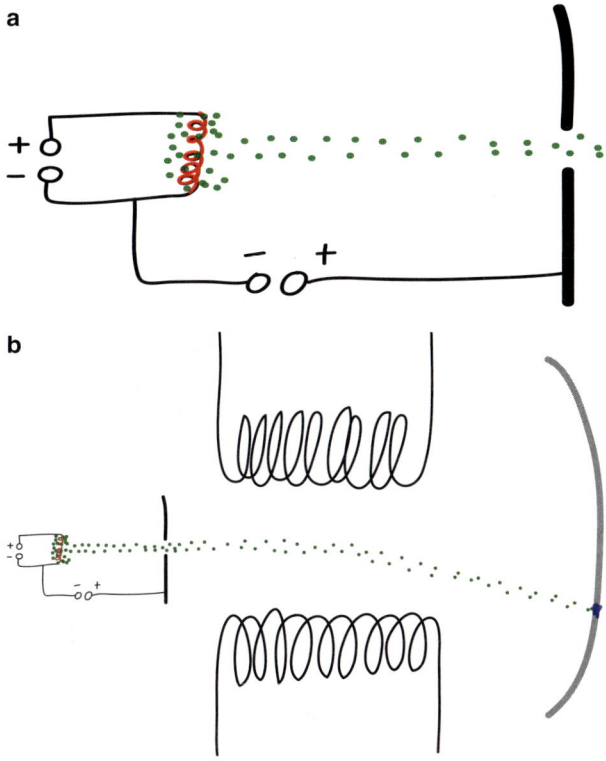

Abb. 4.1 a Ein Glühdraht als Elektronenquelle und eine positive Spannung, die die Elektronen abzieht und beschleunigt. **b** Die Elektronenröhre mit einer Anordnung der Spulen dahinter, deren Magnetfelder den Elektronenstrahl ablenken

Und weil eine entlang einer Strecke d ausgeübte Kraft F eine Energie der Größe W (sorry, die Energie bekommt jetzt mal ein W, weil das elektrische Feld schon das E für sich beansprucht hat) freisetzt, hat das Teilchen am Ende eine Energie von:

$$W = Fd = q\frac{U}{d}d = qU \qquad (4.3)$$

Mehr Spannung heißt also direkt auch mehr Energie für die Elektronen. Da Teilchenphysiker es blöd finden, zu schreiben, dass ein Elektron eine Energie von $1{,}6 \cdot 10^{-19}$ Joule hat, wenn es über ein Volt beschleunigt wird, denken sie sich lieber einfach eine neue Einheit aus. Wieso denn nicht die Energie in *Elektronenvolt* angeben? Definiert ist das schnell: Wenn man ein Elektron über 1 Volt beschleunigt, hat es am Ende 1 Elektronenvolt (eV) Energie. Bei 30 Volt dann eben 30 eV. Schön bequem, oder? So steht's ja eigentlich auch schon in Gl. 4.3: Man setzt jetzt einfach die Elektronenladung nicht direkt ein, sondern nimmt sie mit in die Einheit für die Energie. Daher nehmen Teilchenphysiker als Einheit für Energie immer eV, so wie bei den 14 TeV Maximalenergie am LHC (1 TeV entspricht 10^{12} eV).

Um die Ecke dank Magnetfeldern In unserem Fernseher können wir unsere Elektronen jetzt also beschleunigen. Je mehr Volt wir dafür zur Verfügung haben, desto mehr Energie können wir ihnen mit auf den Weg geben. Damit unsere Teilchen am Ende auch die richtigen Punkte auf der Scheibe treffen, müssen sie noch abgelenkt werden. Hier kommt jetzt die zweite Komponente der Lorentz-Kraft ins Spiel, nämlich die mit dem Magnetfeld.

Magnetfelder kann man überhaupt nicht gebrauchen, wenn man geladenen Teilchen Energie zuführen will. Ich habe jetzt mal absichtlich nicht „beschleunigen" gesagt. Eine Ablenkung auf eine Kreisbahn ist streng genommen auch eine Beschleunigung. Denn die definiert sich ja als Änderung der Geschwindigkeit, sowohl in Betrag als auch Richtung. Wenn sich nun ein geladenes Teilchen senkrecht zu einem Magnetfeld bewegt, wird es durch das Magnetfeld auf eine Kreisbahn gezwungen. Die Geschwindigkeit ändert dabei ständig die Richtung, bis sie nach einer Umdrehung im Kreis wieder da ist, wo sie eine Runde vorher auch war. Ihr Betrag aber bleibt gleich, und um den geht's uns jetzt mal, wenn wir über Beschleunigung sprechen.

In Abb. 4.1b sehen wir alle wichtigen Komponenten des Röhrenfernsehers: ganz links den Heizdraht, dann die angelegte Beschleunigungsspannung und rechts Spulen, die ein Magnetfeld produzieren, mit dem der Strahl an Elektronen auf die richtigen Bildpunkte gelenkt wird. Damit haben wir schon die drei wichtigsten Zutaten für einen Teilchenbeschleuniger beisammen:

- Teilchen, die beschleunigt werden wollen,
- elektrische Felder, um zu beschleunigen,
- Magnetfelder, um die Teilchen abzulenken.

Die Effekte von elektrischen und magnetischen Feldern gibt's auch noch mal zum Anschauen an einem echten Röhrenfernseher.

> **Video**
>
> An einem alten Röhrenfernseher wird gezeigt, welche Auswirkungen ein elektrisches und ein magnetisches Feld auf die Flugbahn des Elektronenstrahls haben.
>
>

Kennt Omas Teilchenbeschleuniger eigentlich irgendwelche Grenzen? Kann man ihn denn auch benutzen, um wirklich Teilchen so sehr zu beschleunigen, dass man ihre Energie in neue Materie-Antimaterie-Paare umwandeln kann? Nee, leider nicht. Dafür hat das Ding nicht genug Energie. Und zu wenig Energie kommt, wie wir in Gl. 4.3 direkt sehen können, von zu wenig Spannung. Kann man dagegen was tun? Klaro, mehr Spannung.

In einem alten Röhrenfernseher sind normalerweise so ca. 20.000 V Hochspannung. Wirkt schon viel, aber 20.000 eV Energie für die Elektronen ist nicht genug, um damit neue Teilchen zu erzeugen. Man sieht: Die Spannungen, die man bräuchte, wären wirklich hoch. Allein für ein Elektron-Positron-Paar (und das ist wirklich sehr leicht, verglichen mit seinen Kollegen) bräuchte man schon über ein Megavolt, also eine Million Volt. Das ist nichts für den Hausgebrauch und auch im Labor nicht so einfach zu bekommen. Aber was kann man dagegen tun? Wie schaffen es Physiker, Teilchen auf Energien von mehreren Teraelektronenvolt zu beschleunigen?

4.2.2 Spannung, wechsel dich!

Wie man Teilchen geradeaus beschleunigt, das wissen wir nun. Das geht mit elektrischen Feldern, die in Richtung der Flugbahn der Teilchen zeigen. Und je mehr Spannung wir haben, desto schneller werden sie am Ende der Beschleunigung sein. Damit man wenigstens etwas mit den beschleunigten Teilchen anfangen kann, braucht man schon mal gut ein Megavolt. Batterien aus dem Supermarkt haben immerhin ein paar Volt. Richtig hohe Spannungen zu erzeugen, ist hingegen gar nicht so einfach.

Die britischen und irischen Physiker John Cockcroft und Ernest Walton entwickelten 1932 den ersten Teilchenbeschleuniger, der so viel Energie aufbringen konnte, um einen Lithiumkern in zwei Heliumkerne zu spalten (ca. 0,3 MeV). Der nach ihnen benannte *Cockcroft-Walton-Beschleuniger* hat als

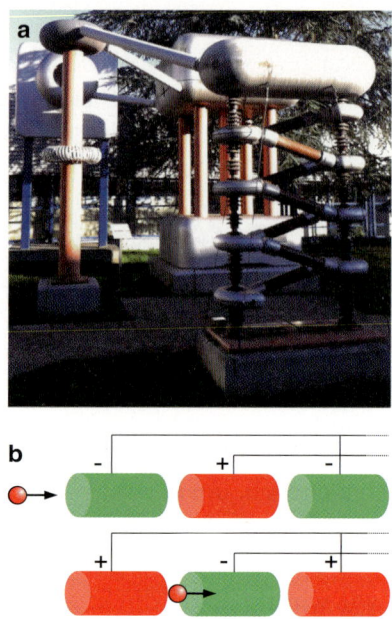

Abb. 4.2 **a** Ein Cockcroft-Walton-Beschleuniger im Garten des CERN. (Foto: © Boris Lemmer) **b** *Oben:* Ein Proton fliegt durch Röhren, die immer abwechselnd mit einer Hochspannung verbunden sind. Zunächst wird es von der ersten negativen Röhre angezogen. *Unten:* Sobald das Proton in der ersten Röhre ist, schalten die Spannungen um. Es wird nun von der ersten Röhre abgestoßen und von der zweiten angezogen

Eingangsspannung eine Wechselspannung. Dabei werden Dioden benutzt, die Strom immer nur in eine Richtung fließen lassen und damit bei jedem Zyklus mehr Ladung hinter einem Tor sammeln: so wie ein Staudamm mit einer Katzenklappe, die nur in eine Richtung aufgeht, bei Ebbe und Flut. Bei jeder Flut kommt etwas mehr Wasser rein, aber bei der Ebbe läuft nichts mehr raus. Heutzutage benutzt man solche Teilchenbeschleuniger nicht mehr, weil sie einfach nicht genug Beschleunigungsspannung liefern. Toll anzusehen sind sie aber immer noch, zum Beispiel im Garten am CERN (Abb. 4.2a).

Immer ein bisschen statt einmal ganz viel: Linearbeschleuniger Die Geschichte mit „Wir schaufeln einfach immer mehr Spannung zusammen!" hat leider ihre technischen Grenzen. Was machen wir, wenn wir Teilchen auf Energien beschleunigen wollen, für die es keine ausreichend große Spannung gibt? Da kommt jetzt ein Trick!

Der norwegische Ingenieur Rolf Wideröe hatte Ende der 1920er Jahre einen guten Einfall. Was würde passieren, wenn man eine lange Kette aus Röhren aufbaut und die Röhren abwechselnd mit positiver und negativer Hochspannung versorgt? Schauen wir mal in Abb. 4.2b: Diesmal beschleunigen wir kein Elektron, sondern ein Proton. Ist ja eigentlich egal, man muss nur alle Ladungsvorzeichen rumdrehen. Aber so können wir uns schon mal an das gewöhnen, was beim größten Teilchenbeschleuniger der Welt, dem LHC, auch passiert.

Starten wir beim oberen Bild: Die erste Röhre ist negativ geladen und zieht das Proton an. Es wird beschleunigt und fliegt hinein. Innerhalb der Röhre spürt es von der Spannung nichts. Dieser Effekt ist der gleiche, der uns auch beim Autofahren im Fall eines Blitzeinschlages unverletzt lässt.

Dann kommt das Proton aber irgendwann auch wieder auf der anderen Seite raus. Das, was es dann als Nächstes sieht, ist eine positiv geladene Röhre. Und das ist schlecht. Denn die zieht das Proton nicht an, sondern drückt es sogar zurück in die Richtung der ersten Röhre. Und weil die Spannung an der zweiten Röhre so groß ist wie die an der ersten, verliert das frisch beschleunigte Proton wieder seine komplette Energie. Dumm gelaufen. Aber jetzt kommt Rolf Widerörs Ass aus dem Ärmel: Genau dann, wenn das Proton gerade in der ersten Röhre rumsaust, wechseln die Röhren die Vorzeichen ihrer Spannung. Das geht, wenn man statt einer Gleichspannung eine Wechselspannung benutzt. Was dann passiert, sieht man im unteren Teil von Abb. 4.2b: Plötzlich schubst die erste Röhre, die das Proton kurz zuvor noch so freundlich angezogen hat, dieses von sich. Macht ja nichts, im Gegenteil! Der Tritt von hinten hilft noch bei der Beschleunigung. Und gleichzeitig lacht dem Proton nun schon die nächste, jetzt negativ geladene Röhre entgegen. Und so kann das Spiel immer weitergehen. Mehr Röhren, die immer schön die Spannung wechseln. Man braucht auch gar keine Hochspannungen mehr! Statt ganz umständlich ein MV aufzutreiben, reichen so 20 Mal 0,05 MV. Diese Art der Beschleuniger nennt man *Linearbeschleuniger*. Sie werden heute noch eingesetzt, um zum Beispiel den LHC mit Protonen zu füttern.

Schnell besorgt im Baumarkt: die Quelle aller Protonen Gutes Stichwort! Wie füttert man eigentlich einen Teilchenbeschleuniger mit Protonen? Protonenstrahl hört sich immer so futuristisch an. Mag sein, dass es daran liegt, dass mit Protonenstrahlern in der Serie *Ghostbusters* Geister gefangen wurden.

Protonen zu bekommen, ist aber an sich nichts Besonderes und geht ganz unspektakulär. Denn Protonen sind nichts anderes als die Kerne vom Wasserstoffatom ohne das zusätzliche Elektron. Also fährt man einfach in den nächsten Baumarkt, kauft sich eine Flasche Wasserstoffgas und schließt sie an den Beschleuniger. Das machen auch die Physiker am CERN so. Abbildung 4.3b zeigt die an den LINAC II angeschlossene Flasche mit Wasserstoffgas an. Der *LINAC II* (LINear ACcelerator, also Linearbeschleuniger) steht am

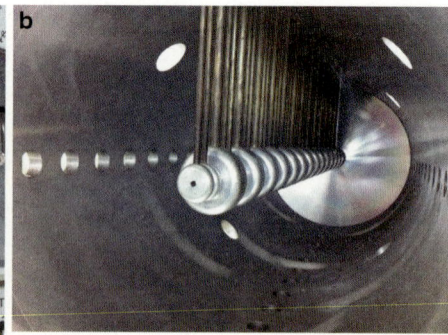

Abb. 4.3 **a** Die Protonenquelle des LHC: eine Flasche mit Wasserstoffgas. **b** Ein Stück vom LINAC II am CERN. (Foto links: © Arne Dittrich und Freddy Lyzwa, Foto rechts: © Boris Lemmer)

CERN und ist der erste Vorbeschleuniger für den LHC. Ein- bis zweimal im Jahr wird die Flasche ausgetauscht, sie reicht also eine Weile.

Zurück zum Geschäft, nämlich der Protonenbeschleunigung. Das mit den Röhrchen ist ja ganz nett. Wenn jedes zweite Röhrchen am selben Kabel hängt, ändert sich die Spannung auch immer gleich schnell, was die Röhrchen angeht. Also ist die Frequenz der Wechselspannung stets die gleiche. Ist das ein Problem?

Unsere Protonen werden ja beschleunigt. Dadurch werden sie immer schneller. Das heißt, um von einer Röhre zur nächsten zu kommen, brauchen sie eigentlich immer weniger Zeit. Wenn jetzt aber die Frequenz, mit der die Röhrchen die Spannungen ändern, konstant bleibt, werden die Protonen irgendwann zu schnell sein. Dann schauen sie schon aus einem Röhrchen raus, noch bevor sich das nächste umgepolt hat. Das Ganze gerät aus dem Takt und die Beschleunigung klappt nicht mehr. Was kann man dagegen tun?

Ganz einfach: Die Röhrchen immer länger machen. Wer sich das verlinkte Video über den LINAC II anschaut, kann die unterschiedlichen Längen der Röhren, die auch Abb. 4.3b zeigt, sehen und erkennen, in welche Richtung die Protonen sausen.

Video

Der LINAC II am CERN. Man sieht die Gasflasche, die ihn mit Protonen füllt, sowie ein paar echte Einzelteile, bei denen man die Flugrichtung der Protonen erraten kann.

Ohne das Prinzip des Linearbeschleunigers war man ja durch die maximal mögliche Hochspannung beschränkt. Gibt es jetzt noch eine Einschränkung? Sogar zwei: Geld und Platz. Klar kann man einen Linearbeschleuniger immer länger machen. Und die Energie der Teilchen wird dabei auch immer größer. Aber damit wird die Maschine selbst auch immer größer und verbraucht mehr Platz und Geld. Und selbst wenn man sich einfach nicht daran stören würde und einfach immer weiter und weiter bauen würde, käme man nach einer kompletten Erdumrundung wieder da an, wo man angefangen hat. Oh, Moment!

4.2.3 Eine Runde noch! – Kreisbeschleuniger

Da war sie auch schon, die Lösung: Wenn man einfach im Kreis marschiert und wieder da ankommt, wo die Reise für das Proton losging, kann man ja den gleichen Beschleuniger einfach noch mal nutzen und noch mal Energie reinpumpen. Also bauen wir doch einfach einen kreisförmigen Beschleuniger! Er muss ja nicht gleich um die ganze Welt gehen. Etwas Wichtiges muss man nur bedenken: ein Proton, das gerade einen heftigen Tritt in den Hintern bekommen hat, wird den Teufel tun und von sich aus um die Kurve gehen. Stattdessen muss man da ein wenig nachhelfen. Wie praktisch, dass wir gerade einen Kreis gebaut haben. Denn es gibt ja ein geradezu perfekt dafür geeignetes Kraftfeld, um geladene Teilchen auf Kreisbahnen zu bringen: das Magnetfeld!

Beim Vergleich des LHC mit der Gießener Stadtautobahn kam ja schon raus: In der Bahn zu bleiben, ist eine wichtige Angelegenheit. Mit dem Auto fährt man daher auch nur so schnell in die Kurve, wie man die Spur auch wirklich halten kann.

Im Gegensatz zum Auto wird das Proton ja zum Glück von einem Magnetfeld festgehalten. Wir haben ja schon in Gl. 2.5 gesehen: Je größer die

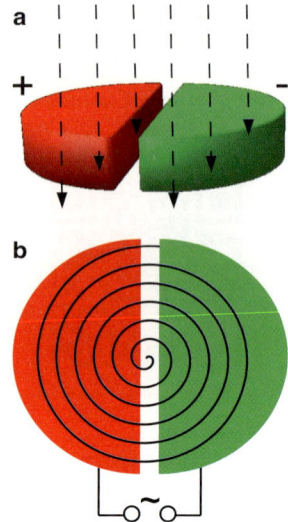

Abb. 4.4 **a** Ein Zyklotron-Beschleuniger. Von oben nach unten geht ein Magnetfeld durch ihn durch. Teilchen wandern von innen nach außen und bekommen in dem Raum zwischen den beiden Hälften eine Beschleunigung verpasst. Die Farben Rot und Grün entsprechen der unterschiedlichen elektrischen Polung, die wechselt, wenn die Teilchen in die neue Hälfte gelangen. **b** Die Spiralbahn, die das Teilchen durchläuft (Ansicht von oben auf das Zyklotron)

Geschwindigkeit v des Teilchens, desto größer der Kreisradius r. Schnelles Teil, weite Kurve. Da geht's dem Proton wie dem Auto.

Blöd nur, wenn man so einen Beschleuniger erst mal gebaut hat. Können wir uns dann noch erlauben, den Radius der Kreisbahn größer werden zu lassen? Können wir. Dafür braucht man einen ganz bestimmten Typ an Kreisbeschleunigern, der sich *Zyklotron* nennt. Er sieht aus wie ein großer runder Käse, der in zwei Teile geteilt ist. Also so wie in Abb. 4.4.

Ein Teilchen wird in der Mitte in den Beschleuniger gesteckt und bekommt einen kleinen Tritt. Zwischen den beiden Käsehälften ist eine Wechselspannung angelegt, die das Proton dann immer abwechselnd anzieht oder wegschubst, je nachdem, wo es gerade ist. Eigentlich ist das Prinzip das Gleiche wie beim Linearbeschleuniger, nur geht es diesmal im Kreis. Der Radius der Kreisbahn wird zwar immer größer, aber im Zyklotron ist ja auch Platz. Das Ganze hat auch noch den Vorteil, dass man keine immer länger werdenden Röhren bauen muss, so wie beim Linearbeschleuniger. Denn da der Radius der Kreisbahn immer größer wird, wird auch die Wegstrecke, die das Teilchen bis zum nächsten Kick in der Mitte des Beschleunigers zurücklegt, immer länger. Alle Probleme lösen sich von selbst! Und wenn das Teilchen dann die größtmögliche Bahn im Zyklotron erreicht hat, lässt man es raus und hat es zu Ende beschleunigt.

Im Takt das Magnetfeld hochgefahren: das Synchrotron Einige Probleme haben sich gelöst, aber ein grundlegendes ist geblieben: Je mehr Energie man reinstecken will, desto größer muss man das Ding bauen. Kann man denn nicht einen Kreisbeschleuniger bauen, bei dem man die beschleunigten Teilchen auf Kreisbahnen mit konstantem Radius zwingt? Doch. Der LHC ist nämlich genau so eine Maschine. Ein kurzer Blick auf Gl. 2.5 sagt, dass man ja den Radius r durchaus konstant halten kann, auch wenn die Geschwindigkeit v wächst. Man muss einfach die Stärke des Magnetfeldes B erhöhen, während das Teilchen beschleunigt wird. Und das lässt sich sicherlich einfacher realisieren, als den Ring zwischendrin mal größer zu machen.

Aber auch eine andere Sache muss noch angepasst werden, und zwar was die Beschleunigung angeht. Würde man einfach nur ein paar Linearbeschleuniger mit ihren immer länger werdenden Röhrchen aneinanderreihen, hätte man ein großes Problem, wenn man den Kreis einmal rumgelaufen ist. Dann trifft das längste auf das kürzeste Rohr. Mööp. Nach einer Runde im Kreis wäre also schon Schluss für unser beschleunigtes Teilchen: Statt ein noch längeres Röhrchen anzutreffen, trifft es auf ein viel zu kurzes.

Die Lösung: Erst mal die Röhrchen alle gleich lang machen. Das widerspricht natürlich klar dem, was wir erst gefordert hatten, damit das Ganze überhaupt funktioniert. Aber die Sache lässt sich ganz leicht wieder hinbiegen. Man darf einfach die Frequenz nicht mehr konstant lassen. Stattdessen muss man mit der Zeit immer etwas schneller umschalten, weil das Teilchen ja immer schneller aus dem Röhrchen kommt.

Auch die Beschleunigung braucht Anpassung Das heißt jetzt also: Man kann einen Ring bauen und dort Teilchen beschleunigen, so schnell man will. Man muss einzig und allein darauf achten, dass man mit der Zeit, während das Teilchen immer schneller wird, sowohl das Magnetfeld größer werden lässt als auch die Frequenz für die Beschleunigungsspannung erhöht. Hierfür nimmt man auch keine Röhrchen mehr, sondern Kavitäten, in die elektromagnetische Wellen eingespeist werden. Das Ganze muss dabei natürlich perfekt mit der Bewegung der Teilchen synchronisiert werden. Ein zu schnell hochgefahrenes Feld lässt das Teilchen in die Innenwand krachen und eine falsche Frequenz kann alles Mögliche verursachen, aber bestimmt keine gute Beschleunigung. Und aus diesem Grund nennt man solche Arten von Beschleunigern *Synchrotron*. Eine Kavität, in der im LHC Mikrowellen eingespeist werden, um damit Protonen zu beschleunigen, sieht man in Abb. 4.5a.

Eine solche Kavität ist supraleitend (was das heißt und wieso so was nützlich ist, besprechen wir im Abschn. 4.3.1) und muss daher gekühlt werden. Vier solcher Kavitäten in einem gemeinsamen Kühlschrank sieht man in Abb. b. Wenn ich am CERN Besuchergruppen durch die Halle führe, in der

Abb. 4.5   a Eine beschleunigende Kavität. Mikrowellen werden eingespeist und beschleunigen durchfliegende Protonen im richtigen Moment. **b** Ein Kühlmodul mit vier Beschleunigungskavitäten. (Fotos: © Boris Lemmer)

diese Kavitäten ausgestellt sind, lasse ich sie auch gerne mal schätzen, wie viele dieser Dinger auf der 27 km langen Strecke pro Protonenstrahl verbaut sind, um die Protonen zu beschleunigen. Bisher kam noch niemand auf die richtige Antwort. Ich selbst lag damals auch völlig daneben. Es sind lediglich acht. Nur ein winziger Teil des 27 km langen Beschleunigers wird wirklich genutzt, um zu beschleunigen. Der ganze Rest lenkt die Teilchen einfach nur im Kreis, fokussiert die Strahlen und kreuzt sie bei den Experimenten. Mehr Beschleunigungsmodule braucht es auch nicht, denn schließlich kommen die Protonen pro Sekunde ja 11.245 Mal wieder vorbei.

4.3   Das Pferd und das Lasso: starke Magnete

So ein Magnet hat ja einiges zu tun, um ein Proton in seiner Bahn zu halten. Dem geht es ungefähr so wie einem Cowboy, der ein Pferd mit dem Lasso fangen und zu sich ranziehen will. Und so, wie man bei einem schnellen oder schweren Pferd ordentlich zu ziehen hat, braucht auch das Magnetfeld eine gewisse Stärke. Wie viel genau, kann man auch ausrechnen, wenn man die Gl. 2.5 einfach mal nach der magnetischen Flussdichte B umstellt:

$$B = \frac{vm}{rq} \tag{4.4}$$

An der Protonenladung q und dem Radius von unserem Kreisbeschleuniger wird sich ja während der Beschleunigung nichts ändern. Wenn der LHC Vollgas gegeben hat und die Protonen sich dann mal mit ihrer geplanten Höchstgeschwindigkeit von 99,9999991 % Lichtgeschwindigkeit bewegen, bräuchte man dafür dann ein Magnetfeld mit einer Flussdichte von 0,001 Tesla, wenn man jetzt einfach mal für m die Protonenmasse einsetzt, für r den Radius des LHC und für v die Endgeschwindigkeit der Protonen.

Klingt jetzt erst mal nicht so wild. Ein handelsüblicher Hufeisenmagnet bekommt ungefähr ein Magnetfeld von 0,1 Tesla hin. Allerdings haben wir hier einen kleinen Fehler gemacht. Wenn Kollege Proton 99,9999991 % Lichtgeschwindigkeit drauf hat, befindet er sich stark im relativistischen Bereich. Das heißt, man muss auf jeden Fall mit Einsteins Spezieller Relativitätstheorie rechnen. Und die sagt ja, dass die Masse m in Gl. 4.4 mit dem γ-Faktor (Formel 3.14) multipliziert werden muss. Ein Blick auf Abb. 3.9b zeigt uns: γ muss bei 99,9999991 % Lichtgeschwindigkeit ganz schön groß sein! Ist es auch. Es sprengt sogar die Skala: 7454! Multipliziert man diesen Wert an die zuvor berechneten 0,001 Tesla dran, sieht man, dass die Magnete viel stärker sein müssen. Daher wurden im LHC auch Magnete mit einer Stärke von bis zu 8,33 Tesla verbaut.

Dafür hat er keine Hufeisenmagnete, sondern große Elektromagnete. Ein paar der insgesamt 1232 Dipolmagnete (Dipolmagnete, weil sie einen Nord- und einen Südpol haben, die das Feld dann senkrecht durch die Flugbahn der Protonen führen), die im LHC verbaut sind, sieht man in Abb. 4.6a.

Diese 15 m langen und 35 t schweren Magnete sieht man immer mal wieder, wenn es um den LHC geht. Sie sind sozusagen sein Markenzeichen geworden. Durchaus zu Recht. Denn das Blau sieht nicht nur gut aus (o. k., auf dem Bild sind die Magnete schon etwas eingestaubt), sondern die Magnete sind auch ein wesentlicher Teil des LHC. Ohne Magnete keine Kreisbahn, ohne Kreisbahn keinen Sinn. Allerdings sollte man sich immer klarmachen, dass die blauen Dipolmagnete selbst nicht beschleunigen, sondern wirklich nur um die Ecke lenken. Den beschleunigenden Teil haben wir in Abb. 4.5 schon gesehen. Aber was genau geht denn in so einem Dipolmagneten vor sich? In Abb. 4.6b sehen wir den Querschnitt eines LHC-Dipolmagneten. Man erkennt die beiden Strahlrohre in der Mitte, durch die die Protonen in entgegengesetzter Richtung flitzen. Drumherum liegen die beiden Spulen, mit denen das Magnetfeld erzeugt wird. Durch diese Kabel fließt ein immenser Strom von 12.000 A. Eine handelsübliche Sicherung im Haushalt, die ein Zimmer absichert, fliegt bei 16 A raus. Was ein starker Strom in einem Kabel so macht, merkt man, wenn der Wasserkocher mal eine Weile gelaufen ist und man dann an das Stromkabel fasst: Es ist heiß. Oder zumindest warm. Aber wenn eine Sicherung schon dafür sorgt, dass nicht mehr als 16 A durch unsere Kabel fließen (und das tut sie aus gutem Grund), wie halten die Spulen des LHC dann 12.000 A aus? Müssen sie dabei nicht eigentlich schmelzen?

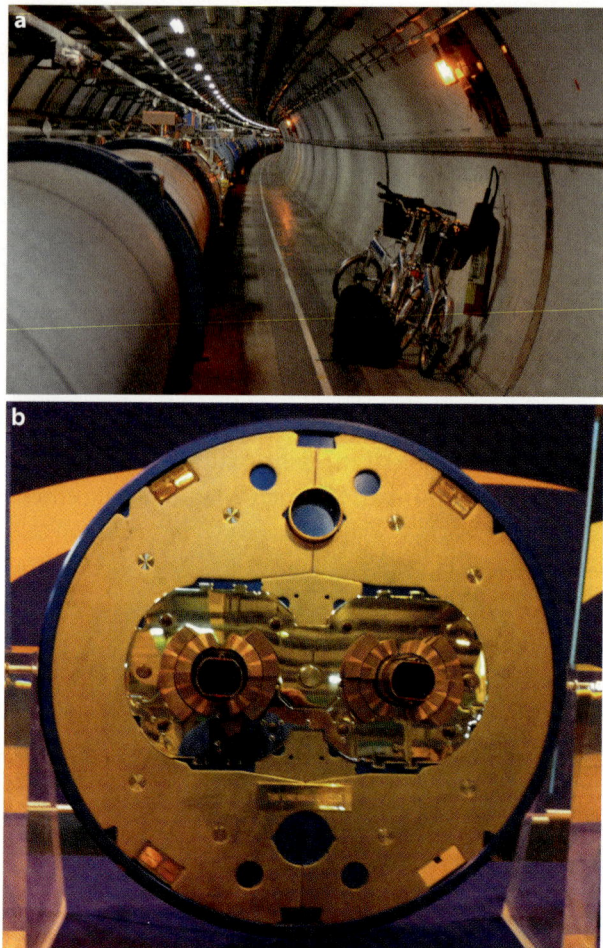

Abb. 4.6   a Ein Abschnitt des LHC. Man sieht einige der blauen Dipolmagnete. **b** Der Querschnitt eines LHC-Dipolmagneten. (Foto *oben*: © Pascal Oser, Foto *unten*: © Boris Lemmer)

Eigentlich schon, gäbe es da nicht einen Effekt, für dessen Erforschung die russischen Physiker Alexei Abrikossow und Witali Ginzburg sowie der Brite Anthony Leggett 2003 den Nobelpreis für Physik bekamen: die *Supraleitung*.

4.3.1   Reibungsfrei unterwegs: die Supraleitung

Durch diesen Effekt verlieren elektrisch leitende Materialien ihren kompletten Widerstand, wenn man sie nur stark genug abkühlt. Elektrische Widerstände kann man ja einerseits als einzelne Bauteile für Schaltungen kaufen. Andererseits sind sie auch eine Eigenschaft, die jedes Kabel in sich trägt.

Wenn Elektronen durch das Stromkabel wandern, dotzen sie dabei immer wieder mit den Atomen des Kabels zusammen. Durch diese Art Reibung heizt sich das Kabel auf. Warme Kabel sind zwar nervig, aber blöd ist auch, dass dabei ja elektrische Leistung verloren geht. Das heißt, wenn man Strom über lange Strecken transportiert, kommt gar nicht all das an, was man bestellt hat, da ein Teil „auf der Strecke bleibt" und in Wärme übergeht. Mit dem Problem haben vor allem die Menschen zu kämpfen, die gerade mit dem Gedanken spielen, Solarstrom aus Afrika nach Europa zu transportieren. Wüsten mit viel Sonneneinstrahlung sind dort reichlich vorhanden, um eine ordentliche Menge Strom zu produzieren. Nur der Transport, der soll möglichst verlustfrei erfolgen.

Beim LHC wäre allerdings nicht der Energieverlust durch warme Kabel das Problem. Klar, diese Energieverschwendung würde auch sehr weh tun. Doch das eigentliche Problem ist, dass die dünnen Kabel, aus denen man die Magnetspulen wickelt, mit der entstehenden Wärme überhaupt nicht fertig werden würden. Sie würden schmelzen.

Jetzt gibt es zwei Auswege. Erster Ausweg: Man nimmt dickere Kabel. Je dicker ein Kabel, desto mehr Strom kann es führen. Was „dickere Kabel" heißt, sieht man in Abb. 4.7a.

Besonders filigran ist dieses dicke Kabel ja nicht gerade. Vielleicht so dick wie mein Arm. Der ist jetzt vielleicht nicht der männlichste auf dem Markt, aber: schwer vorstellbar, dass man aus einem so dicken Kabel einen Elektromagneten bauen kann, der einen Strahl aus Protonen, weniger als einen Millimeter breit, derart genau lenken kann.

Die andere Möglichkeit wäre eben, den elektrischen Widerstand komplett zu vermeiden, nämlich durch die Supraleitung! Kühlt man bestimmte Materialien, die supraleitend werden, unterhalb einer kritischen Temperatur (und die ist wirklich ziemlich kalt!), verschwindet der elektrische Widerstand und damit heizt sich das Kabel auch nicht mehr auf. Damit können auch 12.000 A Strom ganz gemütlich ihr Magnetfeld erzeugen.

So macht man es dann auch. Ein supraleitendes Kabel kann viel schmaler sein oder bei gleicher Größe viel mehr Strom führen. Das eigentliche Kabel besteht aus Niob-Titan und sieht eher aus wie Pferdehaar (Abb. 4.7b). Gestützt wird das Ganze von einem Aluminiummantel, mit dem man das Kabel dann gut verarbeiten und wickeln kann.

Der LHC: ein großer, kalter Kühlschrank   Nur ganz wenige und ganz bestimmte Kabel werden supraleitend, wenn man sie genug abkühlt. Und ohne Kühlung wird kein Kabel supraleitend. Der Aufwand zur Kühlung ist immens, schließlich tritt die Supraleitung bei Niob-Titan erst bei −271 °C auf. Das ist gerade mal 2° über dem absoluten Nullpunkt, daher kann man statt −271 °C

Abb. 4.7 a Zwei Sorten Kabel, die jeweils 12.000 A Strom transportieren können. Das dicke ist ein herkömmliches Kabel, das schmale aufgerollte ein supraleitendes. **b** Das eigentliche supraleitende Kabel sind die schwarzen Fäden, die wie Pferdehaar aussehen. Der Rest ist nur Stützstruktur. **c** Ein Stützfuß, auf dem der kalte innere Teil des Magneten aufliegt. Er ist aus einem Fiberglas-Epoxit hergestellt und hält die 35 Tonnen des Magneten, leitet aber gleichzeitig fast keine Wärme. (Fotos: © Boris Lemmer)

auch 2 K sagen (denn die Kelvin-Skala hat die Null auf den absoluten Nullpunkt gelegt). Das ist kälter als draußen im Weltall.

Zur Kühlung des 27 km langen Rings auf solch kalte Temperaturen braucht man 10.000 Tonnen flüssigen Stickstoff zur Vorkühlung und dann noch mal 120 Tonnen flüssiges Helium. Dafür hat der LHC einen großen Anteil des Weltheliumvorrats aufgekauft. Das Helium wird dabei aber nicht verbraucht, sondern immer wieder aufgefangen und recycelt!

Damit die Magnete auch schön kalt bleiben, packt man sie in eine gut isolierende Folie und lässt zwischen dem kalten Teil des Magneten und dem warmen Teil, der Kontakt mit der Luft im Tunnel hat, etwas Abstand. In diesem Zwischenraum befindet sich dann nichts, also ein echtes Vakuum. Ohne Luft gibt es dort nichts, was die Wärme leiten kann. Das ist der gleiche Effekt wie bei einer Thermoskanne. Unsere Thermoskanne wiegt jetzt nur leider 35 Tonnen und muss auch irgendwie getragen werden.

Die Stützfüße sind eine kritische Stelle. Man hat es mit viel Entwicklungsarbeit hinbekommen, dass die Füße zum einen einen 35 Tonnen schweren Magnet tragen können, zum anderen aber nur ganz wenig Wärme leiten. Die aus einem Fiberglas-Epoxit gebauten Füße sieht man in Abb. 4.7c.

Was man nicht verwechseln darf: Die supraleitenden Kabel werden nicht deshalb so sehr gekühlt, damit sie nicht schmelzen. Sie werden so sehr gekühlt, damit sie sich erst gar nicht erst erwärmen. Das mag sich vielleicht erst mal gleich anhören, macht aber einen Riesenunterschied.

4.3.2 Kühlschrank kaputt: ein Zwischenfall 2008

Supraleitung wird immer dann genutzt, wenn man besonders starke Magnetfelder braucht. Neben Teilchenbeschleunigern zum Beispiel auch für medizinische Anwendung bei einem MRT-Scanner, also bei der „Röhre" (nicht das CT, über das wir schon kurz gesprochen haben. Das funktioniert anders.), in die man gesteckt wird, wenn man Bilder aus dem Inneren des Körpers machen will. Ohne die Kühlung allerdings keine Supraleitung.

Der für Ende 2008 geplante Start des LHC hat sich damals leider um ein Jahr verzögert, weil es einen kleinen Zwischenfall gab, nachdem man den LHC angeschaltet und die Magnete mal zum Test auf Vollgas gefahren hatte. Was war passiert?

Die verschiedenen Magnete des LHC müssen verbunden werden. Dabei müssen die Strahlrohre miteinander verbunden werden, durch die die Protonen sausen. Das Gleiche gilt auch für die Heliumleitungen, die zur Kühlung verwendet werden. Und zu guter Letzt natürlich auch die Kabel, die den supraleitenden Strom für die Magnete führen. Abbildung 4.8a zeigt das Verbindungsstück zwischen zwei Dipolmagneten.

Dass einige Verbindungsstücke eine Ziehharmonikastruktur haben, hat einen guten Grund. Die LHC-Magnete werden von Raumtemperatur auf −271 °C gekühlt. Und auch sie ziehen sich zusammen, wenn sie kälter werden, und dehnen sich bei Erwärmung aus, wie das Universum auch.

Wer sich beim Spaziergang an einem heißen Sommertag gewundert hat, wieso die Stromkabel der Überlandleitungen mal wieder so tief hängen: Das ist der gleiche Effekt. So ein 15 m langer LHC-Dipolmagnet zieht sich während der Abkühlung auch um gut 4,5 cm zusammen. Und damit der Ring nicht auseinanderreißt, brauchen die Verbindungsstücke etwas Spiel.

Ein besonders kritisches Verbindungsstück ist die Stromverbindung, vergrößert dargestellt in Abb. 4.8b. Die beiden Kabelenden liegen übereinander und werden von einer Klemme gehalten. Jetzt war es eine solche Verbindung, die nicht perfekt funktioniert hat, als die Maschine Ende 2008 an den Start gehen sollte. „Nicht perfekt" heißt in dem Fall, dass der Strom dort an ei-

Abb. 4.8 **a** Das Verbindungsstück zweier Dipolmagnete. Die Ziehharmonikastruktur wird benötigt, da sich die Magnete beim Abkühlen zusammenziehen. **b** Eine Vergrößerung des Verbindungsstücks für die Stromkabel. (Fotos: © Boris Lemmer)

ner kleinen Stelle nicht komplett widerstandsfrei geflossen ist. Es erfolgte eine Notabschaltung, bei der dann ein Funke an dieser Verbindungsstelle auftrat. Ein starker Funke war es, denn er schaffte es, ein Loch in die Heliumleitung zu stechen. Es trat Helium in den Zwischenraum zwischen kaltem Inneren und warmer blauer Schale des Magneten, dann wurde es in den Tunnel abgelassen, als der Druck zu groß wurde. Denn das Helium heizte sich natürlich auch auf und hat sich sehr schnell und sehr stark ausgedehnt. Zu schnell und zu stark für die Überdruckventile. Der Überdruck zerriss einige Magnete und Verbindungsstellen.

Um den Schaden zu begutachten und zu beheben, mussten die Magnete aufgewärmt, ausgetauscht und wieder abgekühlt werden. Der Vorgang dauerte ein Jahr und war sehr traurig für alle, die auf frische Kollisionen und Ergebnisse warteten. Mittlerweile ist aber wieder alles repariert und läuft ganz ohne Probleme. Wer die Dipole mal in voller Pracht sehen will, kann sich dazu auch ein Video anschauen.

Video

Ein Video aus der Halle SM18 am CERN. Hier werden die Dipolmagnete des LHC getestet und man kann sie sich mal genauer anschauen.

4.4   Den Strahl bändigen: Protonenoptik

Schön wäre ja, einen Teilchenstrahl einmal in den Beschleuniger zu stecken und die Protonen dann ganz in Ruhe ihre Runden drehen zu lassen. Leider läuft ein Strahl nicht immer genau so, wie man es gerne hätte. Das ist aber kein Grund traurig zu sein, denn so ein Protonenstrahl lässt sich ganz gut korrigieren. Die dafür gängigsten Methoden wollen wir uns in diesem Abschnitt kurz anschauen. Fangen wir aber nicht mit den Methoden, sondern einigen recht skurrilen Ursachen für unruhige Teilchenstrahlen an.

Der LHC steckt in dem gleichen Tunnel wie sein Vorgänger *LEP*. LEP ließ Elektronen auf Positronen knallen und hatte weit weniger Energie. 1996 bekam er ein kleines Upgrade verpasst. Statt danach aber noch besser zu laufen als vorher, lief er erst mal gar nicht. Die Teilchen schafften keine einzige Runde mehr und flogen an einer bestimmten Stelle immer aus der Bahn. Man schaute sich die Stelle einmal genauer an und fand zwei Flaschen Heineken-Bier im Strahlrohr. Der Verursacher dieser fiesen Sabotageaktion wurde nie gefunden und das Einzige, was half, war ein Entfernen der Bierflaschen.

Spürt Züge und den Mond: ein empfindlicher Beschleuniger Bei solchen Vorfällen kann man natürlich auch mit Korrekturen des Strahls nicht mehr viel retten. Es gibt aber auch weniger dramatische Einflüsse auf die Bewegung der Teilchen, die man durchaus korrigieren kann. So fand man zum Beispiel kleine Fluktuationen in der Energie des Beschleunigers. Sie traten regelmäßig und immer zu festen Zeiten auf. Die Idee für die Ursache kam den Physikern, als die französische Eisenbahn bestreikt wurde. Durch Streik keine Eisenbahn, ohne Eisenbahn keine Energieschwankungen. Der in der Nähe des CERN vorbeirauschende französische Hochgeschwindigkeitszug TGV induzierte nämlich tatsächlich elektrische Störströme im Teilchenbeschleuniger LEP, obwohl dieser 100 m unter der Erde vergraben war. Solche Strominduktionen kann man beobachten, wenn der Blitz zum Beispiel nicht direkt ins eigene Haus einschlägt, sondern nur bei den Nachbarn, aber dennoch durch induzierte Ströme im eigenen Haus die Sicherungen rausfliegen.

Und noch einen dritten Grund zur Korrektur möchte ich erwähnen, da man ihn auch heute noch gut sehen kann, wenn man auf die Statusmonitore schaut. Die Energie der Teilchen im Beschleuniger schwankt periodisch, obwohl sich an der Maschine nichts ändert. Diesmal zuckt der Strahl nicht zu bestimmten Zeiten, nämlich wenn ein Zug vorbeifährt. Sondern er bewegt sich ganz langsam immer ein Stück in eine Richtung und dann wieder langsam zurück in die andere Richtung. Auch hier waren die Physiker wieder eine Zeit lang ratlos, bis sie plötzlich feststellten, dass die Schwankungen mit den gleichen Zeitabständen erfolgten wie Ebbe und Flut. War es also der Mond, der am Beschleuniger zerrte? Kann ja wohl nicht sein! So wie er bei den Gezeiten am Wasser zieht und Ebbe und Flut verursacht, zieht er auch an der Erde, auf der der Beschleuniger steht. Die Gravitationskraft, mit der der Mond an der Erde zieht, wird aber mit wachsendem Abstand schwächer. Also wird an dem Teil des Beschleunigers, der näher am Mond steht, stärker gezogen als an dem Teil, der weiter weg ist. Der Beschleuniger steht also relativ zum Strahl gesehen schief. Die Unterschiede sind zwar minimal, aber weil solch große Teilchenbeschleuniger eben so empfindlich sind, merken sie sie trotzdem.

Wir kennen jetzt ein paar Gründe, weshalb ein Teilchenstrahl ab und an korrigiert werden muss. Aber wie stellt man das nun an?

4.4.1   Eine Linse für den Protonenstrahl

Wir alle kennen Fälle, wo Lichtstrahlen nicht mehr den Weg gehen, den sie eigentlich sollten. Manchmal finden sie zum Beispiel nicht mehr den richtigen Weg zu unserer Netzhaut. Wir kennen aber auch alle ein gutes Rezept dagegen: Linsen. Was aber tut man mit einem Strahl geladener Teilchen, der plötzlich auf Abwege kommt? Vor allem, wenn verschiedene Teile des Strahls auseinanderlaufen und nicht mehr alle zusammen den Weg gehen, den die Dipolmagnete vorgesehen haben.

Auch im LHC werden „Linsen" verbaut. Sie heißen *Quadrupolmagnete*. Klingt irgendwie nach etwas, was mir Vier zu tun hat. Während ein Dipolmagnet zwei Pole hat (einmal Nord und einmal Süd), hat ein Quadrupolmagnet vier Pole, nämlich jeden doppelt. Ein Quadrupolmagnet sieht eigentlich aus wie ein Dipolmagnet, nur kürzer. In Abb. 4.9a sehen wir einen Quadropulmagneten im Querschnitt mit den beiden Strahlrohren und den jeweils vier Spulen der Elektromagneten.

Wie das Ganze von innen aussieht, sieht man in Abb. 4.9b zusammen mit einer darübergelegten Darstellung der Magnetfeldlinien. Während die Stärke des Magnetfeldes beim Dipolmagneten weitestgehend konstant ist, wird sie beim Quadrupolmagneten nach außen hin immer stärker. Was passiert nun in einem solchen Feld, wenn ein Proton auf Abwegen unterwegs ist und sich von der Mitte entfernt? Es hängt davon ab, in welche Richtung es wandert. Sagen wir mal, es fliegt von uns aus gesehen in das Buch hinein und ist etwas zu weit oben. Wer seine rechte Hand jetzt mal zur Hilfe nimmt und Daumen, Zeigefinger und Mittelfinger um je 90° auseinanderstreckt (so, als wolle man bis Drei zählen, aber der Mittelfinger für die Drei bleibt auf halber Strecke stehen), sieht man: Wenn der Daumen in Flugrichtung, als in das Buch hinein, und der Zeigefinger in Magnetfeldrichtung, also von rechts nach links (in der oberen Hälfte) zeigt, wirkt die Kraft in Richtung des Mittelfingers. Und der zeigt nach oben. Das ist ja dumm. Kommt ein Teilchen bei dieser Art

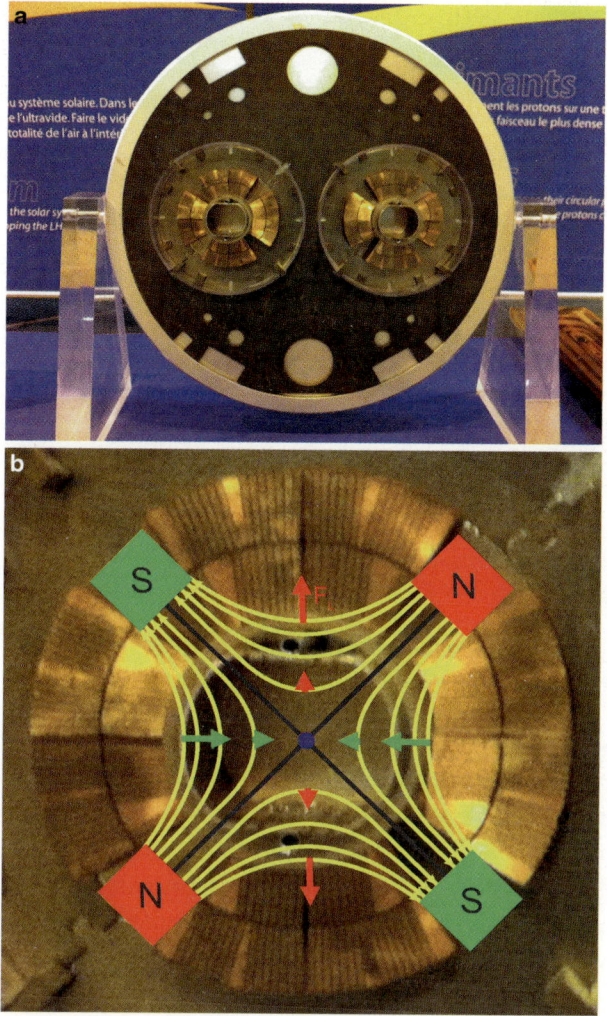

Abb. 4.9 **a** Ein Quadrupolmagnet im Querschnitt. Man erkennt die vier Pole der beiden Strahlrohre **b** Die Magnetfeldlinien um eines der beiden Strahlrohre im Quadrupolmagneten. Die roten und grünen Linien zeigen die Kräfte, die auf ein Proton wirken, das in das Bild hineinfliegt und von der Mitte abgekommen ist. (Foto *oben*: © Boris Lemmer, Foto *unten*: © Alexander Wastl)

Linse zu weit nach oben, fliegt es danach noch weiter nach oben. Wenn es nach unten fliegt, gilt das Gleiche, nur nach unten. Wenn es aber nach links oder rechts fliegt, wird es wieder nach innen gedrückt. Das ist gut! Denn genau das will man ja haben. Jetzt sieht man aber schon, dass ein Quadrupol kein Allheilmittel ist. Während die eine Art der Ablenkung (nach links oder rechts) gut korrigiert wird, wird die andere (nach oben oder unten) nur noch schlimmer. Dagegen hilft man sich mit der Benutzung von zwei Quadrupol-

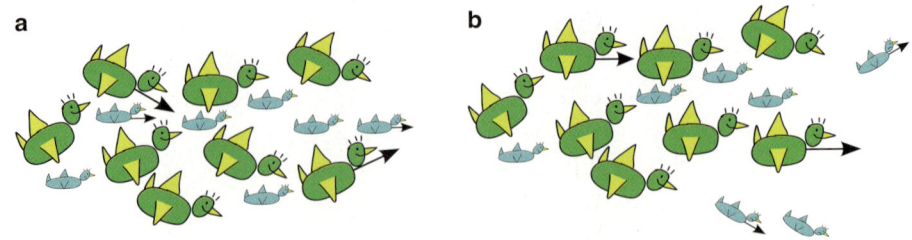

Abb. 4.10 **a** Ein Schwarm dicker Vögel, die nicht ganz korrekt geradeaus fliegen. Unter sie hat sich ein Schwarm kleiner Vögel gemischt, der sehr genau geradeaus fliegt. Die dicken Vögel stoßen also auf die kleinen. **b** Nach dem Stoß gibt der dicke Vogel einen Impuls an den kleinen ab: Der kleine fliegt aus der Bahn, der dicke verliert dafür aber seine Seitwärtsbewegung und fliegt besser geradeaus

magneten hintereinander, die um 90° gedreht sind. Was der eine nicht kann, erledigt der zweite. Damit haben wir ein wichtiges Instrument zur Korrektur von Teilchenbahnen kennengelernt.

4.4.2 Mit Coolness zum Nobelpreis: Methoden zur Strahlkühlung

Was man tun muss, wenn ein Teilchenstrahl auf Abwegen unterwegs ist, wissen wir jetzt. Aber es gibt noch ein zweites Problem, das er haben kann. Das tritt besonders bei Strahlen von Antiprotonen auf, zu denen wir später in Abschn. 4.6.2 kommen. Solche Strahlen sind sehr „heiß".

Eine hohe Temperatur zu haben bedeutet ja nichts anderes, als dass Teilchen sich schnell bewegen. Wenn jemand mit nahezu Lichtgeschwindigkeit unterwegs ist, ist es kein Wunder, dass man dann sagt, er sei heiß. Da es so gesehen aber keine kalten Strahlen gibt, meint man eine andere Hitze. Es ist die Hitze der Teilchenbewegung, die nicht in Flugrichtung erfolgt, sondern weg vom Strahl. Wer mit seinem Arm mal eine Welle nachmacht, der sieht, was gemeint ist: Die Hand geht auf und ab. Genau diese Auf- und Abbewegung ist gemeint. Im Idealfall sollte ein Strahl einfach nur geradeaus schießen. Tut er das nicht, ist er unruhig und nicht so gut beherrschbar, wie man das gerne hätte. Daher versucht man diese sogenannten transversalen Bewegungen loszuwerden.

Hierfür gibt es zwei Methoden. Die erste heißt *Elektronenkühlung*. Sie lässt sich ganz gut an einem Beispiel mit Vögeln erklären. Abbildung 4.10a zeigt einen Schwarm dicker Vögel, die es nicht ganz hinbekommen, alle geradeaus zu fliegen.

Sie trudeln alle mit ein wenig Seitwärtsbewegung durch den Himmel. Jetzt hat sich unter die dicken Vögel ein Schwarm kleiner Vögel gemischt, die alle perfekt geradeaus fliegen. Was wird passieren? Die dicken Vögel dotzen gegen die kleinen und kicken sie aus der Bahn. Durch den Stoß gegen die kleinen Vögel erhalten sie selbst noch einen Rückstoß und verlieren dabei transversalen Impuls, also Impuls nach oben oder unten (Abb. 4.10b). Genau das soll passieren! Die kleinen Vögel fliegen zwar aus der Bahn, aber die großen dafür besser geradeaus. Und das ist ja schließlich das Ziel. Dieses schöne Bild mit den Vögeln müssen wir jetzt nur noch übertragen auf einen heißen Protonenstrahl und einen parallel dazu mitlaufenden Strahl aus kalten Elektronen. Und so funktioniert die Elektronenkühlung.

Im Mittel ganz o. k.: stochastische Kühlung Neben der Elektronenkühlung gibt es noch eine zweite Art der Kühlung, nämlich die *stochastische Kühlung*. Bei stochastischen Prozessen geht es immer um Wahrscheinlichkeiten und Statistiken. Bei dieser Methode macht man immer nur „im Mittel etwas richtig". Man kann sich nicht um jedes einzelne schief laufende Proton kümmern, sondern korrigiert immer einen ganzen Haufen. Das kann für manche Teilchen gut sein, für manche nicht. Daher stochastische Kühlung.

Allerdings war diese Kühlung enorm wichtig, da nur sie es ermöglichte, einen Strahl aus Antiprotonen so sehr zu kühlen, dass man damit Experimente durchführen und die W- und Z-Bosonen entdecken konnte. Daher ging der Nobelpreis in Physik von 1984 zur Hälfte an Carlo Rubbia als Leiter des Experiments und zur Hälfte an Simon van der Meer für die Entwicklung der stochastischen Kühlung. Nun, wie funktioniert sie?

An einer Stelle des Teilchenbeschleunigers, an der die Teilchen vorbeisausen, befindet sich ein sogenannter *Pickup*. Dieser untersucht die Position des Teilchenstrahls und kann feststellen, ob er sich (im Mittel) von der Mitte wegbewegt hat oder nicht (Abb. 4.11a).

Diese Information nimmt er auf und schickt sie an eine andere Stelle des Beschleunigers, wo der Strahl dann später mal vorbeikommt. Diese Stelle heißt *Kicker*. Kicker deshalb, weil der Strahl an dieser Stelle einen Tritt bekommt (Abb. 4.11b). Dieser Tritt erfolgt genauso stark und in die entsprechende Richtung, um den Fehler, den der Pickup feststellte, zu korrigieren. Die Korrekturen erfolgen dabei über kurzzeitig aufgebaute elektrische Felder, die die Teilchen dann ablenken. Klingt jetzt erst mal ganz einfach. Eine Kleinigkeit nur gilt es zu beachten: Die Teilchen fliegen mit nahezu Lichtgeschwindigkeit. Das Signal für die Korrektur muss allerdings schneller seinen Weg vom Pickup zum Kicker finden. Wie kann das gehen? Wie könnten wir einen Läufer einholen, der ständig im Kreis rennt, aber schneller ist als wir? Abkürzen! Einfach einmal quer durch die Mitte! Und so macht man es auch mit dem Korrektursignal.

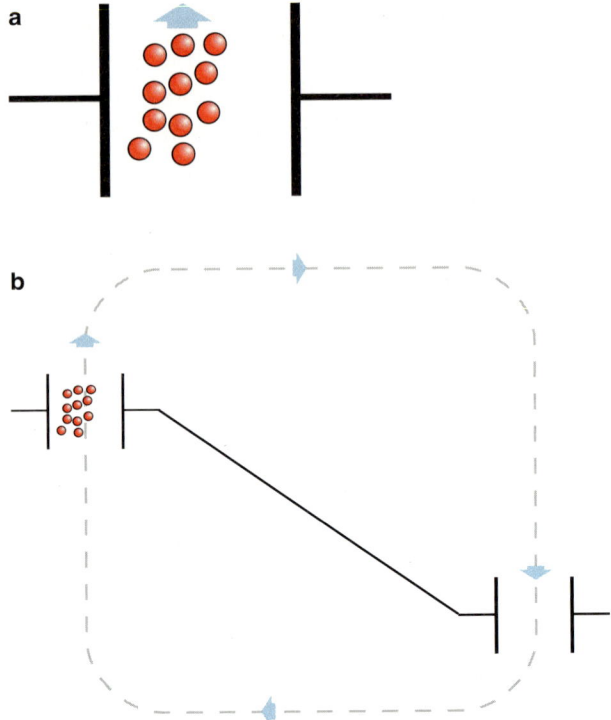

Abb. 4.11   a Ein Protonenpäckchen durchfliegt den Pickup, der dessen Position bestimmt. **b** Die Positionsinformation wird einmal quer über den Beschleuniger geschickt und der Kicker gibt am anderen Ende ein Korrektursignal

Wenn man sich einen Teilchenbeschleuniger von oben anschaut, der stochastische Kühlung benutzt, kann man sogar die quer gespannten Kabel sehen. So zum Beispiel auch beim ehemaligen Antiprotonenbeschleuniger LEIR, mit dem früher am CERN die W- und Z-Bosonen entdeckt wurden (Abb. 4.12). Heute dient dieser Beschleuniger als Vorbeschleuniger für den LHC und beschleunigt keine Antiprotonen mehr, sondern Schwerionen (mehr dazu in Abschn. 4.6.4).

Wir wissen jetzt: Schnell unterwegs zu sein ist nicht alles. Man sollte auch die Spur halten können. Ganz wie mit dem Auto auf dem Gießener Ring. Und die Präzision, die ein Teilchenstrahl haben muss, ist noch mal um einiges größer als die eines Autos auf der Autobahn. Der derzeitige Chef der Abteilung für Beschleuniger am CERN, Steve Myers, stellte hierzu einmal folgenden Vergleich auf: „Die Genauigkeit, die man benötigt, um zwei Protonenstrahlen miteinander kollidieren zu lassen, ist etwa so, als würde mal zwei Nadeln über den Atlantischen Ozean schießen, die sich dann in der Mitte treffen sollen." Keine leichte Sache.

Abb. 4.12 Der Vorbeschleuniger LEIR mit all seinen Komponenten. Man erkennt die Dipolmagneten (*orange*), die Quadrupolmagneten (*blau/orange*) und die Elektronen-kühlung (*blau mit orangem Zylinder, rechts am Rand*). (Foto: © CERN)

4.5 Das volle Programm: ein Beschleunigungszyklus

Die Zutaten für den LHC sind da: elektrische Felder zum Beschleunigen, ein Kreis zum Immer-wieder-Beschleunigen, Dipolmagnete zum Um-die-Ecke-Lenken, ein Vakuum zum Nicht-dagegen-Fahren, Quadrupolmagnete zum Fokussieren und noch ein paar Dinge zur Strahlkühlung. Wie sieht denn das aus, was man daraus bauen kann?

4.5.1 Wohin mit den Protonen?

Der 27 km lange LHC liegt in einem Tunnel 100 m unter der Erde am CERN bei Genf. Aber er liegt dort nicht alleine. In Abb. 4.13 sehen wir, was zum LHC so alles dazugehört.

Wir haben einen Haufen Lieferanten für den LHC, aber auch andere Kunden, die beliefert werden wollen. Nicht jedes Proton landet beim weltgrößten Beschleuniger. Schauen wir mal, wer so alles mitspielt.

Wenn die beschleunigten Teilchen Protonen sind, und das passiert die meisten Tage im Jahr, dann starten sie zunächst beim Linearbeschleuniger LI-NAC II. Den haben wir ja bereits kennengelernt. Danach gehen die Protonen

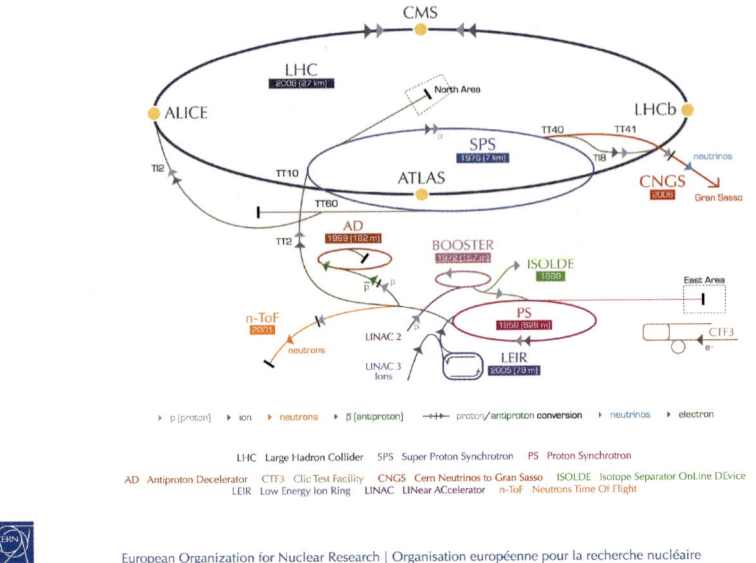

Abb. 4.13   Eine Übersichtskarte aller Beschleuniger am CERN. (Foto: © CERN)

durch eine Reihe von Vorbeschleunigern. Diese Jungs waren früher einmal das Beste, was es auf dem Markt gab. Aber als dann noch schnellere Beschleuniger gebaut wurden, hat man die alten nicht ausrangiert. Stattdessen wurden sie als Vorbeschleuniger für die neuen Stars benutzt. Und die braucht man auch!

Stück für Stück zur Lichtgeschwindigkeit Protonen kann man nicht einfach in den LHC stecken. Denn am Anfang sind die Protonen ja noch recht langsam. Das Magnetfeld müsste dementsprechend bei Null anfangen und dann hochgehen bis zu seiner Maximalstärke. Das ist technisch aber einfach nicht zu machen. Daher braucht jeder Beschleuniger seine Protonen schon mit etwas Schwung, bevor er sie aufnehmen kann. Wie so ein kompletter Beschleunigungszyklus abläuft, also vom LINAC II bis hin zum LHC, darüber unterhalten wir uns mal im nächsten Abschnitt. Schauen wir erst mal auf die Karte und sehen, welche anderen Wege die Teilchen noch gehen können.

Der Standardweg wäre ein Start beim LINAC II, der die Protonen auf eine Energie von 50 MeV beschleunigt. Weiter geht es dann mit dem *Booster*, der sie auf 1,4 GeV bringt. Die nächste Station is der *PS* (Proton Synchrotron), bei ihm geht es weiter auf 25 GeV. Bis hier befanden sich alle Beschleuniger noch über der Erde. Ab jetzt geht's runter. Dort hat man einfach mehr Platz.

Viele Menschen denken, dass die Teilchenbeschleuniger so tief unter der Erde sind, damit die Menschen von ihnen nicht gefährdet werden. Oder aber damit die Maschine nicht vom Menschen gefährdet wird. Man mag ja gar nicht dran denken, wie viele Bierflaschen die Menschen sonst schon in die Strahlrohre gesteckt hätten. Der Hauptgrund liegt aber in Wirklichkeit darin, dass dort unten viel Platz ist und der Platz auch einfach günstiger ist. Oben müsste man jede Menge Grundstücke kaufen, das geht unten einfacher. Unter der Erde geht es also zum *SPS* (Super Proton Synchrotron), der den Protonen 450 GeV mit auf den Weg gibt. Und dann kommt der LHC. Er schafft pro Protonenstrahl zurzeit 4 TeV, später mal 7 TeV.

Und dort ist dann Endstation. Wenn die Teilchen ihre Maximalenergie haben, werden die beiden Protonenstrahlen gekreuzt und zur Kollision gebracht. Das geschieht an vier Stellen. Um diese Kollisionspunkte sind dann riesige Experimente gebaut, die wie Kameras funktionieren und sich anschauen, was bei den Kollision so passiert. Wie man solche Detektoren baut, kommt im nächsten Kapitel noch ausführlicher dran.

Dicke Brummer statt Protonen: Ionenbeschleunigung Jetzt kann der LHC aber auch anders gefüttert werden als auf diese Art. Nämlich mit anderen Teilchen. Statt Protonen kann man auch die Kerne von dicken Atomen nehmen, zum Beispiel Blei oder Gold. Wieso man das macht, kommt in Abschn. 4.6.4 dran. Diese schweren Kerne kommen dann nicht vom LINAC II, sondern vom LINAC III und gehen auch nicht über den Booster, sondern über den Beschleuniger *LEIR*. LEIR hieß früher mal LEAR und sprach sich genauso aus. Damals aber beschleunigte er Antiprotonen. Daher auch der Name: Low Energy Antiproton Ring. Das war die Geschichte mit dem Antiprotonenstrahl, der gekühlt werden musste, damit man damit dann die W- und Z-Bosonen finden und einen Nobelpreis bekommen konnte.

Heute ist die Maschine immer noch in Benutzung. Doch statt Antiprotonen beschleunigt sie jetzt die schweren Atomkerne, die man auch Ionen nennt. Ionen sind Atome, denen entweder ein paar Elektronen abgezupft oder noch hinzugepackt wurden. Das muss man machen, da normale Atome elektrisch neutral sind. Und ohne elektrische Ladung keine Beschleunigung. Ein solcher Low Energy Ion Ring bekommt dann die Abkürzung LEIR.

Das Tolle an LEIR ist, dass man ihn sich von oben von einer Plattform aus anschauen kann und an ihm alle Bauteile sieht, die man für einen Teilchenbeschleuniger braucht. Schauen wir doch mal (Abb. 4.12):

Wir erkennen ganz deutlich die Dipolmagnete, die Ionen um die Ecke lenken. Sie sind orange und sitzen … na ja, in den Ecken eben. Direkt vor und nach den orangen Eckdipolen gibt's blau-orange Klötzchen. Das sind die fokussierenden Quadrupole. Etwas schwerer zu erkennen sind die grünen Transferlinien oben links in der Ecke, die den Strahl zu LEIR hin und von LEIR weg bringen. Ansonsten haben wir rechts im Bild noch die Anlage für die Elektronenkühlung. Die blauen Türmchen mit den orangen Hüten schicken dabei die Elektronen zum Strahl, die ihm dann für das kleine Stück folgen und ihn kühlen.

Alternativrouten: Was mit Protonen noch so geschehen kann Die anderen Vorbeschleuniger sehen im Prinzip so ähnlich aus und haben auch die gleichen Bauteile. Was machen aber eigentlich die Teilchen, die nicht bis hin zum LHC beschleunigt werden?

Also als ersten Ausgang hätten wir dabei zum Beispiel *ISOLDE*. ISOLDE ist kein einzelnes Experiment, sondern eine ganze Sammlung von Experimenten. Sie alle beschäftigen sich mit der Vermessung verschiedener Isotope, also Atome mit einer unterschiedlichen Anzahl Neutronen im Kern. Diese Isotope kann man mithilfe der beschleunigten Protonen entweder überhaupt erst erzeugen oder durch sie kaputtmachen. Beides hilft jedenfalls, sie zu untersuchen.

Wenn die Protonen erst nach ihrem Ritt durch den PS aussteigen sollen, ist eine Möglichkeit dafür das *n_ToF-Experiment* (neutron time-of-flight). Hier knallen die Protonen auf ein paar still daliegende Atome und hauen aus ihren Kernen Neutronen raus. Leider ist diese indirekte Art die einzige, mit der man Neutronen „beschleunigen" kann. Denn Neutronen sind ja elektrisch neutral, da bringt ein elektrisches Feld wenig. Leider kann man Neutronen genauso schlecht ablenken, wie man sie beschleunigen kann. Mit ein paar Tricks kann man aber dennoch nette Experimente mit Neutronen machen. Und das tut n_ToF.

Einen anderen Ausgang, auch nach dem PS, bietet der *Antiproton Decelerator (AD)*. Wer jetzt denkt, dass wenn ein „Accelerator" beschleunigt, ein „Decelerator" dann „entschleunigt", der ... hat recht.

Vor AD befindet sich eine Folie, auf die die Protonen vom PS knallen. Sie bringen dabei genug Energie mit, um ein Proton-Antiproton-Paar zu erzeugen. Das passiert (die Sache mit dem Wirkungsquerschnitt!) nicht immer, aber oft genug. Die dabei entstandenen Antiprotonen kann man rausfiltern. Diese Art, einen Antiprotonenstrahl zu erzeugen, ist ungefähr so, als würde man Tennisbälle auf Scheiben werfen, um einen Scherbenstrahl zu erzeugen. Das heißt, die Antiprotonen fliegen, wie auch die Scherben, statt schön gebündelt, erst mal wild in alle Richtungen. Also muss man sich erst einmal darum kümmern, einen schönen Strahl zu bekommen. Außerdem haben die Antiprotonen dann schon von Beginn an eine Geschwindigkeit. Während man Protonen immer zu beschleunigen versucht, so stark es geht, um daraus etwas Neues zu erzeugen, sind die Antiprotonen selbst schon das Untersuchungsobjekt. Und das hätte man gerne so langsam wie möglich. Dafür muss der Antiprotonenstrahl gebremst werden, damit die Teilchen zum Stillstand kommen. Dafür sorgt der AD. Er funktioniert wie ein Synchrotron, das immer genau falschrum gepolt ist, so dass die Teilchen nicht angestoßen, sondern abgebremst werden. Am Ende kann man die Antimaterie dann einfangen und untersuchen. Dafür gibt man zu den Antiprotonen noch je ein Antielektron – und fertig ist das erste Antiatom!

Man kann dann zum Beispiel testen, ob sich Antimaterie genauso verhält wie normale Materie. Leuchtet sie zum Beispiel in der gleichen Farbe? Wirkt auch auf sie eine anziehende Schwerkraft oder vielleicht eine abstoßende Antischwerkraft?

Was natürlich auch immer geht, ist den Protonenstrahl auszukoppeln und dann Materialien damit zu bestrahlen. So kann man zum Beispiel die Strahlenhärte von Materialien testen. Diese Frage ist nicht ganz unwichtig für die Benutzung von Materialien, die in Raumstationen verwendet werden. Ohne die schützende Atmosphäre der Erde bekommen die Teile dort oben wesentlich mehr Strahlung ab als hier unten und gehen auch schneller kaputt. Aus diesem Grund benutzt man in Raumstationen auch nicht die neuesten und schnellsten Prozessoren für Computer, sondern lieber etwas ältere und gröber designte, die dafür mehr aushalten. Aber auch die Komponenten für neue Teilchenphysikexperimente kann man mit den ausgekoppelten Strahlen untersuchen. Die entsprechenden Teststationen dafür gibt es am CERN in der North Area und der East Area.

Zu guter Letzt gibt es nach dem SPS noch das *CNGS-Experiment* (CERN Neutrinos to Gran Sasso). Das hat 2011 große Schlagzeilen gemacht. An diesem Experiment wird der Protonenstrahl wieder gegen eine Folie geschossen und erzeugt dabei aus seiner Energie allerlei.

Interessiert war man aber eigentlich nur an Pionen, die dann in Myonen zerfallen, die dann wiederum in Neutrinos zerfallen. Neutrinos reagieren ja nur mit der Schwachen Wechselwirkung. Also im Wesentlichen gar nicht. Daher macht es ihnen auch gar nichts aus, sie über 700 km durch die Erde zu scheuchen und hinterher in einem der Experimente im Gran-Sasso-Gebirge in Italien zu untersuchen. Man muss ihnen nicht mal einen Tunnel graben, man schickt sie einfach durch die Erde, denn sie reagieren ja nicht. O. k., zugegeben: Man findet sie dann auch im Detektor nur sehr schwer. Denn wenn ein Neutrino 700 km durch die Erde marschiert, ohne zu reagieren, wieso sollte es sich dann gerade hinten im Detektor zeigen? Das tun nur wenige. Sehr, sehr wenige. Aber zum Untersuchen reicht es trotzdem.

2011 wurde bei einem der Experimente am CNGS-Neutrinostrahl eine faszinierende Entdeckung gemacht. Sie stellte die grundlegendsten unserer Naturgesetze infrage und schien eine wissenschaftliche Revolution zu starten.

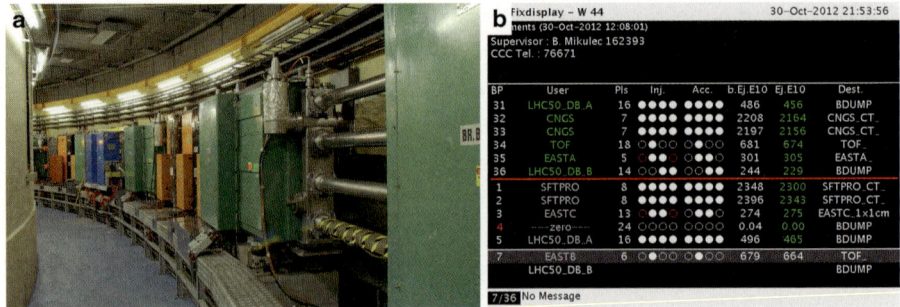

Abb. 4.14 a Der Booster, der erste Ringbeschleuniger des LHC-Komplexes. (Foto: © CERN) **b** Der Statusmonitor des Boosters. Man erkennt die gefüllten Rohre und die Endstationen der Protonen, die gerade beschleunigt werden

Um was es ging und wie die Sache letztlich ausging, das schauen wir uns in Ruhe im Abschn. 6.6 an. Jetzt aber erst noch mal zurück zum LHC!

4.5.2 Der Herzschlag des LHC

Im Gegensatz zu Omas Fernseher hat der LHC nicht nur einen Knopf, um angeschaltet zu werden. Teilchenbeschleunigung mit solchen Energien ist ein schwieriges Geschäft. Wenn der LHC läuft, befinden sich ca. $6 \cdot 10^{14}$ Protonen in ihm. Das klingt nach richtig viel. Wie oft unsere Flasche mit Wasserstoffgas dafür wohl ausgewechselt werden muss? Zwei Mal im Jahr. Das reicht völlig. Denn so eine Flasche mit 5 kg Gas enthält ca. $3 \cdot 10^{27}$ Wasserstoffatome (also Protonen). Da sieht man mal wieder, wie klein Atome eigentlich sind.

Nachdem die Wasserstoffatome nun am LINAC II aus der Gasflasche strömen, werden ihnen zunächst einmal in einer Plasmaheizung die Elektronen abgezupft. Danach sind es nackte Protonen, positiv geladen und bereit zur Beschleunigung. Der LINAC II formt kleine Päckchen mit je 10^{10} Protonen und schickt diese dann durch den ersten Beschleunigungsabschnitt, der noch geradeaus geht. Die Protonen, die nicht genau im Beschleunigungstakt sind, fliegen raus.

Wie ein Stück LINAC II in echt aussieht, haben wir in Abb. 4.3b bereits gesehen. Während man beim Anfang des LINAC II noch direkt daneben stehen kann, kommt kurz danach eine Tür, durch die man nicht durch darf, wenn die Maschine in Betrieb ist. Ab diesem Abschnitt haben die Protonen genug Energie, um Strahlung zu erzeugen, die für den Menschen gefährlich ist, wenn man sich danebenstellt. Nächste Station ist der Vorbeschleuniger *Booster*. Hier geht es für die Protonen zum ersten Mal im Kreis, und das gleich in vier Rohren übereinander, wie man in Abb. 4.14a erkennen kann.

Jedes dieser Booster-Rohre öffnet sein Türchen, wenn die ersten Protonenpäckchen ankommen. Sind sie voll, wird die Tür zugemacht. Dann beginnt die Beschleunigung, bei der die Protonen Runde pro Runde einen Tritt durch die elektrischen Felder bekommen. Während dieser Zeit muss auch die Stärke des Magnetfeldes steigen, um die Protonen weiter festhalten zu können. Daher können in dieser Zeit auch keine neuen nachkommen. Denn die hätten ja noch die Endenergie vom LINAC II, also zu wenig, und würden daher gleich aus der Bahn fliegen.

Ein EKG für Beschleuniger: wie man Statusmonitore liest Während der Booster vor sich hinbeschleunigt, weiß er schon genau, wie die Reise für die Protonen weitergeht. In Abb. 4.14b sieht man den Statusmonitor des Boosters. Und man erkennt im Feld „Dest." (*destination*), welche Endstation die aktuell beschleunigten Protonenpäckchen haben. Davor sieht man, welche der vier Rohre gerade gefüllt sind.

Manche Endstationen haben einfach nicht so viele Protonen bestellt, dann reichen zwei volle Rohre. Was wir in Abb. 4.14b sehen, das sehen auch die Experten im *CERN Control Center* (CCC) (Abb. 4.15). Von hier aus werden rund um die Uhr der LHC und all seine Vorbeschleuniger überwacht und gesteuert. Wer selbst mal ein wenig nach dem LHC schauen möchte, der kann das gerne tun! All die Monitore, die im CCC gezeigt werden, kann sich auch jeder von zu Hause aus anschauen. Physiker machen sowas gerne. Wenn sie nachts aus dem Schlaf gerissen werden, weil in ihrem Alptraum gerade der LHC kaputtging, können sich sich schnell davon überzeugen, dass alles in Ordnung ist. Am CERN hängen diese Displays auch überall, so dass man immer auf dem neuesten Stand ist. Hier der Link für alle Interessierten:

Link

Die Statusbildschirme des LHC und all seiner Vorbeschleuniger sind für jeden frei und live einsehbar.

Nachdem der Booster eine Ladung beschleunigter Protonen wieder ausgespuckt hat, braucht er eine kurze Verschnaufpause, um seine Magnete runterzufahren. Sie sind dann wieder angepasst auf die Energie der Protonen, die

Abb. 4.15   Das CERN Control Center (CCC), von wo aus alle Beschleuniger gesteuert werden. (Foto: © CERN)

zum Beschleunigen bei ihm landen. Dann erst kann er seine Klappe wieder aufmachen und der Zyklus geht von vorne los. So ein Zyklus dauert 1,2 s. Das ist sozusagen der Herzschlag des LHC. Denn alle 1,2 s kann ein neues Päckchen zum PS beschleunigt werden.

Ein Vorbeschleuniger wird nicht immer nur ein Päckchen beschleunigen. Er kann auch einfach die Tür eine Weile auflassen und Päckchen sammeln, ohne zu beschleunigen. Das erkennt man wunderbar, wenn man sich die späteren Vorbeschleuniger PS (Abb. 4.16a) und SPS (Abb. 4.16b) anschaut. Man sieht zwei Linien: Die weiße repräsentiert die Stärke des Magnetfeldes und damit auch die Energie der Protonen, die gerade im Beschleuniger sind. Die blaue und grüne Linie steht für die Strahlintensität. Sie zeigt praktisch, wie viel Strahl gerade im Beschleuniger ist. Und beim SPS kann man wunderbar sehen, wie die Strahlintensität in Stufen ansteigt. Jeder Schritt in der Stufe entspricht einer Runde des vorigen Vorbeschleunigers. Und dann geht's erst los mit dem Magnetfeld und der Beschleunigung. Und so werden insgesamt 2808 Päckchen an Protonen beschleunigt und in den LHC gefüllt. Im LHC laufen die Päckchen, die Physiker auch *Bunches* nennen, gegenläufig in den beiden Strahlrohren. Schauen wir mal, was der LHC dann mit den Protonen macht.

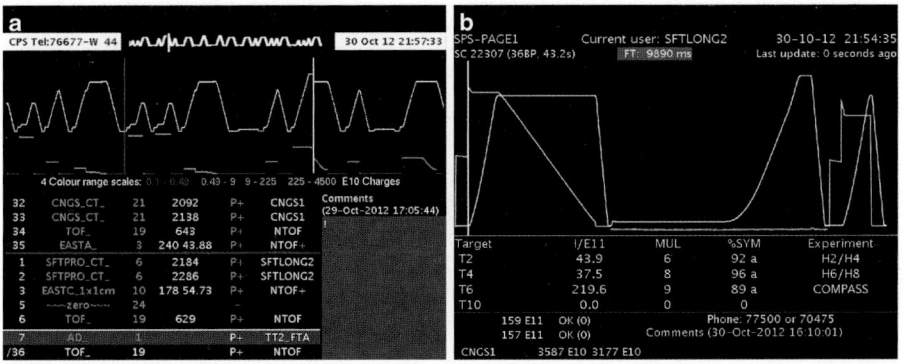

Abb. 4.16   **a** Der Statusmonitor des PS. **b** Der Statusmonitor des SPS

4.5.3   Bereit für zehn Stunden Mini-Urknall

Genug der Vorbeschleunigung. Jetzt geht es los: Endstation LHC. In Abb. 4.17 sehen wir ein schönes Beispiel für die verschiedenen Phasen des LHC-Status im Laufe der Zeit.

Im linken Teil sieht man drei verschiedene Linien: Die schwarze ist die Stärke des LHC-Dipolmagnetfeldes und die blaue und rote Linie stehen für die Intensitäten der beiden Protonenstrahlen im LHC. Intensität heißt in diesem Fall, wie viel Strahl gerade drin ist. Vor 11 Uhr früh war der LHC leer. Man erkennt die päckchenweise Fütterung des LHC um 11 Uhr an den Stufen, mit denen die blaue und rote Linie ansteigen. Nachdem die beiden Linien auf ihren Höchstwerten ankamen, also der LHC voll war, konnte das Magnetfeld hochfahren. Die Beschleunigung ging los!

Ungefähr eine Stunde nach Beginn der Füllung des Beschleunigers mit Protonen war das Magnetfeld auf der höchsten Stärke, also der Strahl von 450 GeV auf 4000 GeV beschleunigt. Sind die Strahlen auf Vollgas beschleunigt, müssen sie noch ein wenig bearbeitet werden. Die erste Phase, die darauf folgt, heißt „Squeeze". Hierbei werden die Strahlen geknautscht und enger gemacht.

Gut gequetscht zur Kollision gebracht   Wieso? Wenn die Strahlen letztlich zur Kollision gebracht werden sollen, müssen sie so dicht wie möglich sein, damit die Protonen auch wirklich gegeneinanderknallen. Stellen wir uns noch mal den Biber aus Abb. 3.6b vor. Diesmal wirft er auch wieder Holz, und zwar mit einem zweiten Kollegen, der ihm gegenüber steht und gegen das Holz vom ersten Biber wirft. Wollen die beiden möglichst viele Holzkollisionen, müssen sie nicht nur möglichst viel Holz werfen, sondern auch sehen, dass sie es nicht

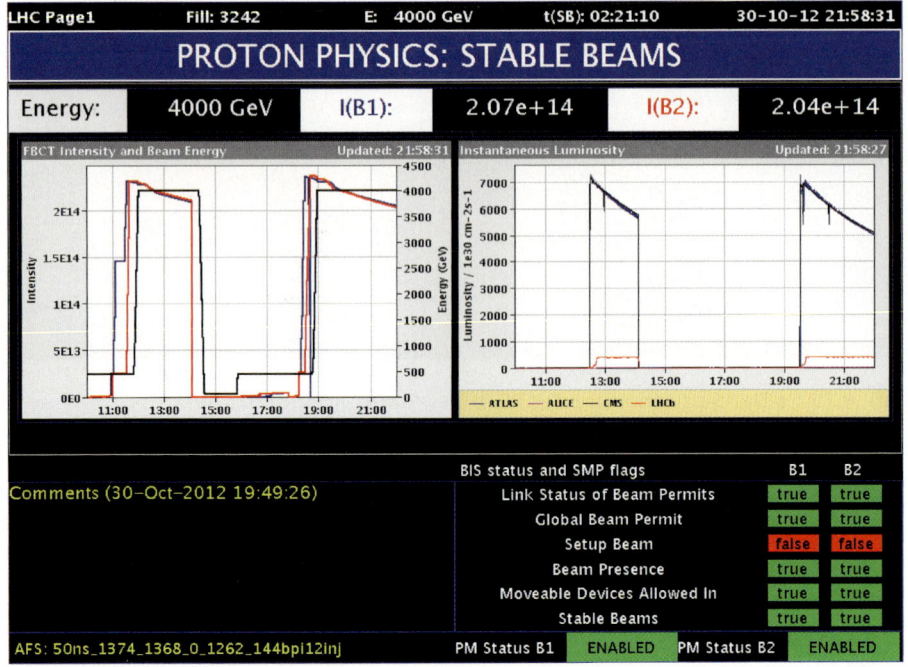

Abb. 4.17   Der Statusmonitor des LHC im Kollisionsmodus

zu weit streuen. Sonst fliegt zwar viel, aber auch viel aneinander vorbei. So ist das auch mit den Protonenstrahlen.

Die nächste Phase, die folgt, heißt „Adjust". Hier gibt es noch mal letzte Korrekturen an der Position des Strahls. Diese Phasen fanden um ca. 12 Uhr statt. Die Strahlintensitäten nahmen dabei schon ab, obwohl die Strahlen noch nicht kollidiert waren. Solche Korrekturen haben immer ihren Preis und ein wenig Intensität geht halt eben verloren. Ein paar Minuten später war es dann soweit und die Strahlen wurden gekreuzt und auf Kollisionsmodus gestellt. Ab dann gab es auch Einträge auf der rechten Seite. Sie zeigt die Luminosität für die verschiedenen Experimente am LHC. Während die Strahlintensität für alle vier LHC-Experimente gleich ist (die Strahlen müssen ja durch alle vier Kreuzungspunkte durchfliegen und werden nirgends dran vorbeigeleitet), ist die Luminosität unterschiedlich. Denn hier spielt noch eine Rolle, wie gut die Strahlen an den Experimenten fokussiert wurden. Der Unterschied zu einem normalen Strahl, wie er durch den LHC saust, und einem gequetschten Strahl, wie wir ihn bei der Kreuzung an den Experimenten haben, ist recht groß, wie man in Abb. 4.18a sieht.

a $(5\sigma_x, 5\sigma_y, 5\sigma_t)$ envelope for $\epsilon_x = 5.8642 \times 10^{-10}$m, $\epsilon_y = 5.8642 \times 10^{-10}$m, $\sigma_p = 0.000111$

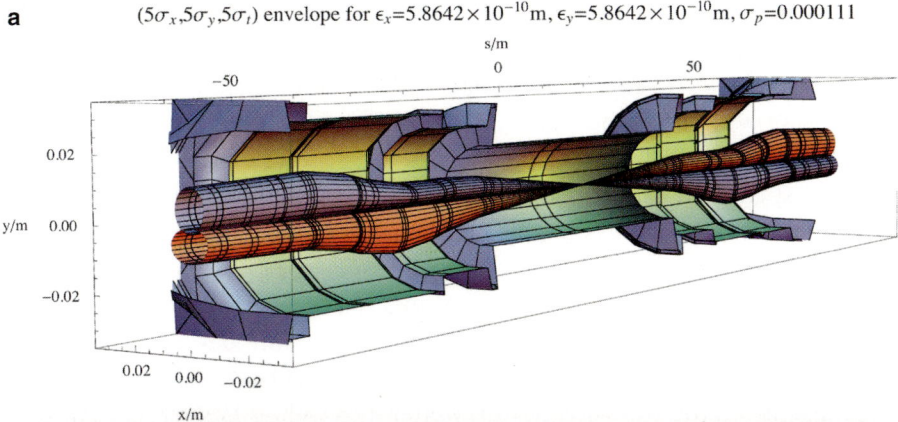

Abb. 4.18   **a** Die beiden Protonenstrahlen des LHC, wenn sie am ATLAS-Experiment fokussiert und gekreuzt werden. Die Höhe des gezeigten Strahlrohrabschnitts beträgt ca. 4 cm, die Länge ca. 100 m. **b** Der Beam Dump des LHC. In diese Kohlenstoffzylinder werden die Strahlen geschossen, wenn man sie nicht mehr braucht. (Grafik und Foto: © CERN)

Wir sehen, dass die Luminosität am CMS-Experiment genauso hoch ist wie bei ATLAS. Hier versucht die Crew des LHC immer möglichst viel zu liefern, damit ATLAS und CMS möglichst viel entdecken können.

Sehr viel weniger als bei ATLAS und CMS war allerdings bei LHCb los. Das liegt daran, dass LHCb auch einfach weniger Luminosität bestellt hat. Diesem Experiment geht es nicht darum, möglichst viel an Daten zu sammeln, denn es ist kein universelles Experiment, das nach dem Motto „je mehr, desto besser" arbeitet. Stattdessen sucht es nur ganz spezielle Teilchen und bekommt davon auch bei geringer Luminosität genug. Würde die Luminosität bei LHCb genauso groß sein wie bei ATLAS und CMS, wäre der LHCb-Detektor völlig überfordert mit der Verarbeitung von all den Daten.

Und so liefen die Kollisionen nun weiter und weiter. Der LHC konnte bis nach 14 Uhr mit dem Strahl, der morgens um 11 Uhr gefüllt wurde, arbeiten, ohne dass er nachgefüllt werden musste. Danach ging der Strahl verloren. Entweder gewollt (um etwas zu testen) oder ungewollt. Das Magnetfeld wurde runtergefahren und die nächste Füllung vorbereitet. Um ca. 16 Uhr war das Magnetfeld wieder auf Protonen mit 450 GeV Energie eingestellt. Genau so, wie sie der LHC vom SPS bekommt. Nach ein paar zaghaften Protonenfüllungen um 17 Uhr (für Tests) begann dann wieder ein Füllzyklus um 18 Uhr. Diesmal lief er besser, selbst um 22 Uhr gab es noch Strahl. Die Korrekturen, die wegen der Anziehung des Mondes durchgeführt werden mussten, sieht man an den kleinen Einbrüchen in der Luminosität gegen 13 Uhr und 20:30 Uhr.

Endhaltestelle der Protonen: der Beam Dump Das ganze Spiel kann auch mal gut zehn Stunden so weiterlaufen. Das liegt daran, dass bei den Kollisionen immer nur ein sehr kleiner Teil reagiert. Die ca. 3000 Pakete umkreisen den LHC 11.245 Mal pro Sekunde. Und immer dann, wenn 10 Milliarden Protonen aus einem der 3000 Päckchen auf 10 Milliarden Protonen aus einem anderen Päckchen krachen, reagieren nur ca. 20 miteinander (nach dem 2013 beginnenden Upgrade des LHC etwas mehr). Der Rest fliegt einfach durch den anderen Haufen durch und dreht die nächste Runde.

Dennoch fällt die Luminosität mit der Zeit, wie man sieht. Das liegt daran, dass zum einen ja doch ein paar Protonen kollidieren und damit aus dem Rennen sind, zum anderen der schön fokussierte Strahl vom Anfang mit der Zeit ausfusselt. Daher fällt die Luminosität schneller als die Strahlintensität: Es ist zwar noch viel Strahl drin, aber eben … ausgefusselt und nicht mehr so schön fokussiert.

Es gibt jetzt zwei Möglichkeiten, wann das Spiel ein Ende hat. Entweder ist die Luminosität so gering, dass die Physiker sagen: „O. k., es lohnt sich jetzt eher, den Strahl wegzuwerfen und einen frischen zu füllen, als mit dem hier weiterzuarbeiten." Denn ein neuer Strahl dauert ja immer seine Zeit. Dafür hat man am Ende mehr davon.

Ein weiterer Grund könnte sein, dass das *Beam Interlock System* Alarm geschlagen hat. Dieses System sorgt dafür, dass der Strahl sofort weggeworfen wird, wenn etwas nicht stimmt. Innerhalb von 0,3 Millisekunden wird dann ein Notfallprogramm gestartet und der Strahl über einen Notausgang zunächst aufgefächert und dann in den sogenannten *Beam Dump* geschossen. Besser ein kontrollierter Abgang in den Beam Dump als ein unkontrollierter Abgang sonst wohin. Denn der LHC hat genug Energie in seinem Strahl, um sich selbst kaputtzumachen.

Der LHC Beam Dump (Abb. 4.18b) besteht aus einem 7 m langen Kohlenstoffzylinder mit 70 cm Durchmesser, der von einem Stahlmantel umhüllt ist. Dieser wird mit Wasser gekühlt und ist von 700 Tonnen Beton und Eisen umgeben.

Ein Interlock-Ereignis, das einen Dump auslöst, kann viele Ursachen haben. Entweder stellt eines der vielen Überwachungssysteme fest, dass eine Komponente des LHC nicht mehr so arbeitet, wie sie soll. Ein Magnet könnte zum Beispiel kurz davor sein, auszufallen. Oder eine Komponente wird zu heiß. Oder der Strahl wird instabil und fängt an zu wackeln. Diese Alarme werden alle automatisch ausgelöst, und das auch noch sehr schnell. Außerdem besteht die Möglichkeit, den Alarm jederzeit per Hand auszulösen. Jeder Mensch in dem Kontrollraum des LHC oder einem der Kontrollräume der vier Experimente hat die Möglichkeit, den Strahl wegzuwerfen. Dafür muss man nur einen dicken roten Knopf drücken. So eine Aktion ist meines Wissens noch nicht vorgekommen. Und man würde sich keine Freunde damit machen, den Not-Aus-Knopf zu drücken, ohne dass es wirklich nötig wäre. Während Menschen im Tunnel des LHC sind, kann dieser sowieso keine Teilchen beschleunigen. Dafür sorgt eine Unmenge von Sicherheitssystemen, mit denen man jederzeit genau weiß, wer wo im Tunnel ist. Und erst wenn alle Menschen (z. B. nach Reparaturarbeiten) wieder oben sind, geht die Maschine wieder an. Für Menschen ist es dort nämlich im Betrieb viel zu gefährlich. Sollte doch mal jemand auf die Idee kommen, während des Betriebs des LHC eine gesicherte Tür aufzubrechen und nach unten zu laufen, wird der Beschleuniger auch sofort notabgeschaltet. Sicher ist die Maschine also auf jeden Fall.

4.6   Wen schicken wir am besten auf die Reise?

Fast alle Teilchenbeschleuniger haben zum Ziel, Teilchen auf sehr große Energien zu beschleunigen, die Teilchen miteinander kollidieren zu lassen und dann Teilchen zu beobachten, die aus dieser Energie erzeugt wurden. Daher ist es wichtig, besonders hohe Energiedichten zu erzeugen. Viel Energie auf wenig Platz.

Die kleinsten Plätze sind Elementarteilchen, die haben nämlich erst gar keine Ausdehnung. Jetzt beschleunigt der LHC aber Protonen. Die sind zwar schon sehr klein, aber nicht die allerkleinsten, denn sie bestehen selbst ja noch aus Quarks. Die sind zwar noch kleiner, lassen sich aber nicht alleine beschleunigen. Denn sie existieren als freie Teilchen erst gar nicht, sondern gruppieren sich ja zu Mesonen und Baryonen, wie z. B. dem Proton. Gut, dann nimmt man eben Protonen.

Der Nachteil hierbei ist allerdings, dass bei einer Kollision zweier Protonen eigentlich zwei der Quarks oder zwei Gluonen aus den beiden Protonen miteinander kollidieren. Aber welche genau und vor allem mit welcher Energie, das kann man nicht genau sagen. Denn die Quarks und Gluonen teilen sich die Energie des Protons und tauschen sie untereinander aus. Mal übernimmt ein Teilchen für einen kurzen Moment etwas mehr, mal etwas weniger (Details dazu in Abschn. 4.6.2). Das macht die Experimente und das Rekonstruieren des Kollisionszustandes komplizierter.

Es gibt aber noch andere Arten von Teilchenbeschleunigern als Proton-Proton-Beschleuniger. Zum Beispiel solche, die nicht zwei Teilchenstrahlen haben, sondern nur einen, den sie dann gegen ein Target (also ein rumliegendes Ziel) schießen. Mit denen beschäftigen wir uns aber hier nicht. Schauen wir uns mal an, welche Sorten von Teilchen man gegeneinanderwerfen kann und was das alles für Vor- und Nachteile hat.

4.6.1   Problem des strahlenden Leichtgewichts: die Synchrotronstrahlung

Ein Problem mit einer Proton-Proton-Maschine wie dem LHC ist, dass wir nie genau sagen können, wie viel Energie die beiden Quarks oder Gluonen nun letztlich hatten, die kollidiert sind. Im Mittel tragen die Quarks zwar ein Drittel der Hälfte des Protonenimpulses (gibt ja im Wesentlichen drei von ihnen im Proton und die andere Hälfte übernehmen die Gluonen zwischen den Quarks), aber eben nur im Mittel. Ansonsten sind ihre Impulsanteile verteilt, wie in Abb. 4.19a dargestellt. Man erkennt den Höcker bei ca. 0,15, also ungefähr der Hälfte von einem Drittel. Da Quarks auch nie frei als einzelne

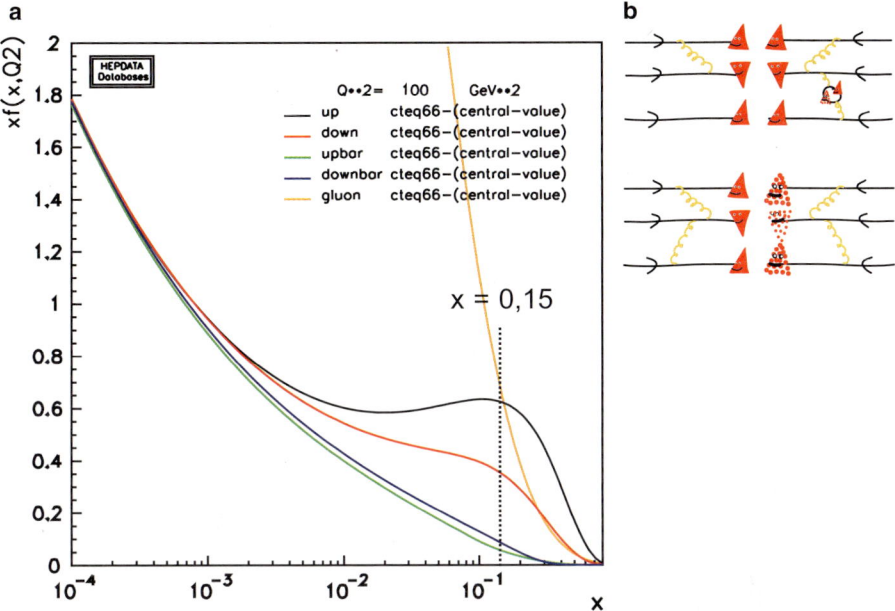

Abb. 4.19   a Die Strukturfunktion des Protons. Die *x*-Achse beschreibt den Anteil am Gesamtimpuls des Protons, den die Komponenten (*farbige Linien*) tragen. Auf der *y*-Achse sieht man die Wahrscheinlichkeit, ein Teilchen mit diesem Impulsanteil anzutreffen. **b** Wenn zwei Protonen kollidieren und dabei ein Quark mit einem Antiquark annihilieren soll, muss das Antiquark ein virtuelles Quark sein (*oben*). Man bekommt es direkt, wenn man stattdessen ein Proton mit einem Antiproton kollidieren lässt (*unten*)

Teilchen existieren und alleine beschleunigt werden können, kann man ja mal über Alternativen nachdenken.

Wie wäre es denn mit Elektronen? Leicht zu besorgen (man denke an den Fernseher), schön elementar und auch sonst ganz pflegeleicht. Der Vorgänger des LHC, LEP, war so eine Maschine. Kein Elektron-Elektron-Beschleuniger, sondern ein Elektron-Positron-Beschleuniger. Denn wenn eines der Positronen mit einem der Elektronen kollidiert, annihilieren Materie und Antimaterie und werden zu purer Energie. Oder in dem Fall eben zu neuen Teilchen und Antiteilchen. Es kommt zu einer Mischung aus Annihilation und Paarerzeugung (Abb. 4.20a).

Eigentlich sind Elektron-Positron-Beschleuniger wunderschön, da man mit ihnen sehr präzise messen kann. Es gibt da nur ein einziges Problem bei dem Betrieb solcher Beschleuniger. Sobald geladene Teilchen um die Ecke gebogen werden, strahlen sie Photonen ab. Diese Strahlung nennt man *Synchrotronstrahlung*. Da diese Photonen auch eine Energie haben, entziehen sie den geladenen Teilchen diese Energie. Das Dumme dabei: Der Energieverlust

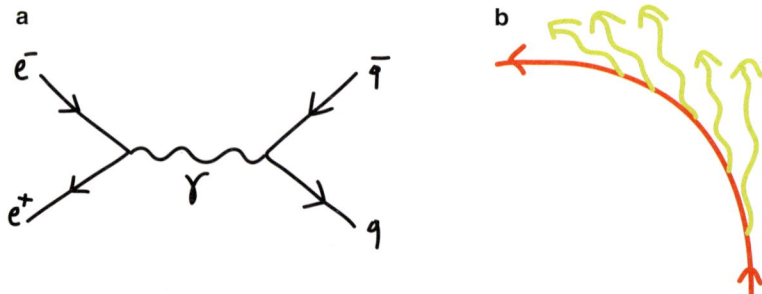

Abb. 4.20   a In einem Elektron-Positron-Beschleuniger treffen Elektronen auf Positronen, annihilieren und erzeugen ein neues Teilchen-Antiteilchen-Paar, z. B. ein Quark und ein Antiquark. **b** Wenn geladene Teilchen (*rot*) um die Ecke gelenkt werden, senden sie Synchrotronstrahlung (*gelb*) tangential zur Kreisbahn aus

beschleunigter Teilchen durch Synchrotronstrahlung ist größer für leichtere Teilchen. Viel größer.

Synchrotronstrahlung

Hat ein geladenes Teilchen eine gewisse Energie, wird es durch die Synchrotronstrahlung einen Anteil davon verlieren. Diesen Anteil nennt man dann relativen Energieverlust und bezeichnet ihn als $\frac{\Delta E}{E}$:

$$\frac{\Delta E}{E} = k\frac{E^4}{Rm^4} \tag{4.5}$$

k ist hierbei einfach nur eine Konstante. Man sieht drei Dinge: Je mehr Energie E ein Teilchen hat, desto mehr wird es davon auch verlieren. Doppelte Energie, sechzehnfacher Energieverlust. Das ist ärgerlich, wenn man versucht, Teilchen so schnell wie möglich zu machen. Außerdem sieht man: Je leichter ein Teilchen, also je kleiner seine Masse m, desto höher der Verlust. Und hier kommt das große Problem der Elektronen und Positronen. Sie sind 2000 Mal leichter als Protonen.

Also ist der Energieverlust um den Faktor $2000^4 = 1{,}6 \cdot 10^{13}$ größer. Zwar sinkt die Synchrotronstrahlung auch, wenn man den Radius R des Beschleunigers erhöht. Allerdings ist dieser Preis irgendwann einfach zu hoch. Denn große Kreise haben große Preise.

Elektronenbeschleuniger haben also ihre Grenzen. Der Aufwand wird irgendwann einfach unverhältnismäßig hoch.

Das komplette Problem der Synchrotronstrahlung hätte man übrigens gar nicht erst, wenn man die Elektronen auf gerader Strecke, also so wie bei einem Linearbeschleuniger beschleunigen würde. Allerdings müsste der dann ja ewig lang sein. Keine schöne Idee. Daher gilt: Elektronenbeschleuniger eignen sich sehr gut, um genaue Messungen durchzuführen, werden aber irgendwann einfach zu teuer und ineffizient, wenn man riesige Energien haben will. Daher nimmt man für neue Rekordenergien in der Regel immer Proton-Beschleuniger.

Braucht man allerdings nicht unbedingt die allerhöchsten Energien, sind Elektron-Positron-Beschleuniger sehr beliebt. In Japan steht zum Beispiel der *KEKB*-Beschleuniger mit dem *Belle*-Experiment, bei dem man sich besonders der Untersuchung der sogenannten *B-Mesonen* widmet. B-Mesonen sind Mesonen, die ein b-Quark enthalten. Hierdurch verspricht man sich ein besseres Vetständnis der in Abschn. 3.6.3 besprochenen CP-Verletzung, die einen wichtigen Punkt bei der Erklärung der Materie-Antimaterie-Asymmetrie darstellt. Hier lautet also das Motto: Nicht so viel Energie wie möglich, sondern so viel wie nötig (für die B-Mesonen).

Elektron-Positron-Beschleuniger sind auch wieder im Gespräch für die nächste Generation von Teilchenbeschleunigern, die dem LHC nachfolgen sollen. Allerdings wird man hierfür keine Riesenkreise bauen, sondern vielmehr versuchen, Teilchen schlauer und schneller geradeaus beschleunigen zu können. Diese Beschleuniger sind bisher aber noch in der Planungsphase. Die Ideen für ihre Realisierung laufen unter den Namen *ILC* (International Linear Collider) und *CLIC* (Compact Linear Collider).

4.6.2 Antimaterie im Auftrag der Forschung unterwegs

Wenn im LHC Protonen mit Protonen kollidieren, sind die eigentlich miteinander reagierenden Teilchen Gluonen, Quarks und Antiquarks. Möchte man einen elementaren Prozess, also die Erzeugung purer Energie, müssen es zwei Gluonen oder ein Quark und ein Antiquark sein, die aufeinander prallen. Denn nur wenn diese beiden sich treffen, können sie zu Energie zerstrahlen, beispielsweise in Form eines neuen Quark-Antiquark-Paares. Zwei Quarks (ohne „anti") können ja nicht zu Energie zerstrahlen, schließlich müssen die Ladungen sich gegenseitig aufheben.

Jetzt ist nur die Frage: Woher bekommt man das nötige Antiquark? In Abb. 2.25b haben wir ja gesehen, dass ein Proton aus zwei Up-Quarks und einem Down-Quark besteht. Hm.

Antiteilchen im virtuellen See: Seequarks und Strukturfunktionen Gibt es irgendwo im Proton auch Antiquarks? Ja! Und zwar für ganz kurze Zeiträume, nämlich als virtuelle Teilchen. Gesehen haben wir das in Abb. 2.25c, wo ein zwischen zwei Quarks hin- und herflitzendes Gluon mal kurz in ein Quark-Antiquark-Paar aufgespalten ist. So kommt man zu einem Antiquark.

So ein Antiquark zu treffen, ist allerdings wesentlich unwahrscheinlicher als einem der drei dicken Quarks (man nennt sie *Valenzquarks*) zu begegnen. Physiker haben viel Arbeit damit verbracht, zu schauen, was im Proton so los ist. Eine sehr gute Beschreibung für die Ergebnisse gibt es in Form von sogenannten *Strukturfunktionen*. Wie so eine Strukturfunktion aussieht, sehen wir in Abb. 4.19a.

Auf der *x*-Achse sind die Anteile am Protonimpuls aufgetragen. Das heißt: Bei einem Wert von 0,33 trägt ein Teilchen ein Drittel am Protonenimpuls. Das würde man erwarten, wenn außer drei Quarks nichts im Proton drin wäre. Würden die drei Jungs sich den Job fair teilen, hätte jeder ein Drittel für sich. Man sieht an der Strukturfunktion auch: Es ist ungefähr doppelt so wahrscheinlich, ein Up-Quark im Proton zu treffen (schwarze Linie), wie ein Down-Quark (rote Linie). Das macht Sinn! Schließlich sind ja auch zwei Up-Quarks und ein Down-Quark drin.

Was noch auffällt: Die meisten Up- und Down-Quarks tragen nicht ein Drittel des Protonenimpulses, sondern die Hälfte davon, also ca. 0,15. Woran liegt das? Das liegt daran, dass die drei Quarks sich den Gesamtimpuls des Protons ja noch mit den Gluonen und den virtuellen Quark-Antiquark-Paaren teilen müssen. So bleibt für die drei Valenzquarks erstmal nur die Hälfte, die dann nochmal durch drei geteilt werden muss. Macht für jeden ca. 0,15.

Die Impulsverteilungen der Gluonen und der virtuellen Quarks und Antiquarks sind in Abb. 4.19a auch eingezeichnet. Bei ihnen gibt es keine Anhäufung bei einem Drittel. Wieso auch. Stattdessen gilt: Je weniger Impulsanteil sie haben müssen, desto mehr gibt es von ihnen. So ein Mini-Gluon finde ich, wenn ich weiter in das Proton reinzoome: Erst sehe ich nur zwei Quarks, die ein Gluon austauschen. Zoome ich weiter, sehe ich, dass das Gluon zwischendrin vielleicht in zwei weitere Gluonen aufgespalten ist. Zoome ich noch weiter rein, sind's vielleicht noch zwei Gluonen mehr. Somit sehe ich immer mehr Gluonen, aber jedes für sich hat immer weniger Energie oder eben Impulsanteil. Denn bei jeder Aufspaltung muss ja geteilt werden. Jetzt wissen wir, wieso eine Strukturfunktion so aussieht, wie sie eben aussieht.

Verdrehte Welt: das Antiproton Was hilft uns das? Sagen wir mal, wir wollten einen Nobelpreis bekommen. Zum Beispiel für die Entdeckung des W-Bosons oder des Z-Bosons. Leuten am CERN ist das gelungen. Aber sie mussten ganz schön knobeln. Denn zum einen braucht man einen Beschleuniger, der Teilchen auf richtig hohe Energien beschleunigen kann. Dann kann man sich überlegen: Mein Proton hat richtig viel Energie. Jetzt brauche ich zwei Teilchen im Proton, die kollidieren sollen, um mir ein W- oder Z-Boson zu erzeugen. Das müssen aber Quark und Antiquark sein. Ein kurzer Blick auf die Strukturfunktion zeigt: Für das Quark ist es kein Problem. Da gibt's genug Quarks mit hohem Impulsanteil. Ein Antiquark mit hohem Impulsanteil zu finden, wird dagegen schwieriger. Geringer Impulsanteil? Kein Ding, solche gibt's, wenn auch selten. Aber dann hätten wir nicht genug Energie, um daraus eins der schweren W- oder Z-Bosonen zu produzieren.

Jetzt waren zum Glück einige Leute ganz schön gewitzt. Was, wenn man statt Protonen mit Protonen einfach mal Protonen mit Antiprotonen kollidieren lassen würde? Im Antiproton sind alle Teilchen, die in einem Proton drin sind, eben Antiteilchen. Und umgekehrt. Statt zwei Up-Quarks mit $+2/3$ Ladung und einem Down-Quark mit $-1/3$ sind zwei Antiup-Quarks mit $-2/3$ und ein Antidown-Quark mit $+1/3$ drin. Daher hat das Antiproton auch als Ladung -1 statt $+1$. Ja wunderbar! Dann kann jetzt doch eins der drei Valenzquarks des Protons mit einem der Valenzquarks des Antiprotons kollidieren! Denn die Valenzquarks waren die mit dem Höcker in der Strukturfunktion in Abb. 4.19a. Die findet man schnell, eben weil der Höcker bedeutet, dass die Wahrscheinlichkeit groß ist, sie anzutreffen.

Abbildung 4.19b fasst noch einmal den Unterschied zwischen einem Proton-Proton- und einem Proton-Antiproton-Teilchenbeschleuniger zusammen. Am CERN wurden die W- und Z-Bosonen mit genau so einer Maschine entdeckt. Dieser Beschleuniger hieß damals *Sp$\bar{p}$S* (Super Proton Antiproton Synchrotron). Heute sausen keine Antiprotonen mehr durch ihn, aber er macht immer noch einen wichtigen Job. Wir haben ihn schon als SPS kennengelernt, den letzten großen Vorbeschleuniger des LHC.

4.6.3 „Hm, kann ich beides haben?"

Als großer Fan der Serie *The Simpsons* muss ich bei diesem Kapitel an eine Szene aus der Serie denken. Homer Simpson steigt in ein Flugzeug, bei dem die zweite Klasse leider hoffnungslos überbucht ist. Das Flugpersonal bietet ihm an, kostenlos in die erste Klasse zu wechseln. Er nimmt gerne an und wird prompt gefragt, wie es sich für die erste Klasse gehört: „Mr. Simpson, möchten Sie ein Steak oder zwei Steaks?" Darauf Homer: „Hm, kann ich beides haben?"

Stellen wir uns die Frage doch auch, wenn es darum geht, einen Teilchenbeschleuniger zu bauen. Wir kennen den Vorteil von Elektron-Positron-Beschleunigern: sehr präzise Messung, genau bekannte Energie des einfallenden Teilchens. Und wir kennen den Vorteil von Proton-Proton-Beschleunigern: hohe Energien.

Um dem Gedanken von Homer Simpson zu folgen: Können wir nicht beides haben und beide Vorteile nutzen? Einfach mal Protonen und Elektronen beschleunigen und kollidieren lassen? Solch eine Maschine wäre von großem wissenschaftlichem Wert. Man könnte nämlich mit dem Elektron, das nicht über die Starke Kraft wechselwirkt, in Ruhe im Proton rumstochern und Informationen über seine innere Struktur sammeln. So wie man es schon damals am SLAC getan hat und die innere Struktur des Protons erforschte. Nur diesmal mit viel mehr Energie, weil die Protonen nicht einfach nur rumliegen, sondern sich auf das Elektron zubewegen. Die Messung der Strukturfunktion wäre damit zum Beispiel sehr gut möglich.

Da wir heute über genau vermessene Strukturfunktionen verfügen, kann man sich's ja schon fast denken: So einen Beschleuniger gab es auch. Er stand in Hamburg, hieß *HERA* (Hadron-Elektron-Ring-Anlage) und war von 1990 bis 2007 in Betrieb. Obwohl er nun schon ein paar Jahre abgeschaltet ist, werden seine Ergebnisse noch heute analysiert. Er war nicht ganz so groß wie der LHC, sondern hatte statt 27 km nur 6,3 km Umfang. Protonen und Elektronen flitzten unter dem Volkspark her und trafen an zwei Stellen aufeinander. Eine davon war das H1-Experiment, ganz dicht am Stadion des HSV.

Wenn ein Elektron auf ein Proton trifft, kann es dabei über die Schwache oder elektromagnetische Kraft eines der Quarks des Protons aus ihm rausschlagen (Abb. 4.21a). Drumherum baut man dann einen Detektor, der das dann abgelenkte Elektron einfängt und auch die Teile untersucht, die aus dem Proton geschlagen wurden.

Eine von Millionen solcher Aufnahmen sieht man in Abb. 4.21b: Links krachen die Bruchstücke des Protons in den Detektor, oben rechts ist das abgelenkte Elektron eingefangen. Über solche Analysen bekommt man Informationen, wie viele Teilchen mit welchem Impulsanteil im Proton drin sind. Zwischen Up- und Down-Quarks kann man dabei unterscheiden, weil das Elektron an ihnen unterschiedlich stark streut. Denn für die Stärke der elektromagnetischen Kraft ist die Ladung entscheidend, und die ist beim Up-Quark doppelt so hoch (vom Betrag) wie beim Down-Quark.

4.6.4   Platz da, die Brummer kommen: Schwerionen

Je kleiner, desto besser. Das war bisher das Motto, wenn es um die Wahl der zu beschleunigenden Teilchen ging. Soll es ganz elementar und präzise sein, war das Elektron gefragt. Ein Proton war immer dann gefragt, wenn man entweder sehr hohe Energien brauchte oder direkt die Struktur des Protons untersuchen wollte (so wie mit HERA).

Jetzt gibt es aber auch Beschleuniger, die freuen sich über möglichst große Atomkerne, zum Beispiel die Kerne von Bleiatomen. Ein Bleikern ist prall

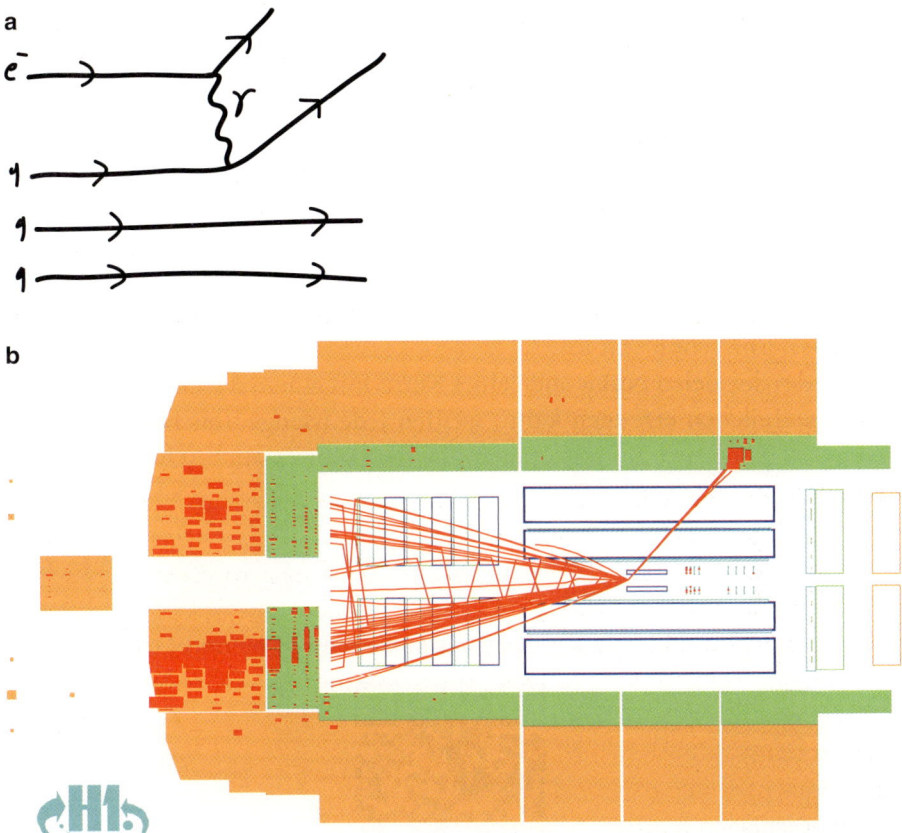

Abb. 4.21   **a** Ein Proton, das aus drei Quarks besteht, wird von einem Elektron ge-
troffen. Über die elektromagnetische Kraft schießt das Elektron ein Quark aus dem
Proton. **b** Ein solches Ereignis, aufgezeichnet mit dem H1-Detektor. Man sieht *links* die
Reste des Protons in den Detektor krachen und *oben rechts* im elektromagnetischen
Kalorimeter (*grün*) das Elektron, nachdem es durch die Kollision abgelenkt wurde.
(Foto: © H1 Kollaboration)

gefüllt mit 82 Protonen und 126 Neutronen. Da er nun, verglichen mit einem Proton, vielfach geladen ist (wievielfach genau, hängt davon ab, wie viele
Elektronen man ihm abgezupft hat) und die Lorentz-Kraft, die man auch zum
Beschleunigen verwendet, proportional zur Ladung ist (siehe Formel 2.1), hat
ein Bleikern nach einer Beschleunigung auch wesentlich höhere Energien.

Wieso benutzt man dann überhaupt noch Protonen? Nun, der gesamte
Bleikern hat vielleicht mehr Energie. Für die elementaren Prozesse zur Erzeugung neuer Teilchen ist allerdings die Energie der kollidierenden Quarks und
Gluonen entscheidend. Und wenn man die Gesamtenergie eines Bleikerns
durch die Zahl der Nukleonen, also seiner Protonen und Neutronen teilt,

kommt man auf einen kleineren Wert als bei den richtig schnell beschleunigten Protonen.

Pfannkuchen statt Kugel: Lorentz-Kontraktion Weil man Atome, die entweder ein paar Elektronen zu viel oder zu wenig haben und dadurch nicht
mehr neutral sind, *Ionen* nennt, heißen die Kerne schwerer Atome entsprechend *Schwerionen*. Auch wenn wir jetzt erfahren haben, dass Schwerionen
nicht die erste Wahl sind, wenn es darum geht, neue Teilchen zu entdecken.
Aber sie sind doch recht beliebt. Denn wenn zwei Schwerionen aufeinandertreffen, ist ganz schön was los.

Da jedes der vielen Nukleonen eines Kerns mit einem des anderen reagieren
und neue Teilchen erzeugen kann, werden jede Menge Teilchen gleichzeitig
erzeugt. Von solchen Schwerionenkollisionen gibt es auch schöne Simulati-
onsvideos.

Video

Dieser Link zeigt ein schönes Video von simulierten Schwerionenkollisionen.

Die beiden Kerne sind bei solchen Kollisionen gar nicht mehr so rund, wie
man sie sich immer vorstellt. In Abschn. 3.1.2 haben wir uns der Zeitdilatation gewidmet, die unter extrem hohen Geschwindigkeiten bewegte Uhren
langsamer gehen lässt. Genauso wie durch Einsteins Spezielle Relativitätstheorie Zeiten gedehnt werden können, können Längen gestaucht werden. Als
wir in Abschn. 3.1.2 erklären konnten, wieso Teilchen wesentlich weiter fliegen können, als man aufgrund ihrer Lebensdauer erwarten würde, haben wir
auch die innere Uhr des Teilchens langsamer gehen lassen, weil es ja so schnell
unterwegs war. Genauso hätte man auch sagen können, dass die Strecke des
fliegenden Teilchens aus dessen Sicht verkürzt wurde. Das geht mit dem gleichen Faktor, der auch die Zeitintervalle verkürzt:

$$\Delta l' = \frac{\Delta l}{\gamma} \tag{4.6}$$

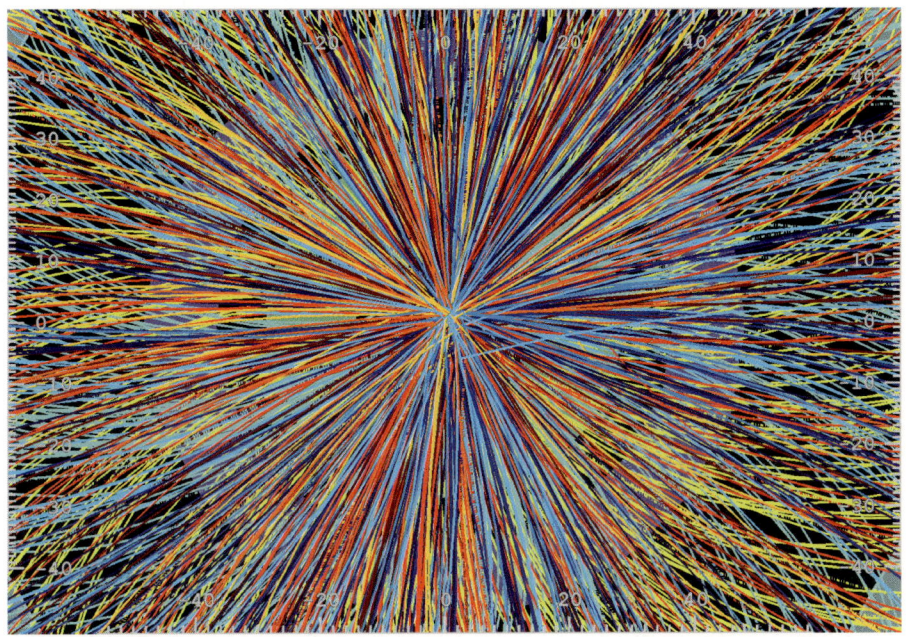

Abb. 4.22   Ein Ereignis einer Schwerionenkollision, aufgenommen mit dem ALICE-Detektor. (Grafik: © CERN)

Wenn Schwerionen also richtig schnell unterwegs sind, sorgt diese Längenverkürzung, die man auch *Lorentz-Kontraktion* nennt, für das pfannkuchenartige Aussehen. Auch die Protonen sind übrigens pfannkuchig, wenn sie aufeinandertreffen.

Wie viele Teilchen bei einer Schwerionenkollision so erzeugt werden, sieht man in Abb. 4.22.

Sie zeigt die Kollision einer Blei-Blei-Kollision und die Spuren aller wegfliegenden produzierten Teilchen, aufgenommen mit dem *ALICE*-Detektor am CERN. ALICE ist eines der vier großen Experimente am LHC und spezialisiert sich auf die Kollision von Schwerionen. Wieso lohnt sich das? Wenn zwei Schwerionen mit hoher Energie aufeinandertreffen, erzeugen sie einen riesigen (riesig in der Größenordnung von Elementarteilchen) Feuerball von Kernmaterie, der sehr dicht und sehr heiß ist. Solche Bedingungen gibt es ja nirgends auf der Erde. Aber es gab sie kurz nach dem Urknall, wie wir in Abb. 3.12 gesehen haben. Was damals so los war, versucht man möglichst genau zu verstehen. Und daher möchte man diese Umstände im Labor wieder: mit Schwerionenkollisionen.

Jetzt haben wir sie kennengelernt – die Kandidaten für die Crashtests der Physiker. Wie aber misst man den ganzen Klumbatsch, der bei der Kollision entsteht? Darum geht's im nächsten Kapitel.

5

Augen fürs Unsichtbare: mehr über Teilchendetektoren

© Sascha Mehlhase

Teilchenphysiker sind Spielkinder. Das haben wir ja vorne im Buch beim Vergleich von Ü-Ei und Proton gesehen. Bei beiden wollen die Physiker sofort wissen, was drin ist, und schauen hinein. Während ein spielendes Kind jedoch recht einfach zu erkennen ist, sieht ein spielender Physiker einfach nur aus wie jemand, der am PC sitzt. Zumindest wenn er seine Daten analysiert. Bevor es so weit ist, muss er die Daten von seinen Experimenten aber erst mal bekommen. Dazu braucht er Maschinen, die das beobachten, was sonst niemand sieht. Und eben dafür sorgen die Detektoren, um die es in diesem Kapitel geht.

Meine Kollegen und ich sind vor Freude fast ausgeflippt, als eines Tages eine Mail mit folgender Ankündigung in unser Postfach flatterte: „Liebe ATLAS-Kollegen, hiermit möchten wir euch mitteilen, dass es unseren großartigen ATLAS-Detektor jetzt auch als LEGO-Modell gibt!" Wahnsinn! Unser großes Spielzeug jetzt auch in klein, fürs Wohnzimmerregal zu Hause und in etwas

B. Lemmer, *Bis(s) ins Innere des Protons*, DOI 10.1007/978-3-642-37714-3_5,
© Springer-Verlag Berlin Heidelberg 2014

größer für den Platz vor dem Regal. Jeder Physiker hätte sein Experiment sicher gerne zum Anschauen noch mal zu Hause stehen. Aber das Besondere hieran ist: Man kann ihn auch noch mal selbst zusammenbauen.

Bei der Langen Nacht der Wissenschaft in Göttingen 2012 haben wir Kinder in unser Institut eingeladen und sie den ATLAS-Detektor aus LEGO – und zwar sogar das große Modell – nachbauen lassen. Von 18 bis 23 Uhr waren stündlich acht Kinder damit beschäftigt, den Detektor zusammenzubauen. Ganz geschafft haben sie es leider nicht. Aber während sie so vor sich hin bauten und tapfer den 9500 Bauteilen eine Form und Aufgabe gaben, bekamen sie ein gutes Gefühl dafür, was für eine Arbeit es erst gewesen sein muss, den echten Detektor zu bauen: 100 Millionen Auslesekanäle, 3000 km Kabel, 7000 t Material, 25 m Durchmesser, 46 m Länge. Und dafür haben wir in unserer Kollaboration auch 3000 Menschen aus 38 Ländern, die an ATLAS gearbeitet haben, um ihn fertigzustellen. Und sie arbeiten immer noch daran, nun seine Daten auszuwerten. Wieso muss man einen so riesigen Detektor bauen, um solch kleine Teilchen zu beobachten? Ist das so kompliziert, dass man dafür 3000 Physiker braucht? Und wie funktioniert so ein Detektor überhaupt? Schauen wir es uns mal an!

5.1 Detektor als Kamera

Wir kennen die größten Geheimnisse des Universums, die es noch zu lüften gibt. Wir wissen auch, wie man Teilchenbeschleuniger baut, die dann aus Energie die noch fehlenden Puzzlestücke erzeugen. Aber wie beobachten wir sie denn?

Wir brauchen Geräte, die für uns Fotos machen, wenn Energie in Materie und Antimaterie umgewandelt wird. Diese Geräte sind jetzt nichts Handelsübliches wie zum Beispiel eine Digitalkamera. Die macht zwar auch ganz nette Fotos, allerdings kann man darauf keine Elementarteilchen sehen.

Also Problem Nr. 1: Die Teilchen sind zu klein. Wir müssen sie also mit ein paar Tricks sichtbar machen. Problem Nr. 2: So ein moderner Detektor braucht ca. 100 Megapixel, um alles sichtbar machen zu können. Und wenn er ein Foto macht, während eines der 3000 Protonenpäckchen kollidiert, reagieren dabei 20 der 10 Milliarden Protonen pro Päckchen miteinander. Das heißt, bei jeder Kollision, bei der ein Foto gemacht wird, liegen eigentlich 20 Fotos übereinander. Das muss dann erst mal entwurschtelt werden.

Aber das größte Problem liegt darin, dass er wirklich schnell sein muss, so ein Detektor. Die Detektoren des LHC müssen immer dann ein Foto machen, wenn zwei der 3000 Protonenpäckchen gegeneinanderkrachen und dabei dann ca. 20 Protonen miteinander reagieren. Wie oft das so passiert? 40 Millionen Mal pro Sekunde.

Man kennt das ja: Ein total spannendes Tier steht vor einem und schneidet lustige Grimassen. Da versucht man so viele Fotos wie möglich zu machen. Aber 40 Millionen? Das abzuspeichern schaffen leider auch die besten Detektoren nicht.

Und nicht mal die Detektoren selbst sind der Engpass. Man müsste dann immerhin auch 64 Terabyte (TB) Daten abspeichern (was 100.000 CDs entspricht). Pro Sekunde! Unsere richtig guten Detektoren schaffen pro Sekunde ca. 200 Bilder. Sie müssen also aus 40 Millionen 200 raussuchen. Und das am besten klug und nicht wahllos. Das ist noch mal eine Sache für sich, die wir uns in Abschn. 5.8 im Detail anschauen.

Natürlich waren diese Zahlen jetzt alle für Detektoren am LHC. Diese sind die weltweit technisch anspruchsvollsten. Sicherlich wird es in Zukunft Detektoren geben, die noch mehr können müssen. Genauso gibt es auch an tausenden anderen Orten der Welt Teilchendetektoren, die weniger können müssen. Jedes Mal, wenn zum Beispiel mein Zahnarzt eine Röntgenaufnahme macht, braucht er dafür auch einen Detektor, der die unsichtbare Röntgenstrahlung einfängt und daraus ein Foto macht. Was man so alles braucht, um Teilchen zu untersuchen und zu beobachten, das schauen wir uns jetzt mal an.

5.2 Spuren hinterlassen, wenn auch winzig kleine

Sich in Gefahr zu begeben ist die eine Sache. Es aber noch nicht mal zu wissen, eine andere. Denn wie soll man sich schützen, wenn man nicht mal weiß, dass man es tun muss? Gerade dieser Umstand macht radioaktive Strahlung so gefährlich, da sie für den normalen Menschen unsichtbar ist. O. k., natürlich auch für alle unnormalen Menschen.

Was die meisten Menschen im Zusammenhang mit radioaktiver Strahlung kennen, ist ein *Geigerzähler*. Der macht immer schön freundlich „klick, klick, klick", wenn radioaktive Strahlung einfällt. Das Ganze kann er nur deshalb, weil die radioaktive Strahlung im Geigerzähler Spuren hinterlässt. Nicht unbedingt sichtbare Spuren, aber dennoch winzig kleine Spuren atomarer Größenordnung. Man nennt nämlich die Art von Strahlung, auf die er anspringt, auch ionisierende Strahlung. Zur ionisierenden Strahlung gehören fast alle Arten von Strahlung, die wir kennen, solange sie genug Energie haben. Einzige Ausnahmen sind Neutronen und Neutrinos. Die sind nämlich – der Name lässt's erahnen – neutral.

Photonen, also γ-Strahlen, sind da so ein Zwischending. Sie sind zwar auch neutral und werden daher von einigen Detektortypen nicht gesehen (später mehr), können aber dennoch gut ionisieren und daher in Detektoren wie dem Geigerzähler ein Signal hinterlassen. Was genau heißt es eigentlich, wenn Strahlung ionisierend ist?

Das bedeutet, dass diese Teilchen Atomen im Detektormaterial Elektronen klauen können. Danach sind die Atome nämlich keine Atome mehr, sondern Ionen. Für solch eine Diebesaktion müssen die Teilchen elektromagnetisch wechselwirken können. Das können alle geladenen Teilchen und auch das Photon als Träger der elektromagnetischen Kraft selbst. Ein ionisierendes Teilchen braucht lediglich genug Energie, um die Bindungsenergie des Elektrons im Atom zu überwinden und es frei zu bekommen. Dann hat man auch schon freie Ladung. Und von der ist es nicht mehr weit bis hin zu einem elektrischen Signal. Sei es ein „klick, klick, klick" oder ein digitales Bild.

Schauen wir uns mal drei Detektortypen an, die aus der Ionisierung der Teilchen Infos über das Teilchen bekommen. Der erste ist ganz einfach, hat aber keine Ahnung, wo die Teilchen eigentlich genau waren. Der zweite macht schöne Bilder der genauen Spuren, aber leider nur analog und sehr langsam. Und der dritte Typ spielt in der Champions League und kommt daher auch bei den neusten Detektoren zum Einsatz, um Teilchenspuren aufzuspüren.

5.2.1   Aus einem Elektron eine Lawine machen: der Geigerzähler

Schauen wir uns mal einen Geigerzähler an. Man braucht gar nicht so viele Zutaten für ihn: ein Rohr, eine Hochspannung, einen elektrischen Widerstand, einen Impulszähler, einen Draht, ein Edelgas und eine dünne Folie. Das Ganze wird dann so zusammengebaut wie in Abb. 5.1a gezeigt. Im Anmarsch ist nun ein ionisierendes Teilchen. Es gelangt durch die dünne Folie, die zwar das Gas im Rohr halten muss, aber Strahlung trotzdem nicht abschirmt, sondern in das Rohr lässt. In unserem Beispiel kommt γ-Strahlung in Form eines Photons anmarschiert. Kein Problem, durch die Folie zu kommen. Und dann wird auch prompt ionisiert.

Das Photon bringt genug Energie mit, um ein Elektron vom Füllgas (zum Beispiel Argon) zu entfernen und das Gas zu ionisieren. Ein freies Elektron wird dann über die Hochspannung prompt zum Draht in der Mitte hin beschleunigt, denn dort liegt ja eine positive Spannung an. Bei der Beschleunigung bekommt das Elektron dann genug Energie, um auf seinem Weg wieder andere Elektronen von anderen Argonatomen freizuschießen. Und was machen die dann?

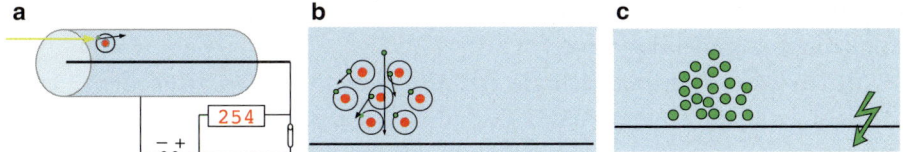

Abb. 5.1 a Ein Geigerzähler. Das Zählrohr ist über eine Hochspannung negativ geladen, der Draht in der Mitte positiv. Am Kabel hängt ein Widerstand und ein Signalzähler. Ein Photon kommt durch das Fenster am Rohreingang und ionisiert ein Atom des Zählgases im Rohr. **b** Das nun freie Elektron wird zum Draht mit der positiven Hochspannung in der Mitte des Rohres hin beschleunigt. Auf dem Weg ionisiert das beschleunigte Elektron weitere Atome und es entsteht eine ganze Lawine von Elektronen, die sich zur Mitte hin bewegt. **c** Die Elektronenlawine erreicht den Draht in der Mitte, wird abgezogen und ein elektrischer Impuls wird messbar

Wieder zur Mitte hin beschleunigt werden, wieder neue befreien, so wie man es in Abb. 5.1b sieht. Das Ganze gibt dann eine richtige Lawine an Elektronen, die sich zum Draht in der Mitte hin bewegt. Möglich wird das, weil die angelegte Spannung so hoch ist.

Gleichzeitig bewegen sich übrigens auch die positiven Ionen (also die Atome ohne das fehlende Elektron) nach außen zu den Wänden hin. Allerdings sind die etwas langsamer unterwegs, weil sie so schwer sind. So trifft also die Lawine an Elektronen schließlich auf den Draht in der Mitte.

Das Ganze löst dann einen elektrischen Impuls aus. Und den kann der Zähler wahrnehmen und zählen. Oder direkt an einen Lautsprecher weiterleiten, der jede Elektronenlawine zu einem „Klick" macht (Abb. 5.1c).

Nachdem die Elektronen die Mitte erreicht haben, werden sie über den Draht abgezogen. Die positiven Ionen trudeln dann auch irgendwann außen an der Wand ein und werden durch die negative angelegte Spannung neutralisiert. Das Gas befindet sich also wieder im Anfangszustand und der Geigerzähler ist bereit für das nächste einfallende ionisierende Teilchen, damit die Geschichte von vorne losgehen kann. Somit weiß man Bescheid: Da flog ein ionisierendes Teilchen in den Geigerzähler. Bis das Gas neutralisiert ist, dauert es allerdings einen Moment. Der Detektor kann in dieser Zeit, die man *Totzeit* nennt, keine neuen Teilchen detektieren.

5.2.2   Spuren im Nebel: die Nebelkammer

Wenn man weiß, dass Teilchen um einen rum fliegen, ist das ja schon mal ganz nett. Um echte Teilchenphysik machen zu können, braucht man aber schon ein paar mehr Informationen als nur die Tatsache, dass da Teilchen sind. Erst wenn man weiß, wo genau sie langmarschiert sind, kann man ihre

Vierervektoren ausrechnen und schauen, ob diese Teilchen Zerfallsprodukte eines anderen Teilchens sind.

Als ich klein war, beobachtete ich noch keine Elementarteilchen. Da ich auf dem Land groß wurde, war es damals aber genauso aufregend, mal ein Flugzeug zu betrachten, das über unser Dorf flog. Wenn das Wetter mitspielte, war es ganz leicht, seine Flugbahn zu verfolgen. Denn am Himmel waren schöne Kondensstreifen zu sehen. Wie kommen sie eigentlich zustande?

Die Luft in unserer Atmophähre hat immer noch ein wenig Platz, etwas aufzunehmen. So zum Beispiel Wasser, wenn es verdampft oder verdunstet. Man sieht es der Luft erst mal nicht an, wenn sie voll ist. Statt „voll" sagt man auch eher „gesättigt" oder spricht von einer relativen Luftfeuchtigkeit von 100 %. Mehr geht eigentlich nicht rein.

Mit einem Trick bekommt man aber auch „übersättigte" Luft: Man nimmt gesättigte Luft und kühlt sie langsam ab. Sie enthält dann immer noch die gleiche Menge Wasser, kann aber eigentlich gar nicht so viel aufnehmen. Daher muss das überschüssige Wasser kondensieren, also wieder flüssig werden. Um diesen Übergang in Gang zu setzen, braucht man allerdings einen sogenannten *Kondensationskeim*. Das sind kleine Störungen im System, die an dem übersättigten Zustand etwas ändern.

Beim Flugzeug hat man übersättigte Luft, wenn sich die heiße Luft hinter den Turbinen abkühlt. Die Kondensationskeime sind in dem Fall kleine Rußpartikel hinter den Turbinen. An denen können die kleinen Wassertropfen dann kondensieren und man sieht das Ganze als schöne Kondensationsstreifen.

Kondensstreifen unserer Elementarteilchen   Und das Tolle ist jetzt: Mit diesem Prinzip kann man nicht nur die Wege von Flugzeugen sichtbar machen, sondern auch die von Elementarteilchen! Einen solchen Detektor nennt man *Nebelkammer*.

In Abb. 5.2a kann man sehen, wie eine Nebelkammer funktioniert. Alkohol tropft in die obere Rinne und verdampft über den Heizdraht, der sich in ihr befindet. Da auf dem ganzen Ding ein Deckel ist, ist die Luft irgendwann mit Alkoholdampf gesättigt. Die Platte am Boden in der Mitte ist auf -35 °C gekühlt und sorgt dafür, dass die Luft über ihr irgendwann mit Alkoholdampf übersättigt ist. Was dann noch fehlt, ist ein Kondensationskeim.

Diese Aufgabe übernimmt nun ionisierende Strahlung. Die bekommt man entweder, indem man ein radioaktives Präparat in die Nebelkammer legt, oder aber über die Teilchen aus der kosmischen Höhenstrahlung, die es bis auf die Erde schaffen. Wenn geladene Teilchen jetzt durch die Nebelkammer fliegen und die Atome ionisieren, werden die erzeugten Ionen zu Kondensationskeimen und entlang der Flugbahn der Teilchen bilden sich schöne Spuren.

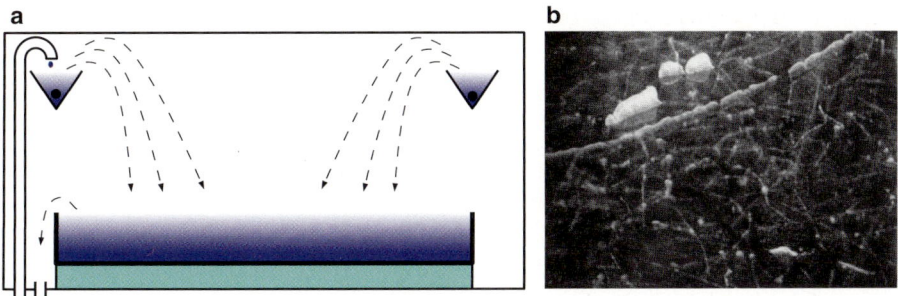

Abb. 5.2 **a** Die Funktionsweise einer Nebelkammer: Alkohol tropft in die obere Rinne. Durch den darin befindlichen Heizdraht verdampft er. Die Platte am Boden in der Mitte ist gekühlt und sorgt für eine Übersättigung der Luft mit Alkoholdampf. An dieser Stelle hinterlassen Teilchen dann ihre Spuren. **b** Spuren in der Nebelkammer: Kurze dicke Spuren kommen von α-Teilchen und Protonen, dünne von Elektronen und Myonen. (Foto: © PHYWE Systeme GmbH & Co. KG, Göttingen)

In Abb. 5.2b kann man verschiedene Sorten von Spuren erkennen, die durch Strahlung in einer Nebelkammer entstehen. Manche sind kurz und dick, andere lang und dünn. Sie kommen von verschiedenen Arten von Teilchen.

Schwere Teilchen, wie Protonen, und stärker geladene, wie die doppelt positiv geladenen α-Teilchen, verlieren bei der Ionisation schnell und viel Energie. Der große Energieverlust macht die Spuren dann besonders breit, weil durch viel Energieverlust viel ionisiert werden kann. Und weil die Teilchen ihre Energie dann auch schneller verlieren, sind die Spuren kürzer. Hier sieht man übrigens auch ganz gut, wieso es für den Menschen so gefährlich ist, radioaktive Substanzen einzuatmen oder zu verschlucken, die über α-Strahlung zerfallen. Denn dieser Typ Strahlung kann auf kurzer Strecke viel Schaden anrichten, zum Beispiel in einem Zellkern. Der Körper kommt dann mit der Reparatur nicht mehr hinterher und es kommt zu Strahlenschäden. Die Zelle stirbt ab oder mutiert im schlimmsten Fall zu einem Krebsgeschwür.

Schneller dank künstlichen Unterdrucks: die Blasenkammer Zur Veranschaulichung der natürlichen Umgebungsstrahlung werden Nebelkammern noch immer gerne genutzt, ebenso für kleine Versuche. Nebelkammern kommen aber dann an ihre Grenzen, wenn man Teilchen in besonders hohen Raten erzeugt und beobachten möchte. Denn bis die Spuren verschwinden und sich neue bilden können, dauert es schon mal ein bis zwei Sekunden. Mit diesen Problemen kommt der Nachfolger der Nebelkammer, die *Blasenkammer*, besser zurecht. Hier gibt es statt einem Luft-Alkohol-Gemisch flüssigen Wasserstoff.

Indem man aus dem Gefäß, in dem sich der Wasserstoff befindet, schnell einen Kolben zieht, verringert sich der Druck. Hierdurch müsste der flüssige Wasserstoff sieden. Das tut er auch, sobald er dafür wieder einen kleinen Anstoß bekommt, und zwar, wie auch bei der Nebelkammer, durch geladene Teilchen. Statt Kondensationströpfchen sieht man dann kleine Wasserstoffgasblasen.

Da man den Zeitpunkt des Unterdrucks und damit die Blasenentstehung bewusst herbeiführen und dann gleichzeitig noch Fotos dabei schießen kann, eignet sich diese Art von Detektor schon recht gut zur Untersuchung von Teilchen. Man kann nicht nur beobachten, dass Teilchen durch die Kammer fliegen, sondern auch, wie sie unterwegs mit den Wasserstoffatomen reagieren und neue Teilchen produzieren. Die Blasenkammer war dabei so nützlich, dass es für ihren Erfinder Donald Glaser 1960 den Physik-Nobelpreis gab. Für die Nebelkammer gab's übrigens auch einen: 1927 für den britischen Physiker Charles Wilson.

5.2.3   Digitale Hightech-Chips: die Halbleiterdetektoren

Wir müssen jetzt also mal versuchen, zu einer Technologie zu wechseln, die die Nachteile der anderen Detektoren ausbügelt. Ein Geigerzähler lässt sich zwar gut digital auslesen. Dafür weiß man allerdings nicht mehr als dass ein geladenes Teilchen irgendwo im Geigerzähler gelandet ist. Da so ein Geigerzähler recht groß ist, hilft das wenig. Mit der Orts- oder Spurmessung sieht's da schlecht aus.

Bei Nebel- und Blasenkammern klappt das schon wesentlich besser. Allerdings sind die Informationen zunächst analog und die Ausleseraten nicht besonders hoch.

Leitet Strom, wenn man nachhilft: der Halbleiter Eine Technologie, die beiden Schwächen ausbügelt, ist die der *Halbleiterdetektoren*. Halbleiter sind ein Zwischending aus einem elektrischen Leiter, der Strom leitet, und einem Isolator, der keinen Strom leitet. Wie leitet er denn aber nur „so halb"?

O. k., also wenn es eiskalt ist, leitet auch ein Halbleiter gar nicht. Gibt man ihm aber ein wenig Energie, leitet er ein wenig. Die Energie kann er entweder über eine erhöhte Temperatur bekommen, über eingestrahltes Licht oder über eintreffende geladene Teilchen.

Wenn ein Material nicht leitet, liegt das daran, dass es keine Ladungsträger gibt, die sich frei bewegen und den Strom transportieren können. Elektronen wären solche Ladungsträger. Bei Halbleitern sind die Ladungsträger aber zunächst mal nicht direkt frei, sondern brauchen erst noch den kleinen Anschubser. Man kann dem Ganzen auch nachhelfen, indem man ein paar

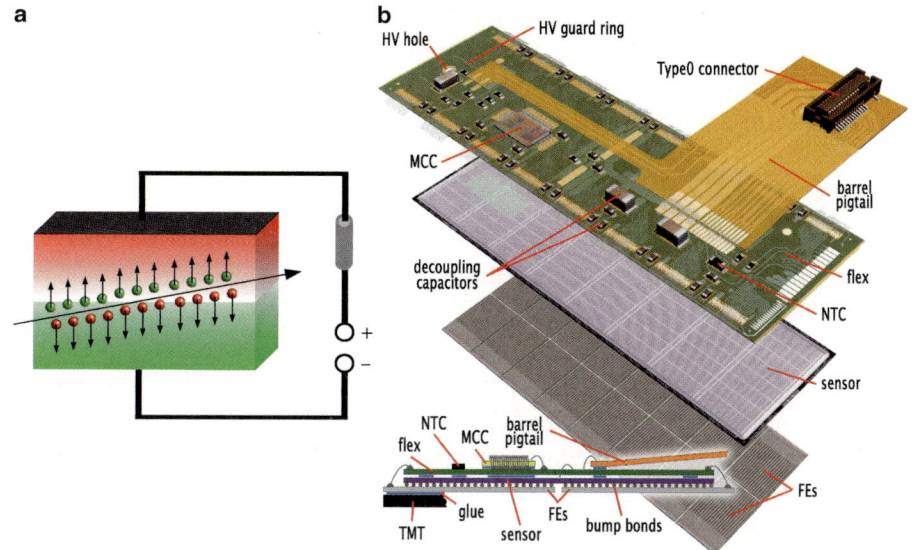

Abb. 5.3   a Ein p- und ein n-dotierter Halbleiter mit einer extern angelegten Spannung. In der Übergangszone in der Mitte befinden sich keine freien Ladungsträger.
Fällt allerdings ein geladenes Teilchen ein, kann es Ladungsträger befreien und ein
kleiner Spannungspuls wird messbar. **b** Ein Modul des ATLAS-Pixeldetektors. Die Halb-
leitersensoren sind Pixel für Pixel mit den Auslesechips (FEs) verbunden. An der
Oberseite befindet sich die verarbeitende Elektronik. (Foto in **b** aus *Commissioning
Perspectives for the ATLAS Pixel Detector*, © Daniel Dobos)

Extraatome dazusteckt, die freie Ladungsträger mitbringen. Diesen Prozess
nennt man *Dotierung*.

Dotiert man einen Halbleiter mit Atomen, die Elektronen mitgebracht
haben, heißt er aufgrund seiner zusätzlichen negativen Ladungsträger „n-
dotiert". Fehlen den mitgebrachten Atomen aber sogar Elektronen, heißt
der Halbleiter entsprechend „p-dotiert" wegen seiner zusätzlichen positiven
Ladungen. Klingt vielleicht komisch, aber selbst fehlende Elektronen sind
besser als solche, die sich nicht frei bewegen können. Denn die Stelle des fehlenden Elektrons kann auch rumgereicht werden. Damit wandert eine nicht
vorhandene negative Ladung. Und das sieht genauso aus wie eine wandernde
positive Ladung. Aus diesen beiden Typen von dotierten Halbleitern kann
man jetzt super einen Teilchendetektor zusammenbauen. Man steckt einfach
beide Typen zusammen und legt eine Spannung an, wie in Abb. 5.3a zu sehen.

An der Kontaktstelle der beiden Halbleitertypen gleichen sich die über-
schüssigen Elektronen auf der einen Seite mit den fehlenden Elektronen auf
der anderen Seite aus und es entsteht eine ladungsträgerfreie Zone. Und jetzt
kommen unsere geladenen Teilchen ins Spiel, die wir detektieren wollen! Saust

eines durch diese ladungsträgerfreie Zone in der Mitte, ionisiert es die Atome, die sich dort befinden. Dabei wird Ladung frei, die über die angelegte Spannung abgezogen wird. Dadurch verursacht jedes geladene Teilchen einen kleinen Spannungspuls, der verstärkt werden kann. Klingt ähnlich wie bei einem Geigerzähler.

Backe, backe Detektor: die schönsten Spuren dank Halbleiter Diese Art von Detektor kann sehr schnell arbeiten und auch in winzigen Strukturen hergestellt werden. Wie genau damit ein Teilchen detektiert werden kann, hängt davon ab, wie klein man solche Sensoren baut (der Sensor ist der Teil des Detektors, in dem die Teilchen entdeckt werden können, in diesem Fall also die ladungsträgerfreie Schicht in der Mitte). Wie man Halbleiter in großem Stil, aber kleinem Maßstab produziert, wissen die Profis aus der Computerchipproduktion. Das freut den Teilchenphysiker, denn er kann sich seine Detektoren mit superkleinen Sensoren und daher guter Ortsauflösung so leicht bestellen.

Neben einer großen Sensorfläche aus dotiertem Silizium braucht man noch eine Ausleseelektronik, die an dem Sensor montiert ist. Zusammengebaut sieht das Ganze so aus wie in Abb. 5.3b: Hier sehen wir eines der Module aus dem ATLAS-Detektor. Die Sensorflächen kann man entweder zeilen- und spaltenweise auslesen oder wirklich Punkt für Punkt. Im ersten Fall nennt man das Ganze einen *Siliziumstreifendetektor*, im zweiten Fall einen *Pixeldetektor*.

Ein Pixeldetektor funktioniert ähnlich wie eine Digitalkamera. Auch dessen Bildsensor wird Pixel für Pixel ausgelesen und es wird gemeldet, wie viel Licht auf diesen Punkt fiel und welche Farbe es hatte. In der Teilchenphysik reicht oft nur die Information, dass dort etwas war.

Einer der Hauptgründe, weshalb man Spuren von Teilchen verfolgt, ist die Messung ihrer Ladung und ihres Impulses. Denn wenn man den Spurdetektor in ein Magnetfeld steckt, bewegen sich alle geladenen Teilchen auf Kreisbahnen. Die Richtung, in die sie sich krümmen, wird durch das Vorzeichen ihrer Ladung bestimmt. So kann man auch Teilchen von Antiteilchen unterscheiden. Und die Stärke der Krümmung lässt den Impuls $p = m\,v$ berechnen, wie wir in Formel 2.5 gesehen haben: je größer der Impuls, desto schwächer die Krümmung. Wenn man nun aus Halbleiterdetektoren einen Spurdetektor bauen will, legt man mehrere Lagen übereinander und verbindet die getroffenen Stellen zu (gekrümmten) Linien. Wie es aussehen kann, diese Art Teilchenspuren zu rekonstruieren, sehen wir in Abb. 5.4.

Man sieht deutlich den Unterschied zwischen Teilchen mit niedrigem Impuls, deren Spuren sich stark krümmen, und denen mit hohem Impuls, die mit bloßem Auge betrachtet fast gerade erscheinen (zum Beispiel die gelbe Linie, die wahrscheinlich zu einem hochenergetischen Elektron gehört).

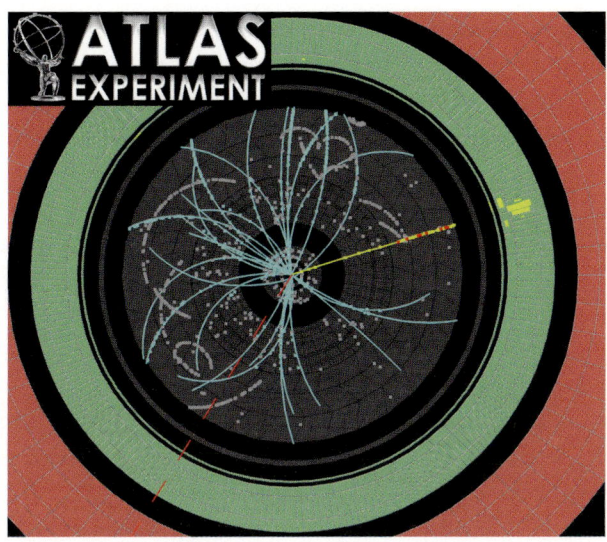

Abb. 5.4 Die Wege von produzierten Teilchen, aufgenommen mit dem ATLAS-Detektor. Graue Punkte sind Treffer in den Spurdetektoren, die bunten Linien sind die Teilchenspuren, die die Software aus ihnen berechnet hat. (Grafik: © ATLAS Collaboration)

5.3 Das Ding mit der Überlichtgeschwindigkeit: Cherenkov-Detektoren

Überlichtgeschwindigkeit – das klingt nach Science Fiction vom Allerfeinsten. Denn nach allem, was wir von Physik zu verstehen glauben, bewegt sich nichts schneller als das Licht. Als elektromagnetische Welle kann Licht das auch ganz gut, denn Photonen, die Lichtteilchen, sind masselos.

Was passiert, wenn massive Teilchen immer schneller werden, haben wir in Abb. 3.9b ja gesehen. Teilchen verhalten sich, also würde ihre Masse mehr und mehr zunehmen. Und für den Fall, dass Teilchen mit Masse wirklich Lichtgeschwindigkeit annehmen würden, hätten sie eine unendlich große Masse. Keine Angst: Macht keinen Sinn, geht auch nicht. Aber man sieht auch, wie schwer es wird, Teilchen immer schneller zu machen und wieso es einen großen Unterschied macht, ob der LHC jetzt Teilchen auf 99,999 % oder 99,9999 % beschleunigt hat.

Mit der Lichtgeschwindigkeit als Obergrenze ist das allerdings so eine Sache. Mit der gemeinhin als Lichtgeschwindigkeit bezeichneten Größe meint man streng genommen die Lichtgeschwindigkeit c_0 im Vakuum: 299.792.458 m/s.

Durch Atome gebremst: Lichtgeschwindigkeit im Medium Wenn sich Licht nun aber nicht mehr im Vakuum, sondern in einem Medium ausbreitet, wird es langsamer. In der Luft ist die Verlangsamung recht klein, aber im Wasser schon spürbar, nämlich 25 %. Dass Licht in einem Medium langsamer sein kann als in einem anderen, spürt man an der Brechung von Licht: einfach mal den Finger ins Aquarium halten und schauen, wie er scheinbar abknickt.

Den gleichen Effekt zwischen Glas und Luft nutzt man auch, um Brillen zu bauen. Um das alles in Zahlen zu fassen, hat man den *Brechungsindex n* definiert:

$$n = \frac{c_0}{c} \tag{5.1}$$

Er berechnet sich als das Verhältnis von Lichtgeschwindigkeit im Vakuum c_0 und der Lichtgeschwindigkeit c in einem Medium, zu dem dann der Brechungsindex n gehört.

Die Tatsache, dass sich Licht in einem Medium langsamer bewegen kann, liegt daran, dass die Lichtteilchen von den Atomen im Medium absorbiert und wieder emittiert werden. Das hält sie bei ihrer Reise natürlich etwas auf. So wie ein süßes Baby, das beim Krabbeln auf Familienfeiern ständig von der Verwandtschaft hochgehoben und geknuddelt wird. Dann ist $c_{\text{Familienfeier}}^{\text{Baby}} < c_{\text{Freiheit}}^{\text{Baby}}$.

Was wäre denn jetzt, wenn sich in dem Medium etwas anderes sehr schnell bewegt, was nicht von den Atomen absorbiert und wieder ausgespuckt wird, sondern in Ruhe an ihnen vorbeifliegen kann? Das geht. Und hieße das dann nicht auch, dass man sich in einem Medium auch schneller als Licht bewegen kann? Oh ja. Und das hat Konsequenzen!

Bewegt sich ein geladenes Teilchen in einem Medium schneller, als es das Licht tun würde, passiert etwas Ähnliches, wie wenn sich ein Objekt schneller durch die Luft bewegt als der Schall. In Abb. 5.5a sieht man einen Jet beim Durchbrechen der Schallmauer. Es bildet sich ein *Mach-Kegel*. Je schneller der Jet, desto spitzer der Kegel.

Analogie zum Überschallknall: die Cherenkov-Strahlung Wenn sich nun ein geladenes Teilchen in einem Medium schneller als das Licht bewegt – also mit Überlichtgeschwindigkeit – regt es die Atome um sich herum zu Schwingungen an. Dabei emittieren sie Licht, das sich ebenfalls zu einem Kegel formt und entlang der Flugbahn des Teilchens ausbreitet. Dieses Licht bezeichnet man als *Cherenkov-Strahlung*. Man beobachtet es zum Beispiel in den Reaktorkernen, wo sich β-Strahlung – also Elektronen – mit Überlichtgeschwindigkeit durch das Kühlwasser bewegt. In Abb. 5.5b sieht man das typische blaue Leuchten.

a   b

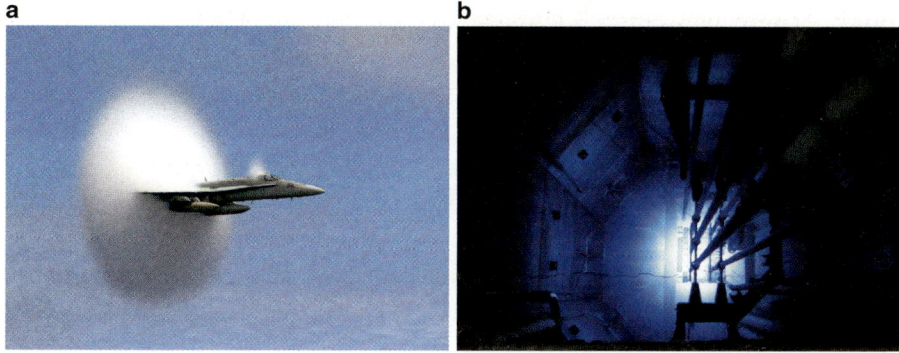

Abb. 5.5   a Ein Jet beim Durchbrechen der Schallmauer. Man erkennt deutlich den sich ausbreitenden Mach-Kegel. **b** In einem Kernreaktor entsteht β-Strahlung, die im Wasser schneller ist als Licht. Dadurch entsteht die blaue Cherenkov-Strahlung. (*Foto links*: © US Navy, *Foto rechts*: © Kirstie Hansen/IAEA)

Cherenkov-Strahlung

Ausrechnen lässt sich das Ganze auch. Das Elektron bewegt sich mit einer Geschwindigkeit v innerhalb einer bestimmten Zeit t um die Strecke $s = v\,t$ in einem Medium mit dem Brechungsindex n. Von jedem Punkt, den das Elektron streift, geht ein Lichtkreis aus. Denn die benachbarten Atome werden zum Schwingen angeregt und entsenden dabei Licht. Das Licht aus dem ersten Kreis schafft es in der gleichen Zeit t nicht ganz so weit, nämlich um die Strecke $c\,t = c_0/n\,t$. Abbildung 5.6 zeigt, wie die Lichtkegel entstehen:

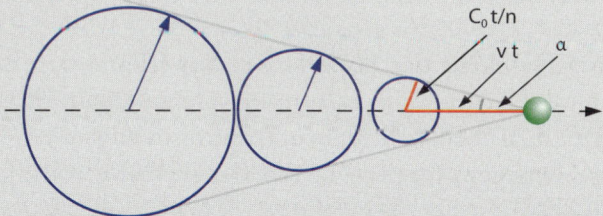

Abb. 5.6   Die Entstehung von Cherenkov-Strahlung: Ein geladenes Teilchen (*grün*) bewegt sich in der Zeit t mit der Geschwindigkeit v, die schneller als die Lichtgeschwindigkeit (in diesem Medium!) $c = c_0/n$ ist. Das Licht (*blau*) bildet daher eine Art Mach-Kegel, der den Öffnungswinkel α hat

Je schneller sich das Teilchen im Vergleich zum Licht bewegt, desto spitzer wird der Kegel. Der Winkel α an der Spitze des Kegels lässt sich über den Sinus ausrechnen. Wenn man die Geschwindigkeit v in Einheiten der Lichtgeschwindigkeit schreibt, bekommt man über $\beta = v/c_0$:

$$\sin(\alpha) = \frac{c_0 t/n}{vt} = \frac{1}{n\beta} \tag{5.2}$$

Da der Sinus im Betrag stets kleiner als 1 sein muss, bekommt man automatisch die Bedingung für die Entstehung von Cherenkov-Strahlung:

$$\sin(\alpha) = \frac{c_0 t/n}{vt} = \frac{1}{n\beta} \leq 1 \tag{5.3}$$

$$\beta \geq \frac{1}{n} \tag{5.4}$$

Je größer der Brechungsindex eines Mediums, desto weniger schnell muss ein Teilchen sein, um Cherenkov-Strahlung zu erzeugen.

Da Cherenkov-Strahlung erst ab einer bestimmten Geschwindigkeit auftritt, kann man Detektoren, die Cherenkov-Strahlung messen, prima als sogenannte *Schwellendetektoren* benutzen: Unterhalb einer bestimmten Schwelle werden Teilchen nicht erkannt. Auch ist hilfreich, dass die meisten Detektoren Teilchen nach ihren Impulsen $p = m\,v$ filtern. Hat man Teilchen eines bestimmten Impulses, weiß man nicht, ob er so groß ist, weil das Teilchen eine hohe Masse hat oder schnell unterwegs ist. Daher hilft ein Cherenkov-Detektor hier als zweite Informationsquelle speziell zur Geschwindigkeit.

Der Cherenkov-Detektor der Superlative: Superkamiokande Einen sehr großen Cherenkov-Detektor gibt es zum Beispiel in Japan. Er heißt *Superkamiokande* und wird zur Beobachtung von Neutrinos eingesetzt. Da Neutrinos aber nicht besonders gern reagieren, muss der Detektor recht groß sein, um überhaupt mal eins zu sehen. Groß heißt, dass man viel Wasser braucht, in dem Cherenkov-Strahlung entstehen kann. Daher befinden sich im Superkamiokande auch 50.000 Tonnen Wasser. Und damit der Detektor auch wirklich nur Neutrinos entdeckt, steckt er tief in einem Bergwerk, um ihn von kosmischer Strahlung abzuschirmen.

Durch den Detektor flitzen nun ständig Unmengen von Neutrinos, aber nur die wenigsten reagieren. Ab und an kommt es dann doch mal vor, dass ein Neutrino über die Schwache Wechselwirkung (denn die anderen Wechselwirkungen funktionieren bei dem Kerl ja nicht) mit dem Wasser der Tanks

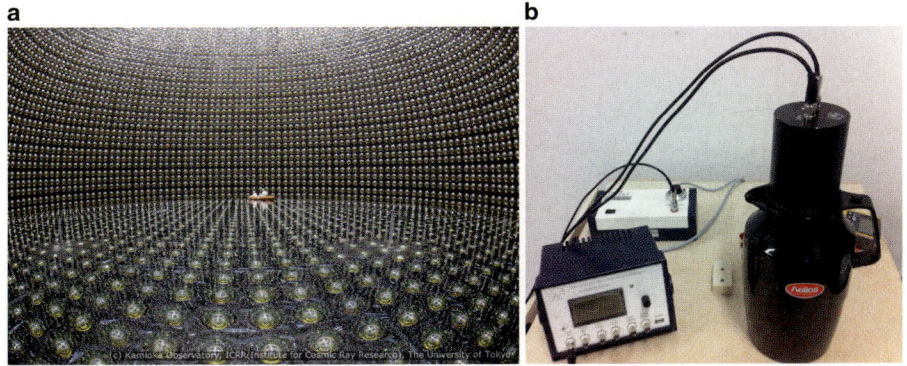

Abb. 5.7 **a** Der Superkamiokande-Detektor. Zum Zeitpunkt der Aufnahme (Sommer 2006) war er noch im Aufbau und nicht ganz voll mit Wasser. Daher können im Hintergrund auch noch Menschen mit ihrem Boot darin fahren. **b** Die Kamiokanne, ein Cherenkov-Detektor in einer Kaffeekanne. (*Foto links*: © Kamioka observatory, Institute for Cosmic Ray Research, The University of Tokyo, *Foto rechts*: © Boris Lemmer)

reagiert, ein Elektron aus einem Wassermolekül kickt und das dann schnell genug unterwegs ist, um Cherenkov-Strahlung zu erzeugen.

Die Wand des Superkamiokande ist mit über 11.000 *Photoelektronenvervielfältigern* (engl. *photomultiplier tube*, PMT) ausgestattet. Diese wandeln die Lichtsignale in elektrische Signale um und man kann das Cherenkov-Licht messen. Ein Foto des Superkamiokande sehen wir in Abb. 5.7a: Die Ingenieure auf dem Boot schwimmen auf dem Wasser des Detektors und arbeiten an den PMTs am Rand.

Schauen wir uns noch kurz an, wie so ein PMT funktioniert, der in der Teilchenphysik öfters mal gebraucht wird, um Licht in elektrische Signale umzuwandeln.

In Abb. 5.8 sieht man, wie links ein Photon auf eine Kathode fällt. Dieses Photon möchte nun gerne detektiert werden. Trifft es die Kathode, löst es über den Photoeffekt ein Elektron aus ihr raus. Auf der anderen Seite wartet eine Kette an sogenannten *Dynoden*. Das sind Anoden, an denen von links nach rechts eine immer höhere Spannung anliegt.

Das erste Elektron wird also zur ersten Dynode hin beschleunigt, trifft auf sie und schlägt weitere Elektronen aus ihr raus. Die werden dann zur zweiten Dynode beschleunigt, der Vorgang wiederholt sich und auf dem Weg zur letzten Dynode hin gibt es eine regelrechte Lawine an Elektronen. Und ähnlich wie beim Geigerzähler kann man diesen Haufen Elektronen als elektrisches Signal messen.

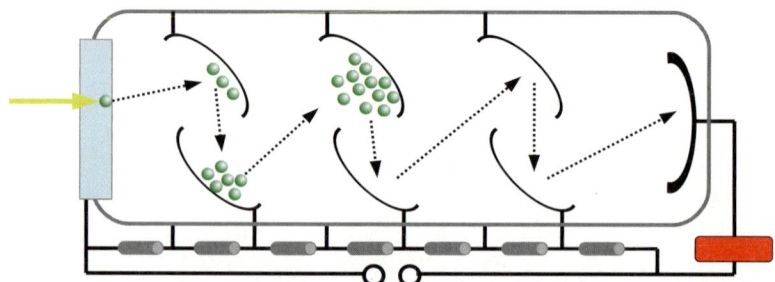

Abb. 5.8 Ein Photoelektronenvervielfältiger: Licht löst an der Eintrittsscheibe ein Elektron raus, welches zu einer Dynode hin beschleunigt wird. Dort löst es weitere Elektronen aus, die wieder weiter beschleunigt werden. Am Ende ist eine komplette Elektronenlawine als elektrischer Puls messbar

Wer jetzt nicht gerade selten reagierende Neutrinos tief unter der Erde messen will und auch keine 50.000 Tonnen Wasser und ein altes Bergwerk zur Hand hat, kann mit solchen PMTs stattdessen mit relativ wenig Aufwand Myonen messen. Die gibt es aus der kosmischen Höhenstrahlung auf der Erdoberfläche zuhauf.

Fehlt nur noch ein Cherenkov-Detektor fürs Wohnzimmer. Den gibt es und er nennt sich in Anlehnung an seinen großen Kollegen in Japan *Kamiokanne* (Abb. 5.7b). Der Name ist Programm: Die Cherenkov-Strahlung entsteht nämlich in einer mit Wasser gefüllten Kaffeekanne. Oben drauf steckt ein PMT, der seine Signale an einen Zähler weitergibt. Und fertig ist der Teilchendetektor!

5.4   Stopp, Teilchen! – Kalorimeter

Das Wichtigste für einen Physiker, der sich einen Haufen zerfallener Teilchen anschaut, ist es, ihre Vierervektoren zusammenzubauen. Dafür muss er wissen, welches Teilchen in welche Richtung geflogen ist, welchen Impuls und welche Energie es hatte. Für die Richtungen gibt es ja schon mal die Spurdetektoren. Und den Impuls messen die dank der Magnetfelder auch gleich noch mit.

Bei sehr hohen Geschwindigkeiten sind Energie und Impuls auch fast das Gleiche. Denn es gilt dann, wenn der Impuls p viel größer als die Masse m ist:

$$E^2 = p^2 + m^2 \approx p^2 \tag{5.5}$$

Blöd nur, dass bei sehr hohen Energien und Impulsen die gekrümmten Bahnen von den Teilchen in den Spurdetektoren fast alle gleich aussehen, nämlich

a   b

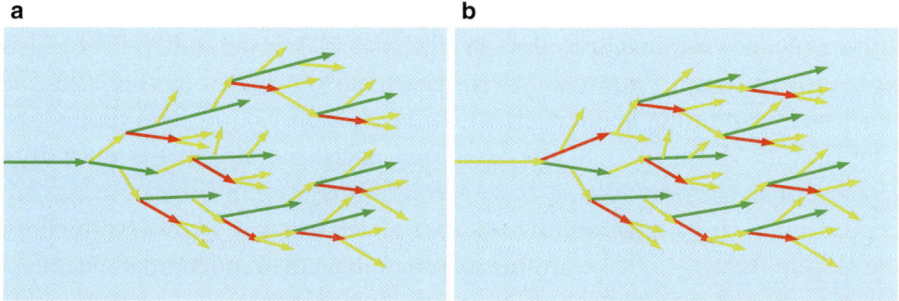

Abb. 5.9 **a** Ein Elektron trifft auf ein Kalorimeter und löst einen elektromagnetischen Schauer aus. **b** Ein Photon trifft auf ein Kalorimeter und löst ebenfalls einen elektromagnetischen Schauer aus. Die beiden Prozesse ähneln sich sehr

gerade. Da zeigt sich, dass Teilchen dann relativ unbeeindruckt vom Magnetfeld sind.

Eine weitere Schwachstelle des Spurdetektors tut sich auf, wenn das Teilchen überhaupt keine Spur hinterlässt. Das ist immer dann der Fall, wenn das Teilchen nicht geladen ist, also bei Photonen, Neutronen, Neutrinos oder anderen neutralen zusammengesetzten Objekten. Was kann man also tun, wenn man mit Bahnen nicht mehr arbeiten kann?

Gut gestoppt ist halb gewonnen Es gibt eine andere Art von Teilchendetektoren, deren einzige Aufgabe es ist, Teilchen zu stoppen und ihre Energie zu vermessen. Während der Spurdetektor sich noch Mühe gibt, dass die Teilchen in ihm keine Energie verlieren und auch nirgends dagegendotzen und abgelenkt werden, ist es diesem Typ egal. Man nennt ihn *Kalorimeter*.

Kalorimeter wollen nur eins: die Teilchen stoppen. Dafür müssen die Teilchen dann ihre komplette Energie verlieren. Natürlich verschwindet diese Energie nicht, sondern wird nur umgewandelt. Das was in der Regel passiert, ist, dass ein Teilchen reagiert und man danach mehrere Teilchen hat, die sich die Energie teilen. Solche Vorgänge nennt man *Teilchenschauer*. Schauen wir uns einen solchen Teilchenschauer mal für ein Elektron an (Abb. 5.9a).

Das Elektron trifft auf ein Kalorimeter, das aus einem Material möglichst hoher Dichte besteht. Damit bietet es dem Elektron viele Möglichkeiten zu reagieren. Am liebsten reagiert das Elektron mit den positiven Atomkernen mittels elektromagnetischer Kraft.

Die Stärke dieser Kraft hängt ja bekanntlich von der Ladung ab. Daher sind dichte Materialien gut: Sie haben schwere Elemente mit großen Kernen und damit hoher Ladung. Viel mehr als dicht sein muss ein Kalorimeter eigentlich erst mal nicht.

Wenn das negative Elektron von einem Proton angezogen und um die Kurve gelenkt wird, macht es das Gleiche, was Elektronen im Kreisbeschleuniger tun: Es strahlt Photonen ab. Im Beschleuniger haben wir das schon als Synchrotronstrahlung kennengelernt. In Festkörpern kennt man diesen Vorgang und die dabei entstehende Strahlung auch, allerdings wohl eher unter dem Namen *Röntgenstrahlung* bzw. *Bremsstrahlung* (nennt man übrigens im Englischen auch Bremsstrahlung – klingt gleich doppelt so professionell mit englischem Akzent). Die bekommt man nämlich auch, indem man ein Material mit vorher beschleunigten Elektronen beschießt.

Jetzt strahlt also unser Elektron (grün) im Kalorimeter ein Photon (gelb) ab. Das Photon hat dann so viel Energie, dass es ein Elektron-Positron-Paar (Positronen in Rot) erzeugen kann. Sowohl das Elektron als auch das Positron können dann via Bremsstrahlung ein Photon loswerden, das dann wieder so viel Energie hat, dass ... Man sieht schon, worauf das hinausläuft.

Man hat also mit der Zeit immer mehr Teilchen: Photonen, Elektronen und Positronen. Und weil jedes Teilchen einen Teil von seiner Energie abgeben muss, um ein neues abzustrahlen, hat jedes Teilchen für sich genommen immer weniger Energie, je mehr Teilchen der Schauer bereits gebildet hat. Aber die Gesamtenergie aller einfallenden Teilchen entspricht natürlich der des allerersten Elektrons.

Genauso läuft das Ganze übrigens ab, wenn ein Photon statt eines Elektrons in ein Kalorimeter kracht. Nur fängt der Teilchenschauer dann mit der Paarerzeugung statt der Bremsstrahlung an, wie man in Abb. 5.9b sehen kann.

Und wo endet der Schauer? Man muss versuchen, die Teilchen mit besonders wenig Energie zu detektieren und zu zählen. Dabei kann man sich aussuchen, welche Teilchen man nun zählt: die Elektronen oder die Photonen. Misst das Kalorimeter Photonen, besteht es meist aus bestimmten Kristallen oder aus durchsichtigem Plastik. Man spricht in diesem Fall von einem *Szintillator*.

Die niederenergetischen Photonen durchqueren den Szintillator und werden am Ende von einem Photoelektronenvervielfältiger detektiert, der aus ihnen ein elektrisches Signal macht (Abb. 5.10a). Eine andere Möglichkeit ist es, von den niederenergetischen Photonen, Positronen und Elektronen weitere Elektronen ionisieren zu lassen. Diese freien Ladungen werden dann über Anoden und Kathoden abgezogen und als Impulse gemessen (Abb. 5.10b). Beiden Methoden werden auch in den modernsten Teilchendetektoren benutzt.

Die Kleinen sammeln und zählen: Energiemessung mit dem Kalorimeter
Das Praktische am Kalorimeter ist jetzt, dass die Stärke des am Ende gemessenen Spannungspulses proportional zur Energie des einfallenden Teilchens

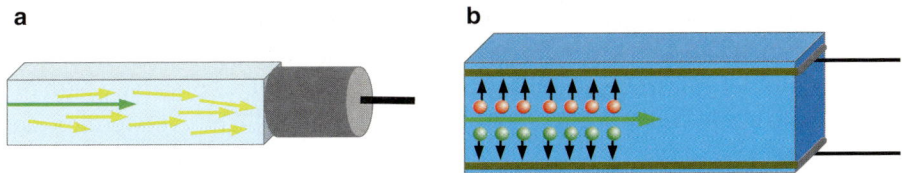

Abb. 5.10 **a** Ein Szintillator: Durch einfallende Teilchen werden die Atome im Szintillator zum Leuchten angeregt. Die Photonen werden zu einem PMT transportiert (*rechts*) und in ein elektrisches Signal umgewandelt. **b** Einfallende Teilchen können ein Material auch ionisieren. Die dabei frei werdende Ladung (*rot* und *grün*) kann man über Anoden und Kathoden abziehen (*braune Platten*)

ist: Je mehr Energie das erste Photon oder Elektron hatte, in umso mehr Teilchen kann es letztlich schauern, bis diese die kritische Untergrenze erreichen und ausgezählt werden. Mehr Anfangsenergie endet also in mehr Teilchen am Ende und damit in einem höheren Spannungspuls.

Um nun noch rauszufinden, welche Signalhöhe welcher einfallenden Energie entspricht, muss man einen Detektor zunächst *kalibrieren*. Dabei schießt man Teilchen mit einer bestimmten Energie, die man zum Beispiel aus einem Beschleuniger oder einem radioaktiven Präparat bekommt und daher genau kennt, und misst die entsprechende Signalstärke im Kalorimeter.

Weil man sich bei der Zahl der niederenergetischen Teilchen gerne mal verzählen kann – und das kommt auch bei den besten Detektoren vor – wird die Energie immer mit einer gewissen Ungenauigkeit gemessen. Diese Ungenauigkeit, die auch *Energieauflösung* genannt wird, ist weniger dramatisch, wenn das zuerst eingefallene Teilchen eine hohe Energie hatte. Dann nämlich entstehen am Ende mehr Teilchen und es ist weniger schlimm, sich um ein paar zu verzählen. Damit verhält sich die Energieauflösung von Kalorimetern genau andersrum als die Impulsauflösung bei den Spurdetektoren. Denn wenn dort Teilchen eine sehr hohe Energie hatten, sahen ihre Spuren fast alle komplett gerade aus und die Messung wurde ungenau.

Geld sparen mit dem Sandwich: hadronische Kalorimeter Wir würden das gute Kalorimeter aber schwer unterschätzen, wenn wir annähmen, es könnte nur Photonen und Elektronen detektieren! Auch Hadronen, also Teilchen aus Quarks, bleiben in Kalorimetern stecken. Sie verursachen allerdings keine elektromagnetischen Schauer, sondern hadronische.

Solche hadronischen Schauer regelt die Starke Kraft, über die ja Elektronen und Photonen nicht reagieren können. Das heißt, wenn ein Hadron in das Kalorimeter trifft, wird es dabei andere Hadronen produzieren. Vielleicht auch mal ein Photon oder Elektron, das dann wieder einen kleinen elektromagnetischen Schauer startet. Solche hadronischen Schauer haben wir schon bei der kosmischen Höhenstrahlung in Abb. 2.23a gesehen.

Während der Himmel ja aber locker mehrere Kilometer dick ist, sollte unser Detektor praktikablerweise etwas kompakter sein. Daher verwendet man auch Materialien, die dichter als Luft sind. Das gilt besonders für hadronische Kalorimeter. Denn hadronische Schauer brauchen generell etwas länger, um gestoppt zu werden.

Besonders dicht wäre zum Beispiel Blei. Blei fördert zwar die Schauerbildung stark, kann aber letztlich keine niederenergetischen Teilchen detektieren. Wie auch elektromagnetische Schauer enden hadronische Schauer letztlich in der Messung von niederenergetischen Elektronen oder Photonen.

Materialien wie Blei, die zwar die Schauerbildung fördern, aber selbst nichts messen können, nennt man passive Materialien. Würde man ein Kalorimeter nur aus passivem Material bauen, hätte man schnell schöne Schauer, könnte aber gar nichts messen. Im Fall eines komplett aktiven (für die Auslese zuständigen) Kalorimeters wäre es zum einen groß, da aktive Materialien in der Regel geringere Dichten haben. Zum anderen wäre es teuer. Also hat man sich einen netten Kompromiss ausgedacht, der vor allem in hadronischen Kalorimetern zum Einsatz kommt.

Abbildung 5.11 zeigt ein sogenanntes *Sandwich-Kalorimeter*. Aktive und passive Schichten wechseln sich hierbei ab. Die einen provozieren den Schauer, die anderen messen ihn. Sowas ist ein guter Kosten-Nutzen-Kompromiss.

So schön Kalorimeter auch sind: Bei zwei Arten von Teilchen müssen sie sich geschlagen geben. Zum einen sind da die Neutrinos. Sie werden durch den Detektor huschen, ohne überhaupt eine einzige Spur zu hinterlassen. Wie man sie trotzdem sichtbar machen kann, lernen wir im Abschn. 5.7.

Die zweite Art von Teilchen, die nicht gestoppt werden kann, sind Myonen. Myonen gehören zu den Leptonen und können daher nicht über die Starke Wechselwirkung reagieren und hadronische Schauer auslösen. Elektrisch geladen sind sie aber sehr wohl. Daher könnte man meinen, dass sie genauso elektromagnetische Schauer auslösen können wie Elektronen. Können sie aber nicht.

Schauen wir mal auf Formel 4.5. Der Energieverlust durch Synchrotronstrahlung wird um dem Faktor m^4 kleiner. Da die Masse eines Myons ca. 200 Mal schwerer ist als die eines Elektrons, ist der Strahlungsverlust damit $200^4 = 1{,}6 \cdot 10^9$ Mal kleiner. Daher verliert das Myon kaum Energie über Bremsstrahlung. Es zieht zwar eine dünne Spur durch das Kalorimeter, weil es trotzdem ionisiert. Stecken bleiben tut's aber nicht, es wandert ungestört durch.

Das hat den Nachteil, dass man es nicht stoppen und seine Energie im Kalorimeter vermessen kann. Es hat aber auch den großen Vorteil, dass man

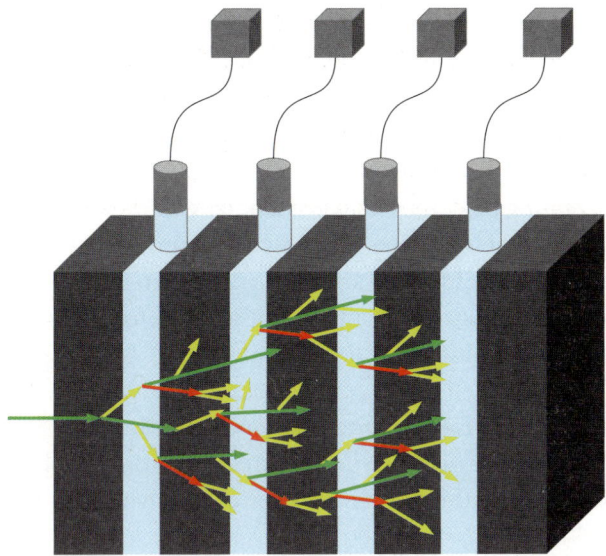

Abb. 5.11 Ein sogenanntes Sandwich-Kalorimeter, in dem sich aktive und passive Schichten abwechseln: In der passiven wird der Schauer verstärkt, in der aktiven ausgelesen

hinter dem Kalorimeter einfach schauen kann, was übrig bleibt. Denn das muss dann ein Myon sein. Ha, doch noch erwischt!

5.5 Wir bauen einen Detektor

Klar schmeckt Wurst am besten beim Metzger, Pizza beim Italiener und Kuchen beim Konditor. Aber manchmal muss es eben alles auf einmal sein. Das ist in der Teilchenphysik nicht anders.

Und da wir jetzt wissen, dass ein Siliziumdetektor super zur Spurrekonstruktion sowie Impulsmessung geladener Teilchen ist, Kalorimeter die Energien bestimmen und man bei Teilchen wie Myonen nur schauen muss, was mühelos durch eine dicke Abschirmung kommt, können wir nun über einen Supermarkt der Teilchendetektierung nachdenken. Denn was macht man, wenn man nicht nur Richtung und Impuls, sondern auch Energie messen will? Nicht nur für geladene Teilchen, sondern auch für ungeladene? Myonen wie auch Elektronen? Dann brauchen wir einen Detektor, der alles kann. Und den können wir uns einfach zusammenbauen aus allem, was wir bisher so kennengelernt haben.

Natürlich kann man auch Detektoren bauen, die nicht alles perfekt beherrschen. Kommt ganz drauf an, was man so sucht. In meiner Diplomarbeit suchte ich nach dem ω-Meson, das in drei Photonen zerfällt (hatten wir in Abb. 3.8a und kommt noch mal im Detail in Abschn. 6.5.1). Da brauchte ich weder Spurdetektoren noch Magnetfelder, denn die Photonen hätten sich dort sowieso nicht gezeigt. Aber der Supermarkt unter den Detektoren sollte auf alles vorbereitet sein. Denn im besten Fall wird er neue Teilchen finden, von denen wir noch gar nicht genau wissen, in was sie zerfallen werden.

Also bauen wir mal einen Detektor, der alles kann. Man nennt solche auch Allzweckdetektoren. Zwei davon arbeiten gerade am LHC und suchen nach neuen Teilchen, indem sie Kollisionen zwischen Protonenstrahlen untersuchen: *ATLAS* („A Toroidal Lhc ApparatuS") und *CMS* („Compact Muon Solenoid").

Weil ich selbst bei ATLAS arbeite, schnapp ich mir ATLAS mal als Beispiel zur Erklärung eines Allzweckdetektors. Im Abschn. 5.6 schauen wir dann, wieso man so einen Brummer noch ein zweites Mal baut und was CMS anders macht als ATLAS.

5.5.1   Am Ort des Geschehens: Spurdetektoren

Fangen wir am eigentlichen Ort des Geschehens an: der Protonenkollision. Hier werden die Teilchen produziert und von ihnen hätten wir gerne ein Bild, um sie zu untersuchen.

Manche leben nur 10^{-25} s lang und werden in der Zeit nicht besonders weit vom Kollisionspunkt wegkommen. Auf der anderen Seite kann der Detektor dem Kollisionspunkt nicht beliebig nahekommen. Würde der Strahl nämlich mal ein Stück Detektor treffen, wäre der Detektor kein Detektor mehr, sondern kaputt. Daher braucht man immer ein wenig Sicherheitsabstand. Bei ATLAS sind das ca. 5 cm.

Neben der Tatsache, dass man den Detektor nicht durch einen direkten Strahltreffer beschädigen will, gibt es noch einen zweiten Grund, etwas Abstand zu wahren. Stellen wir uns vor, dass in einem Punkt 100 Teilchen produziert werden, und wir versuchen die Teilchen nun mit unserer Hand zu fangen (das ist jetzt echt nur zur Illustration, denn niemand sollte versuchen, solche hochenergetischen Teilchen mit der Hand zu fangen!).

Das klappt, wenn wir den Produktionspunkt mit der Hand umschließen. Gehen wir etwas weiter weg, ist unsere Hand vielleicht nur noch groß genug, um 50 Teilchen zu fangen. Und gehen wir noch weiter weg, bekommen wie vielleicht nur noch ein einziges, wenn überhaupt.

Die Intensität an Teilchen, die unsere Hand abbekommen würde, fiele quadratisch mit dem Abstand. Diese Regel ist verdammt wichtig, wenn man sich selbst vor Strahlung schützen will. Denn so praktisch Abschirmungen auch sind: Im Ernstfall ist Weglaufen immer die beste Möglichkeit! Ist man doppelt so weit von der Strahlungsquelle entfernt, bekommt man nur noch ein Viertel der Strahlung ab. Man spricht hierbei auch vom *quadratischen Abstandsgesetz.*

Aller guten Dinge sind drei: die Ringstruktur von ATLAS Was heißt das jetzt für unseren Detektor? Er wird keine Teilchen verpassen, denn er wird einfach so groß gebaut, dass er den kompletten Kollisionspunkt umschließt. Aber je näher er am Kollisionspunkt dran ist, desto mehr Teilchen wird er pro Zeit und Fläche erfassen müssen. Bei der Digitalisierung der Daten vom Detektor, also wenn er meldet, wann und wo ihn ein Teilchen getroffen hat, wird es ein Dauerfeuer an Daten geben.

Damit die Elektronik nicht gleich ans Limit kommt, versucht man die Zahl des Auslesekanäle zu erhöhen: Wenn ich pro Fläche mehr Abschnitte habe, die ein Signal melden können, hat jeder Abschnitt an sich weniger zu melden. Das hat zusätzlich noch den Vorteil, dass man genauer sagen kann, wo ein Teilchen langgeflogen ist. Denn je näher man an der Mitte ist, desto wichtiger wird eine gute Auflösung.

Bei ATLAS gibt es daher drei Arten von Spurdetektoren, die wir in Abb. 5.12a sehen: Der *Pixeldetektor* bildet die innerste Lage um den Kollisionspunkt. Er ist ein Siliziumdetektor, der die Daten Pixel für Pixel ausliest. So wie der Chip einer Digitalkamera auch Pixel für Pixel ausliest, um ein Bild daraus zu bauen. Der ATLAS-Pixeldetektor hat 80 Millionen Auslesekanäle, also 80 Megapixel. Ganz schön viel!

Dahinter wartet dann der *SCT* (Semiconductor Tracker). Wie auch der Pixeldetektor ist er ein Siliziumdetektor, also ein Halbleiterdetektor. Das Prinzip ist das gleiche, aber seine Kanäle werden nicht mehr Pixel für Pixel ausgelesen, sondern streifenweise. Dadurch kann er nicht so viele Signale pro Fläche verarbeiten wie der Pixeldetektor. Ist aber auch kein Problem, schließlich sitzt er auch weiter weg.

In der dritten Lage kommt der *TRT* (Transition Radiation Tracker) als letzter Spurdetektor. Er besteht aus kleinen Röhrchen, die mit dem Edelgas Xenon gefüllt sind. In ihrer Mitte ist ein Draht gespannt. Und wenn nun ein geladenes Teilchen durchfliegt, ionisiert es das Gas und die freie Ladung wird abgezogen und gemessen. Er funktioniert also so ähnlich wie ein Geigerzähler, nur ohne den Lawineneffekt (dafür ist die angelegte Spannung nicht hoch genug eingestellt).

Zusätzlich hat dieser Detektor noch eine andere Eigenschaft, die auch seinen Namen prägt: „Übergangsstrahlungsdetektor". Wenn nämlich ein Teilchen durch so ein Röhrchen saust und von der Umgebung außerhalb des Röhrchens in die innerhalb des Röhrchens übergeht, wird dabei Strahlung frei, die sogenannte *Übergangsstrahlung.* Wie viel von dieser Übergangsstrahlung entsteht, hängt von der Sorte der Teilchen ab (z. B. Elektron oder Pion).

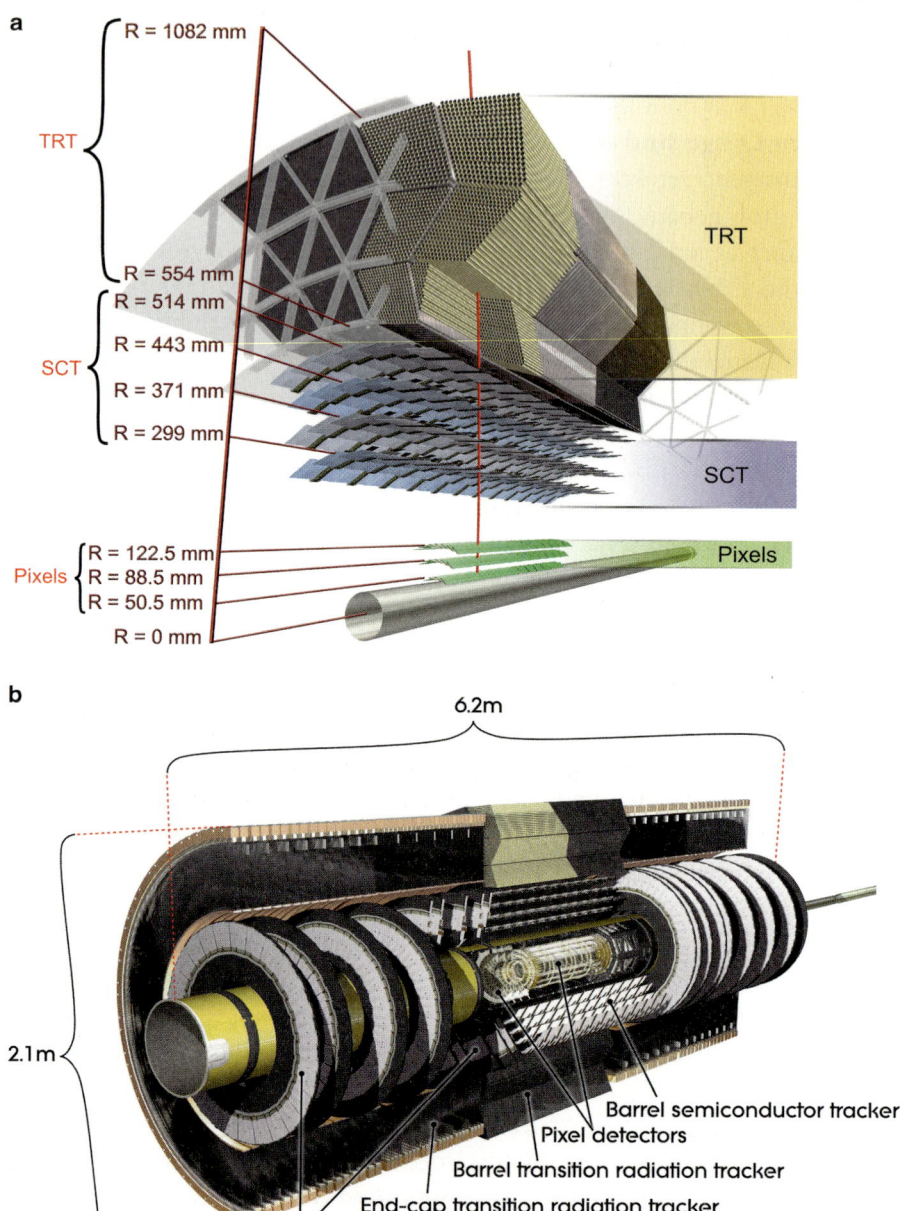

Abb. 5.12 a Ein Ausschnitt des ATLAS-Spurdetektors, bestehend aus dem dreilagigen Pixeldetektor, dem dreilagigen SCT und dem TRT. **b** Der gesamte Spurdetektor von ATLAS. Man erkennt den Zentralteil in der Mitte sowie die Scheiben an den Seiten. (Grafiken: © ATLAS Collaboration)

Damit kann also nicht nur die Spur vermessen, sondern auch die Art der Teilchen bestimmt werden.

Das war's so weit an Spurdetektoren. Abbildung 5.12b zeigt noch mal alle drei Spurdetektoren in voller Schönheit und Größe.

Man sieht, dass der Detektor hier auf zwei verschiedene Arten angeordnet ist. In der Mitte befindet sich der sogenannte *Barrell*-Abschnitt (engl. „Fass", sieht ja auch so aus). Er sieht aus wie eine Dose ohne Deckel und Boden. Damit die Teilchen an Deckel und Boden nicht entwischen, gibt es dort noch einmal Scheiben dran. Das ist der *Endcap*-Teil.

Nicht vergessen dürfen wir jetzt noch, dass die ganze Spurmessung nur Sinn macht, wenn man ein starkes Magnetfeld anlegt. Denn nur dann krümmen sich die Spuren der Teilchen auf ihrem Weg vom Kollisionspunkt nach außen hin. Und nur durch Richtung und Stärke der Krümmung können wir die Ladung und die Impulse der Teilchen vermessen. Daher liegt der gesamte Spurdetektor von ATLAS in einem 2 Tesla starken Magnetfeld.

Die Spurdetektoren sind nicht nur wichtig, um einzelne Teilchen zu vermessen, sondern auch um ihren Ursprung rauszufinden. Na ja, kann man jetzt denken, der Ursprung ist der Kollisionspunkt. Klar. Aber am Kollisionspunkt treffen sich immer gleich ganze Protonenpakete mit 10 Milliarden Protonen. Wo genau jetzt ein Proton auf ein anderes trifft, das kann variieren. Außerdem – und das ist jetzt echt wichtig – trifft pro Kollision nicht nur ein Proton auf ein anderes. Es reagieren im Mittel 20 (mit den Einstellungen, die der Beschleuniger im Jahre 2012 hatte – kann noch mehr werden!) miteinander. Wenn jetzt Unmengen von Teilchen durch den Detektor fliegen, würden wir natürlich schon gerne wissen, welches Teilchen aus welcher Kollision kommt. Denn nur indem wir jedes Teilchen einer der 20 Kollisionen zuordnen, können wir letztlich auch sagen, welche 20 Reaktionen stattgefunden haben und was bei jeder produziert wurde. Dass der Spurdetektor dabei unglaublich wichtig ist, sieht man in Abb. 5.13. Und auch, dass der Spurdetektor wirklich viel Arbeit hat …

In diesem Ereignis ist an 20 Stellen ein Proton mit einem anderen kolli diert und es wurden Teilchen und Antiteilchen produziert. Damit die Physiker am Ende sagen können, bei welcher der 20 Kollisionen was passiert ist, muss der Detektor alle Objekte einem dieser Punkte zuordnen. Daher ist die gute Ortsauflösung auch so unglaublich wichtig.

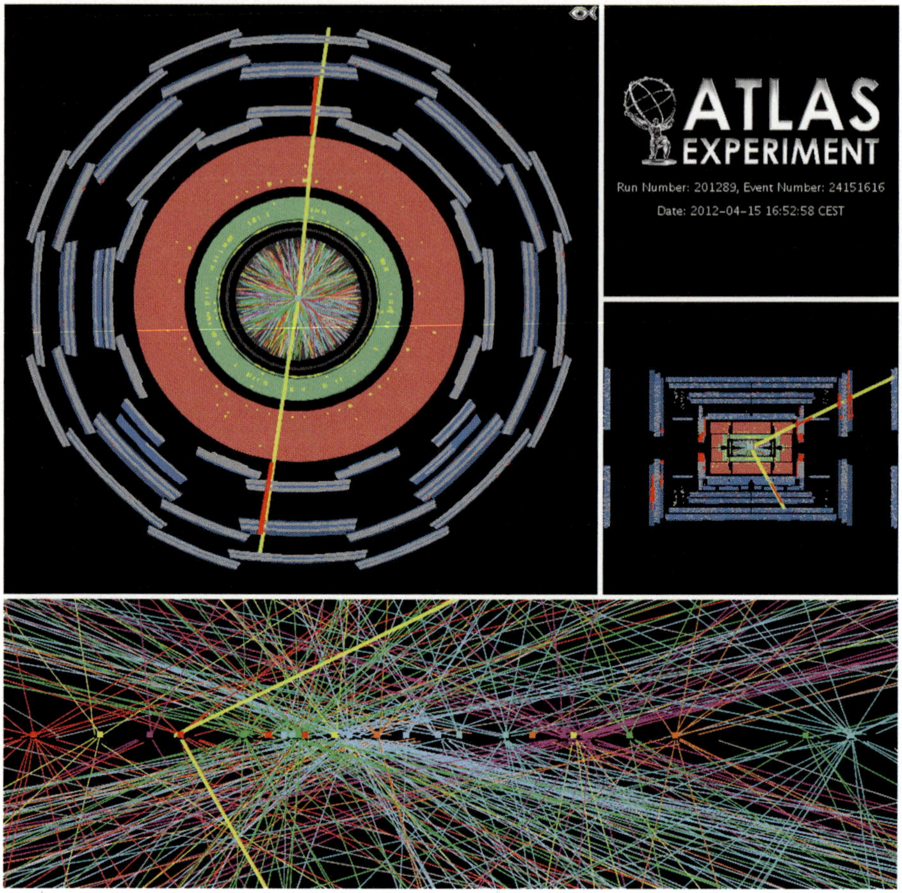

Abb. 5.13   Ein Ereignis, bei dem 20 Protonen miteinander kollidiert sind. Man erkennt die 20 verschiedenen Ursprünge, die der Spurdetektor gefunden hat. Das alles nimmt der Detektor als ein Ereignis auf. Nur durch die Rekonstruktion der Spuren kann es später in 20 Ereignisse aufgedröselt werden. Eines davon war interessant: Ein Z-Boson wurde produziert und zerfiel in zwei Myonen (gelbe Linien). (Grafik: © ATLAS Collaboration)

Videos

Wie die Spurdetektoren von ATLAS funktionieren, zeigen diese schönen Videos.

5.5.2 Der Bremsstreifen am Ausgang: zwei Sorten Kalorimeter

Hinter dem Magneten, der die drei Komponenten des Spurdetektors umhüllt, wartet das elektromagnetische Kalorimeter auf die Teilchen. Es gehört zum Typ der Sandwich-Kalorimeter. Das heißt, es wechseln sich Schichten, in denen sich elektromagnetische Schauer bilden, mit Schichten, die die Schauerteilchen auslesen werden, ab. Die dichten Materialien sind in diesem Fall Eisen und Stahl. Die Schichten zum Auslesen bestehen aus dem Edelgas Argon, das auf -183 °C abgekühlt wurde und daher flüssig ist. Die niederenergetischen Teilchen am Ende des entstandenen elektromagnetischen Schauers können das Argon ionisieren. Die dabei abgelösten Elektronen finden ihren Weg zu Kupferelektroden, wo sie ausgelesen werden.

Und wie es bei einem Kalorimeter üblich ist: Je mehr Energie das am Anfang eingefallene Teilchen hatte, desto mehr Teilchen bleiben am Ende übrig, die ionisieren können, und desto höher wird das gemessene Signal. Damit man die Struktur der Schauer besser erkennen kann, hat das Flüssigargonkalorimeter eine Akkordeonstruktur, wie man in Abb. 5.14a sehen kann.

Wir wissen ja, dass es Teilchen gibt, die zu schwer für Bremsstrahlung sind oder die erst gar keine Ladung haben und daher keine elektromagnetischen Schauer auslösen können. Auf die wartet hinter dem elektromagnetischen Kalorimeter noch ein zweites, das hadronische Kalorimeter von ATLAS.

Es stoppt alles, was aus Quarks zusammengebaut ist, also z. B. Pionen, Protonen, Neutronen oder Kaonen. Wenn ein hochenergetisches Quark bei einer Reaktion aus dem Proton geschlagen oder aus der Energie der Kollision erzeugt wird und nach außen fliegt, bildet es eine Vielzahl von neuen Quarks und Antiquarks, die dann zusammengesetzte Teilchen (nämlich die Hadronen) bilden, weil sie nicht frei existieren können. Diesen Vorgang, bei dem ein einzelnes Quark zu vielen Hadronen wird, nennt man *Hadronisierung*. Wenn dieser Haufen an Hadronen dann in das hadronische Kalorimeter fliegt, einen hadronischen Schauer verursacht und ein dicker Teilchenknäuel mit einer bestimmten Energie gemessen wird, sprechen die Physiker von einem *Jet*.

Ein Jet kann also aus allerlei Hadronen bestehen. Aus welchen genau, lässt sich oft nicht mehr feststellen, da sie sich alle überlagern. Ist aber auch in dem Fall nicht so wichtig. Um Informationen über die Zusammensetzung der Jets und die Typen der einzelnen Hadronen zu bekommen, muss man die Hilfe der Spurdetektoren in Anspruch nehmen. Denn die sagen, was da genau ins Kalorimeter gekracht ist.

Das hadronische Kalorimeter von ATLAS besteht auch wieder aus einem Sandwich, nur diesmal wechselt sich Stahl als Schauermaterial mit Szintillatoren ab. Wir erinnern uns: Szintillatoren erzeugen am Ende Licht. Das kann dann über Glasfaserleitungen aus dem Detektormaterial raus zu Photoelektro-

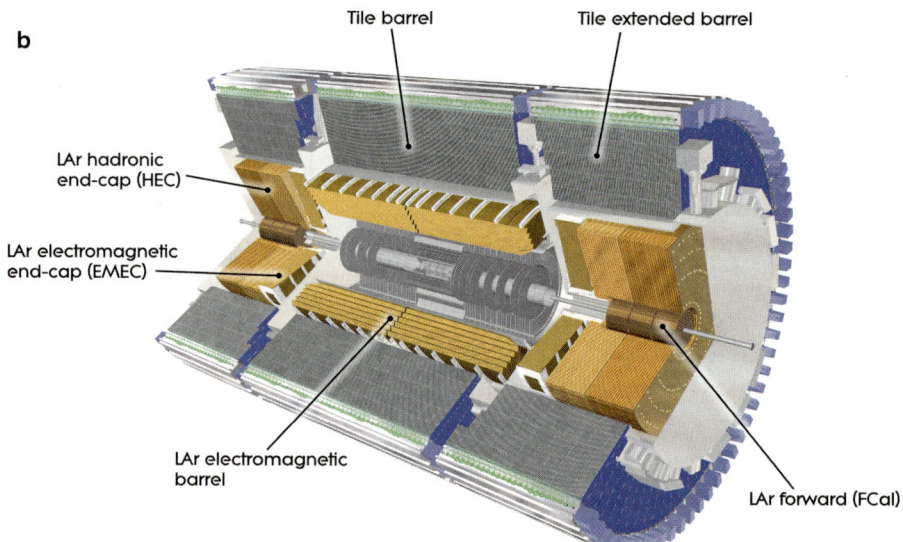

Abb. 5.14   **a** Ein Teil des elektromagnetischen Kalorimeters von ATLAS. **b** Das Kalorimeter von ATLAS. Um das elektromagnetische ist das hadronische Kalorimeter gebaut. (Foto und Grafik: © ATLAS Collaboration)

nenvervielfältigern geschickt werden, die daraus wieder ein elektrisches Signal machen. Und auch hier gilt: Je mehr Energie der Jet hat, desto mehr Photonen bleiben in den Szintillatoren hängen und desto höher ist das gemessene Signal. Beide Typen – sowohl das elektromagnetische Flüssigargonkalorimeter als auch das hadronische Stahl-Szintillator-Kalorimeter – sind in Abb. 5.14b dargestellt.

5.5.3 Der Rest vom Fest: die Myonen-Kammern

Nach dem, was wir bisher über ATLAS wissen und auch an Ende von Abschn. 5.4 gelernt haben, ist klar: Spätestens im hadronischen Kalorimeter ist jedes Teilchen stecken geblieben und wurde vermessen. Bis auf das Myon. Einfach zu schwer für Bremsstrahlung und elektromagnetische Schauer und einfach kein Hadron, um hadronische Schauer auszulösen. Also kommt's hinten aus dem Detektor wieder raus. Allein diese Tatsache reicht aber schon, um alle Teilchen am Ende als Myonen zu identifizieren. Um noch ein wenig mehr Informationen aus den Myonen zu kitzeln, baute man außen an ATLAS wieder einen starken Magneten, der die Myonen noch mal rumreißen soll. Genau so, wie es schon im inneren Spurdetektor passiert ist.

Leider sind die hochenergetischen Myonen so schnell unterwegs, dass ihre Spuren in den inneren Spurdetektoren fast komplett gerade erscheinen. Damit lässt sich dann kein Impuls mehr messen, weil die Krümmung zu schwach ist. Bei Elektronen ist das kein Problem, weil man einfach die Energie im Kalorimeter nimmt und Energie und Impuls bei so hohen Energien vom Betrag her fast gleich sind (die sonst noch bei der Energie mitgezählte Masse ist im Vergleich zu dem Impuls so klein, dass man sie getrost ignorieren kann). Nur das Myon braucht eben noch mal eine Extrawurst am Ende.

Also wurden weitere 100 km supraleitendes Kabel aufgewickelt und 830 t schwere Elektromagnete daraus gebaut. Die acht Spulen des äußeren Toroidmagneten bieten einen sehr beeindruckenden Anblick und werden gerne gezeigt, wenn es um ATLAS geht. Schauen wir uns die Spulen in Abb. 5.15 einmal an.

Bei dieser Kulisse hat das Ganze schon etwas sehr Futuristisches und es gibt ein ganz neues Gefühl, wenn Leute über Simulation des Urknalls, kleine schwarze Löcher und Reisen zu den Anfängen des Universums sprechen.

Um diese Magnete werden dann noch mal Myon-Detektoren gebaut. Diese funktionieren im Wesentlichen wie Geigerzähler, sind aber flache Platten: Fliegt ein geladenes Teilchen durch, gibt es eine Elektronenlawine und ein Spannungspuls wird gemessen. So, jetzt ham wir's aber.

5.5.4 Alles zusammen: ein kompletter Allzweckdetektor

Je mehr Energien die Teilchen haben, die ATLAS beobachten will, desto dicker müssen die Kalorimeter sein, um sie zu stoppen. Und je schneller die Myonen, desto größer muss der Myon-Detektor oder desto stärker müssen seine Magnete sein, wenn er überhaupt noch eine Krümmung sehen will. Man könnte sich jetzt mal fragen: Wie groß und wie schwer ist ATLAS eigentlich? Da gibt's doch gleich mal ein paar Fakten: ATLAS ist 46 m lang und hat einen

Abb. 5.15   Die acht großen Spulen des supraleitenden ATLAS-Toroidmagneten. Mittendrin steht auch ein Mensch. (Foto: © ATLAS Collaboration)

Durchmesser von 25 m. Noch dazu wiegt er 7000 t, das ist so viel wie der Eiffelturm. Würde man ATLAS in Folie einwickeln, würde er allerdings noch schwimmen und nicht untergehen. Ist eben auch viel Luft drin, vor allem im äußeren Magnetsystem. Alle Detektorkomponenten sind in Abb. 5.16 noch mal in einer Übersicht dargestellt.

Begleiten wir doch mal die wichtigsten Sorten an Teilchen, die so durch den Detektor fliegen, auf ihrer Reise. In Abb. 5.17 sehen wir, welche Signaturen sie im Detektor hinterlassen.

Im innersten Teil hinterlassen alle geladenen Teilchen Spuren. Zusätzlich sieht man ihre Krümmung, die je nach Vorzeichen der Ladung in eine andere Richtung geht. Neutrale Teilchen fliegen hier einfach geradeaus.

Danach kommt das elektromagnetische Kalorimeter (braun), was Elektronen und Photonen stoppt, indem diese dort elektromagnetische Schauer auslösen. Schwere geladene Teilchen hinterlassen hier auch Spuren, wenn auch nur schwache. Das hadronische Kalorimeter folgt danach und stoppt all die Teilchen, die zu schwer für Bremsstrahlung sind, dafür aber hadronisch reagieren können (hier Protonen und Neutronen).

Die einzigen Teilchen, die selbst noch durch das hadronische Kalorimeter mühelos durchkommen und dahinter vom Myonen-System detektiert werden, sind – na klar: die Myonen. Und von Neutrinos sieht man leider gar

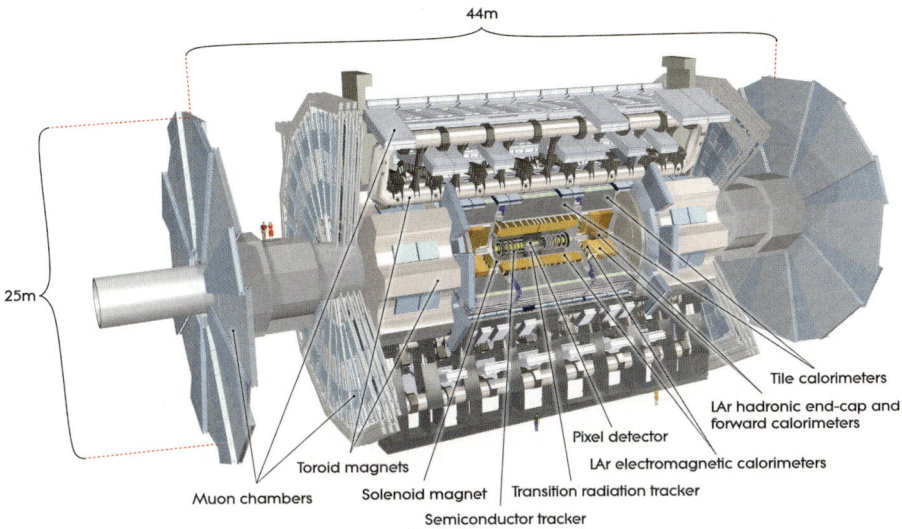

Abb. 5.16 Der ATLAS-Detektor in voller Pracht: Spurdetektoren, Kalorimeter, Magnetsystem und Myonen-Kammern. (Grafik: © ATLAS Collaboration)

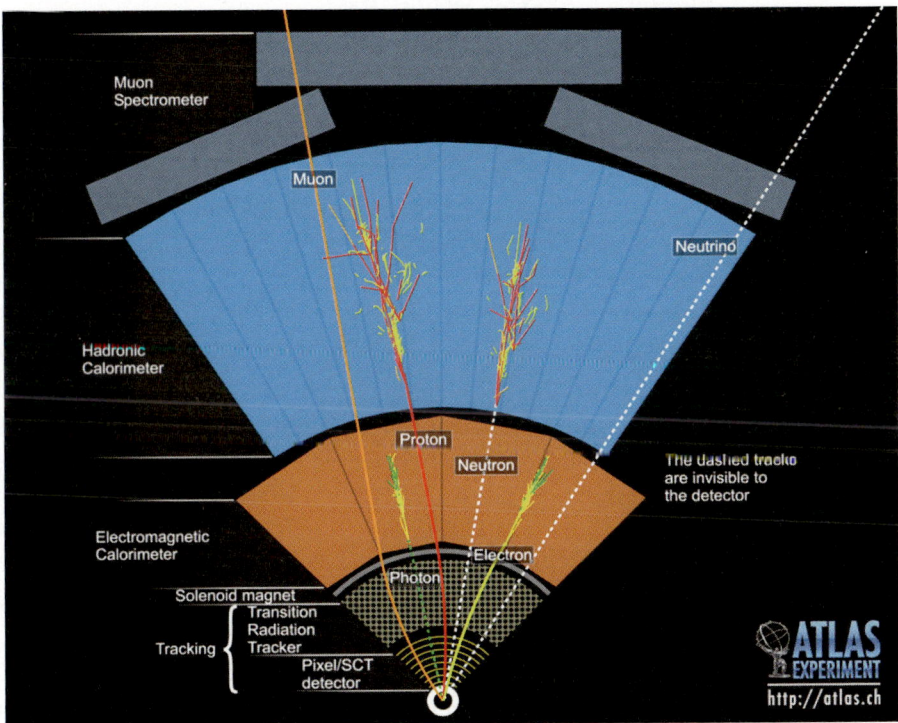

Abb. 5.17 Die Signaturen, die verschiedene Arten von Teilchen im Detektor hinterlassen. (Grafik: © ATLAS Collaboration)

nichts. Aber selbst dafür haben sich die Physiker einen Trick überlegt, der im Abschn. 5.7 verraten wird.

5.6 Konkurrenten mit gleichem Ziel: ATLAS und CMS

So funktioniert also der modernste und leistungsfähigste Teilchendetektor der Welt. Das Ganze gibt's auch wieder als schöne Computeranimation zum Anschauen.

Video

Zwei Protonen kollidieren im ATLAS-Detektor und erzeugen Materie und Antimaterie. ATLAS misst dann deren Spuren.

So ein Detektor ist ja nicht von heute auf morgen gebaut, sondern verlangt eine Menge Arbeit. Am ATLAS-Experiment arbeiten 3000 Menschen aus 38 Ländern, in denen die Bauteile für den Detektor entwickelt und produziert wurden. Es dauerte einige Zeit von der Genehmigung des ATLAS-Projekts 1996, der Ausgrabung der Schächte hinunter zum ATLAS-Experiment 1998 bis hin zur Montage des letzten Detektorteils 2008. 7000 t Material und 3000 km Kabel waren keine leichte Sache. Da fragt man sich doch: Wenn ATLAS schon alles Mögliche an Teilchen total gut messen kann, wieso hat man sich dann die Mühe gemacht, gleich noch einen zweiten Allzweckdetektor, nämlich CMS, zu bauen?

Konkurrenz belebt das Geschäft Nun, beide Detektoren suchen zwar nach den gleichen Teilchen, aber sie haben verschiedene Methoden. Während das elektromagnetische Kalorimeter bei ATLAS aus Blei, Eisen und flüssigem Argon besteht, benutzt CMS Bleiwolframatkristalle als Szintillatoren.

Während ATLAS das innere Magnetfeld hinter die Spurdetektoren, aber noch vor das Kalorimenter baut, steckt CMS beides ins Magnetfeld. Und CMS hat sich besonders viel Mühe bei der Konstruktion des äußeren Myonen-Systems gegeben, so dass dieser Teil sogar den Namen des Detektors prägt.

Der eine mag das eine für besser halten, der andere das andere. Aber das Tolle ist ja: Egal wie die Detektoren jetzt ihre Teilchen rekonstruiert haben, am Ende können sich die Wissenschaftler von ATLAS und CMS an einen Tisch setzen und über die gleichen gefundenen Teilchen unterhalten, wenn sie wollen. Wie die gefunden wurden, ist ja letztlich egal.

Zwei Detektoren haben auch zwei weitere große Vorteile: Jedes der Experimente hat seine eigenen Stärken und Schwächen. Und wenn man am Ende seine Messungen miteinander vergleicht, kann jeder von dem anderen noch etwas lernen. Und man kann checken, dass beide Methoden zum Ziel führen.

Zum anderen aber ist ein zweiter Detektor und damit auch eine zweite Kollaboration ein super Mechanismus um zu verhindern, dass jemand betrügt. O. k., hier würde natürlich niemand den wissenschaftlichen Ehrenkodex verletzen und betrügen. Die 3000 Leute kontrollieren sich auch ganz gut gegenseitig. Aber man kann ja auch mal aus Versehen etwas Falsches entdecken, weil sich sein Detektor nicht so verhält, wie man dachte. Oder man kann auch mal was übersehen. Und dann ist es gut, wenn es noch ein zweites Experiment zur Kontrolle gibt.

Denn mal angenommen, am größten Beschleuniger der Welt würde nur ein Detektor stehen, der von einem einzigen Menschen bedient wird und der ständig neue Teilchen vermeldet, die angeblich gefunden wurden. Man hätte ja keine Chance, das anzuzweifeln oder zu überprüfen. Und auch wenn auf dem Weg dahin beide Experimente sich immer ein wenig gegenseitig motivieren und das Ganze auch als gesunden Wettbewerb sehen, werden letztlich die wirklich großen Entdeckungen immer gemeinsam verkündet, damit es keinen Sieger und Verlierer gibt.

Zwei Spezialisten im Ring: ALICE und LHCb Bei den beiden anderen Detektoren, ALICE und LHCb, handelt es sich nicht um Allzweckdetektoren. Sie haben sich bewusst auf bestimmte physikalische Prozesse spezialisiert und ihre Detektoren dahingehend angepasst.

ALICE freut sich am meisten über die Kollision von Schwerionen, das dabei entstehende Quark-Gluon-Plasma und die darin erzeugten Teilchen. Statt also wie bei ATLAS all die Teilchen zu einem Jet zusammenzufassen, dröselt ALICE die einzelnen Teilchen gut auf.

LHCb hingegen ist kein klassischer Dosendetektor, der alles erwischen will, was an Teilchen produziert wird. LHCb sucht gezielt nach B-Mesonen (Mesonen, die ein Bottom-Quark enthalten), um an ihnen die Eigenschaften der CP-Verletzung zu studieren. Und dafür schaut sich LHCb die B-Mesonen an, die in die Richtung des Protonenstrahls produziert werden. LHCb sieht deshalb auch aus wie ein umgekipptes Stück Kuchen auf dem Protonenstrahl mit der Spitze am Kollisionspunkt.

Wir sehen: Man muss sich vorher ein paar Gedanken machen, was man mit seinem Detektor so machen will, schauen, wie viel Geld man zur Verfügung hat, und dann verschiedene Komponenten zusammenbauen. Und große Anforderungen bringen einen großen Aufwand mit sich.

5.7 Unsichtbares sichtbar machen: Transversalimpulserhaltung

Eigentlich kennen wir jetzt für jedes unserer Elementarteilchen eine Methode, um es sichtbar zu machen. Geladene Teilchen ziehen Spuren durch Ionisation. Die Energien der Teilchen misst man entweder über die Messung der Impulse durch die Krümmung ihrer Flugbahnen in den Spurdetektoren oder indem man sie in den Kalorimetern stoppt. Denn spätestens in den hadronischen Kalorimetern bleiben alle Teilchen stecken, wenn sie nicht gerade Myonen sind. Die hinterlassen da nur kleine Spuren, werden aber dann von den Myonen-Kammern hinterher noch mal erwischt und schön vermessen.

Bei den neutralen Teilchen muss man zwar auf die Spuren verzichten, bekommt aber dennoch ein schönes Signal in den Kalorimetern. Gilt das jetzt eigentlich für alle neutralen Teilchen?

Das Photon bleibt schon mal im elektromagnetischen Kalorimeter stecken, weil es so schön elektromagnetisch reagieren kann. Neutronen und alle anderen aus Quarks zusammengebauten neutralen Teilchen bleiben dann im hadronischen Kalorimeter stecken, weil sie dort über die Starke Wechselwirkung reagieren können. Aber gab es da nicht ein Teilchen, das weder stark noch elektromagnetisch reagiert?

Jupp, das Neutrino! Bis auf die Schwache Wechselwirkung hat es keine Möglichkeit, mit seiner Umwelt zu reagieren. Und weil die eben so schwach ist, reagiert es fast gar nicht. Ein Glück, denn pro Sekunde durchdringen unsere Körper schließlich mehrere Milliarden Neutrinos, ohne dass etwas passiert. Das ist gut für unsere Gesundheit, aber ziemlich blöd, wenn wir doch mal Neutrinos beobachten wollen. Und das müssen wir ab und an! Denn denken wir mal an die Entdeckung des W-Bosons.

Eine Möglichkeit für das W-Boson war es, in ein geladenes Lepton (Elektron, Myon oder Tauon) und ein entsprechendes Neutrino zu zerfallen. Und diese beiden Zerfallsprodukte müssen beobachtet und vermessen werden, damit man seine Vierervektoren addieren kann, um zu sehen, mit welchen Teilchen wir es zu tun hatten, bevor es kaputtging (wie in Abschn. 3.4 besprochen). Das Neutrino wird aber keine Spur hinterlassen. Gar keine.

Ausrechnen, was da sein müsste: Impulserhaltung Und genau das werden wir uns jetzt zu Nutze machen! Bedienen wir uns eines einfachen Tricks, mit dem wir genau sehen können, was wir nicht sehen: der Impulserhaltung. Der Gesamtimpuls vor und nach einer Reaktion ist stets der gleiche, so wie wir es in Formel 2.33 gezeigt hatten. Fragen wir uns jetzt erst mal nach dem Impuls vorher: Proton trifft Proton. Die Protonenimpulse sind bekannt über die am Beschleuniger eingestellten Energien. Leider kollidieren aber nicht die beiden Protonen, sondern zwei Quarks oder Gluonen, die nur einen gewissen Anteil des Protonenimpulses tragen (Abschn. 4.6.2). Den kennen wir aber nicht.

Anders sieht das Ganze aus, wenn wir uns nicht den Gesamtimpuls im kompletten dreidimensionalen Raum anschauen, sondern nur die sogenannte *Transversalebene*. Das ist die Ebene senkrecht zum Protonenstrahl.

Wenn der ATLAS-Detektor aussieht wie eine Dose (kommt doch etwa hin), dann ist die Transversalebene der Dosendeckel. Diese Ebene hat nur noch zwei Dimensionen.

Wieso schauen wir uns gerade diese an? Weil wir hier genau wissen, was der Gesamtimpuls vor der Kollision war: null. Denn die Protonenstrahlen gehen nur in die Ebene rein und bewegen sich nicht seitlich in ihr weg. Bingo! Wenn also vor einer Kollision der Gesamtimpuls null ist, muss er es auch hinterher sein. Jetzt schauen wir uns mal eine der Aufnahmen des ATLAS-Detektors in Abb. 5.18 an.

Der Gesamtimpuls vor der Kollision war null. Das heißt, dass die Impulse aller nach der Kollision entstandenen Teilchen sich gegenseitig aufheben müssen. Für jedes Teilchen nach rechts muss ein anderes nach links fliegen. Oder vielleicht auch zwei nach links mit je halb so großem Impuls. Möglichkeiten gibt es da viele. Teilchen auch, wie man in der Abbildung sieht. Allerdings haben die meisten Teilchen einen relativ kleinen Impuls. Das Meiste wird von einem Myon getragen, das in der Projektion auf die Transversalebene nach oben rechts wegfliegt: 29 GeV.

Den Ausdruck „Projektion in die Transversalebene" könnte man auch als „wenn man ATLAS durch den Dosendeckel schaut" bezeichnen. Klingt aber schon weniger schick. Die kleinen Teilchen sind recht gleichmäßig verteilt und können den Impuls des Myons nicht ausgleichen. Es fehlt einfach ein Teilchen mit großem Inpuls, das in entgegengesetzter Myon-Richtung fliegt. Da uns die Impulserhaltung sagt, dass da etwas gewesen sein muss, das den Myon-Impuls ausgeglichen hat, wir es aber nicht gesehen haben, können wir ausrechnen, wo was gewesen sein müsste, damit sich alle Impulse gegenseitig aufheben. Die Richtung ist als gestrichelte rote Linie eingezeichnet.

Der Betrag des Impulses, der nach unten links gehen und den Rest ausgleichen müsste, ist als 24 GeV berechnet. Das entspricht in etwa dem des Myons. Der Unterschied kommt durch den Kleinkram, der noch im Detektor ist. Wir

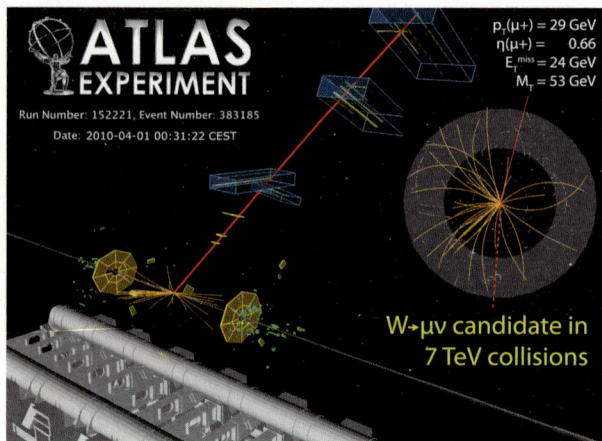

Abb. 5.18 Eine Aufnahme des ATLAS-Detektors: in der *Mitte* die dreidimensionale Ansicht, *rechts* die Projektion in die Transversalebene. Einige Spuren von Teilchen mit wenig Impuls sind dargestellt. Der größte Anteil vom Impuls wird von einem Myon getragen, das nach *oben rechts* fliegt. Damit der Gesamtimpuls null ergibt, müsste *unten links* ein weiteres Teilchen mit viel Impuls geflogen sein. Da es aber nicht beobachtet wurde und somit Impuls „fehlt", wird in diese Richtung eine *gestrichelte Linie* eingezeichnet. (Grafik: © ATLAS Collaboration)

sehen also: Bei dieser Kollision ist ein Teilchen entstanden, das in ein Myon und ein nicht beobachtetes Teilchen zerfallen ist. Das nicht beobachtete Teilchen war ein Neutrino! Das unbeobachtbare Teilchen!

Und wenn man über die Impulserhaltung in der Transversalebene einfach ausrechnet, wo das langgeflogen ist, was niemand gesehen hat, und dann daraus einen Vierervektor baut, ihn mit dem Myon addiert und sich die invariante Masse anschaut, kommt die eines W-Bosons raus! Ein W-Boson wurde erzeugt und ist zerfallen! Über die Transversalimpulserhaltung (also die Impulserhaltung in der Transversalebene) kann man also Teilchen „sehen", die im Detektor keine Spuren hinterlassen.

5.8 Schnell, nimm das! – Der Trigger

Es gibt zwei Sorten von Physikern, die mit Detektoren arbeiten. Im Idealfall ist ein Physiker eine Mischung aus beiden. Die eine Hälfte sorgt dafür, dass solche Bilder zu Stande kommen und in Ordnung sind. Die andere Hälfte wertet sie aus und schaut, was uns die Bilder sagen wollen. Zum Auswerten der Bilder gibt es noch ein ganzes Kapitel. Aber zum Zustandekommen sollte noch eine Sache angemerkt werden. Wie man ein einzelnes Bild bekommt, wissen wir ja jetzt. Ist es dann nicht selbstverständlich, wie man viele Bilder bekommt? Sollte es nicht genauso sein wie bei einem Bild, nur ganz oft?

Manche Bilder brauchen wir ganz oft. Zum Beispiel die von neuen Teilchen. Wie's aber nun mal ist, zeigen sich die neuen Teilchen nicht so oft. Und da wir ja aufgrund der Quantenmechanik nie wissen, ob bei einer Kollision nun ein interessantes oder ein uninteressantes Ereignis zu Stande kommt, müssen wir einfach mal auf gut Glück viele Kollisionen machen. Das ist so, als würden wir auf einer Autobahnbrücke stehen und Leute fotografieren wollen, die beim Fahren ein lustiges Gesicht machen. Das passiert zum einen nicht oft und zum anderen können wir nicht warten, bis wir die Leute betrachtet haben. Denn dann sind sie schon wieder weg. Also viele Fotos schießen! Aber was heißt denn nun „viele"?

Wenn sich der LHC im Kollisionsmodus befindet, knallen pro Sekunde in der Mitte des ATLAS-Detektors 40 Millionen Protonenpakete aufeinander. 40 Millionen. Pro Sekunde. Da der ATLAS-Detektor so was wie eine große Digitalkamera mit 100 Megapixeln ist, kann man sich überlegen, was man dabei leisten muss. Mein Handy ist zwar jetzt nicht das allerneueste, aber von 40 Millionen Bildern pro Sekunde ist es weit entfernt. So viele Fotos zu machen, ist die eine Sache. Die andere ist es, sie auch abzuspeichern.

Für so viele Bilder bräuchte ATLAS 64 TB Speicherplatz pro Sekunde, die vom Detektor auf Festplatten geschaufelt werden müssten. Das entspricht 100.000 CDs. Pro Sekunde. Wir haben zwar viele und auch schnelle Computer bei ATLAS, aber da hört's dann auf. Daher haben die Detektoren etwas, das sich *Trigger* nennt. Der Trigger ist dafür verantwortlich, aus den 40 Millionen Ereignissen pro Sekunde diejenigen auszuwählen, die abgespeichert werden sollen. Langweilige Ereignisse, die man schon kennt, kann man ja ruhig wegwerfen. Von den 40 Millionen Ereignissen können 200 gespeichert werden. Da hat der Trigger einiges zu tun, um sich zu entscheiden. Und das auch noch innerhalb einer Sekunde.

Was ATLAS und die Göttinger Mensa gemeinsam haben So ein Trigger besteht aus viel Software und vielen schnellen Chips und Rechnern. Aber im Grunde genommen macht er etwas, was jeder Mensch in einer vergleichbaren Situation auch tun würde. Mal kurz überlegen, was für mich eine vergleichbare Situation wäre: etwas total Seltenes, Superwichtiges suchen, das nicht so einfach zu finden ist. Die Frau fürs Leben zum Beispiel! Bei ca. 3,5 Milliarden Frauen auf der Welt kommt das in etwa der Suche nach dem Higgs-Teilchen gleich. Das zeigt sich auch bei einer aus einer Milliarde Protonenkollisionen.

Was müsste ich tun? Ich könnte in die Göttinger Mensa gehen. Und dann hätte ich prompt das gleiche Problem wie ATLAS. Pro Sekunde würden hunderte junge Frauen auf mich zulaufen. Oder eben an mir vorbei. Wie finde ich

Abb. 5.19 Beispiel für die Arbeitsweise eine Triggers: Auf Stufe 1 wird grob (Frau, rot) vorselektiert, auf Stufe 2 ein bestimmtes Merkmal verlangt (blonde Haare, gelb) und auf Stufe 3 werden alle Details ausgewertet (mag Fastfood und Soaps, grün). (Foto: © Boris Lemmer)

jetzt die Richtige? Das ATLAS-Triggersystem sortiert in drei Stufen. Die erste muss blitzschnell sein, also nur sehr grob. Für ATLAS heißt das zum Beispiel: Da muss eine Mindestmenge an Energie im Detektor deponiert worden sein. Für mich: „Suche Frau, Männer raus", so wie in Abb. 5.19.

Nachdem die Datenrate also schon mal massiv reduziert wurde, kann man sich auf der zweiten Stufe ein Kriterium aussuchen, das das Ereignis haben soll. Während ATLAS jetzt „Ich hätte gerne ein Myon mit einem Transversalimpuls von mindestens 25 GeV!" sagen wird, würde ich vielleicht denken: „Och, blonde Haare wären schön!" – zack, wieder die Datenrate reduziert (gelbe Kreuze). Und jetzt kann man sich auf Stufe drei das Ereignis in voller Pracht und Komplexität anschauen, was richtig Zeit kostet: Welche Objekte wurden wo rekonstruiert? Haben die genug Energie? Sind auch ein paar Jets dabei? Oder eben: Schaut sie mit mir auch gerne *Gute Zeiten, schlechte Zeiten*? Mag sie Teewurst? Und so kann ein Ereignis schließlich abgespeichert und später genauer untersucht werden. Ganz menschlich, dieser ATLAS-Detektor, oder?

Was im echten Leben gilt, ist auch bei Experimenten in der Teilchenphysik ein kritischer Punkt: Wenn man nicht weiß, was man will, wird es schwierig und man überlässt viel dem Zufall. Wenn man sich auf der anderen Seite vorher mit seiner Vorstellung, was man sucht, zu sehr festlegt, schränkt man sich selbst ein und übersieht vielleicht etwas wirklich Interessantes, das nicht so aussieht, wie man es sich vorher gedacht hatte. Hier gilt es die richtige Balance zu finden.

Das ist die wichtige Aufgabe des Trigger-Teams. Ein Mitglied der Triggermannschaft sitzt auch rund um die Uhr im Kontrollraum des ATLAS-Experiments und stellt den Trigger ein. Wer zusammen mit dem Trigger-Menschen dort noch so abhängt und was die Mannschaft zu tun hat, wollen wir uns im nächsten Abschnitt anschauen.

5.9   Eine Nacht auf Schicht

Es war ein friedlicher Donnerstagnachmittag und ich saß gerade in meinem Büro, da trudelte eine E-Mail in mein Postfach: „Achtung, ein DQ Shifter ist ausgefallen für die Nachtschicht heute. Kann jemand übernehmen?" Während in der normalen Welt Nachtschichten eher nicht so beliebt sind und mit Gehaltszuschlägen versüßt werden müssen, läuft der Hase bei ATLAS etwas anders. Ich schrieb sofort: „Hier, ich!" Aber vielleicht erkläre ich mal, worum es in der Mail genau ging.

Der LHC und auch der ATLAS-Detektor laufen rund um die Uhr und müssen dabei natürlich auch bedient und überwacht werden. 24 Stunden am Tag, sieben Tage die Woche und fast das komplette Jahr. Einzige Ausnahme im Jahr sind ein paar Wochen Pause um die Weihnachtszeit. Dann können die Physiker auch mal zu ihren Familien und der LHC spart etwas Strom. Das trifft sich gut, denn der Strom ist im tiefen Winter immer besonders teuer. Aber für den Rest des Jahres braucht ATLAS immer ein Team, das im Kontrollraum sitzt und ihn bedient.

Es gibt pro Tag drei Schichtblöcke: 7—15 Uhr, 15—23 Uhr und 23—7 Uhr. Die Menschen auf Schicht (engl.: *shift*) heißen *Shifter*. Für jede große Aufgabe gibt es einen Experten, der im Kontrollraum sitzt und sich um seinen Bereich kümmert. Und wie auf jeder Brücke gibt es auch im ATLAS-Kontrollraum einen Kapitän. Wie es im dort aussieht, sehen wir in Abb. 5.20.

Der ATLAS-Kontrollraum befindet sich an der Erdoberfläche neben dem 100 m tiefen Schacht, der zum ATLAS-Detektor führt. Um hineinzukommen, braucht man eine Reihe von Zugangsberechtigungen und muss Sicherheitstrainings absolviert haben. Auf der linken Seite des Kontrollraums sehen wir die Schreibtische der Experten und die vielen Monitore, an denen ATLAS gesteuert und überwacht wird. Auf der rechten Seite gibt es Bilder von acht Beamern, die die wichtigsten Infos anzeigen, die alle etwas angehen. In Tab. 5.1 sehen wir, was mit den acht Beamern abgebildet wird.

Wir sehen auf dem Foto ein paar mehr Menschen, als sich dort normalerweise aufhalten. Das liegt daran, dass an diesem Tag, nämlich dem 30. März

Abb. 5.20   Der ATLAS-Kontrollraum. *Links* sitzen die Experten, *rechts* sind die großen Beamerleinwände mit den wichtigsten Daten zu sehen. (Foto: © ATLAS Collaboration)

Tab. 5.1   Die acht großen Beamerleinwände im ATLAS-Kontrollraum und was sie zeigen

Name	Inhalt
Ressourcen	Auflistung aller Detektorsoftwaremodule mit Status
Busy Panel	Status der Datenauslesekette Angaben zu verstopften Leitungen
Run Controler Monitor	Status der Datennahme mit Übersicht der aktuellen Einstellungen
Tagesplan/Roles	Plan für den Tag und Zugriffsanfragen, die genehmigt werden müssen
LHC Status	Status des LHC und Ankündigungen aus dessen Kontrollraum
DCS Monitor	Der Status aller Detektorkomponenten und des LHC auf Geräte- statt Softwareebene (z. B. Temperaturen, Hochspannungen)
ATLANTIS	Eine Auswahl an Bildern frisch aufgezeichneter Ereignisse

2010, gerade die ersten Kollisionen im LHC stattfanden. Da wollte natürlich jeder gerne live dabei sein. Mittlerweile besteht die feste Crew aus zehn Leuten. Tabelle 5.2 zeigt, welche das sind.

Man nennt die Shifter im Kontrollraum auch „Online Shifter". Um ein Experte zu werden, muss man ein Training absolvieren und danach mindestens einmal als „Shadow Shifter" arbeiten. Dabei sitzt man neben einem echten Shifter und schaut ihm bei der Arbeit zu. Mittlerweile ist die Arbeit im ATLAS-Kontrollraum sehr routiniert. ATLAS macht seinen Job ganz gut. Wenn einmal etwas nicht stimmt, sind es in der Regel Kleinigkeiten: Der Trig-

Tab. 5.2 Die zehn Online Shifter und ihre Aufgaben.

Name	Aufgabe
Shift Leader	Der Chef. Muss den Überblick behalten und wichtige Entscheidungen treffen.
Run Controller	Steuert die Datennahme und kann einzelne Komponenten abschalten.
Trigger Shifter	Steuert und überwacht die Trigger (Abschnitt 5.8).
ID Shifter	Überwacht die drei Spurdetektoren (Pixel, SCT, TRT).
Calo Shifter (2)	Überwachen die Kalorimeter.
Muon Shifter	Überwacht die Myonen-Kammern.
Data Quality Shifter	Checkt, ob die genommenen Daten in Ordnung sind.
Comp@P1 Shifter	Überwacht die Infrastruktur der Datenverarbeitung.
SLIMOS	Sicherheitschef. Überwacht die Sicherheit, u. a. auch den Schacht und den Zugang zum Detektor.

ger muss an veränderte Kollisionseinstellungen des LHC angepasst werden, ein Modul eines Teildetektors ist ausgefallen und muss neu gestartet werden oder die Detektorkomponenten machen Tests, während gerade kein Protonenstrahl vom LHC geliefert wird.

Ab und an kommt es auch mal vor, dass jemand wirklich runter zum Detektor muss. Das geht natürlich nur, wenn kein Strahl unterwegs ist. Der SLIMOS – also der Sicherheitschef (engl. *Shift Leader In Matters Of Safety*) – kümmert sich dann darum, dass alles sicher vonstattengeht, und organisiert und überwacht das Team, das runtergeht.

Neben dem Team von Online Shiftern im Kontrollraum gibt es noch die Offline Shifter. Die schauen sich die Daten an, nachdem sie aufgezeichnet wurden. So kann man noch im Nachhinein feststellen, dass bestimmte Detektorteile nicht richtig liefen, und dann die Daten entweder korrigieren oder als fehlerhaft markieren. Diese Shifter können von überall auf der Welt arbeiten, solange sie einen Internetzugang haben. Ich selbst hab auch schon Offline-Data-Quality-Schichten im Schlafanzug auf der Wohnzimmercouch gemacht, während im Hintergrund *Gute Zeiten, schlechte Zeiten* lief. Sehr angenehm.

Die dritte Gruppe an Shiftern sind die „On-Call Experts". Sie sind absolute Spezialisten und können im Notfall auch den Online Shiftern helfen, wenn die im Kontrollraum mal nicht mehr weiterwissen. Dafür tragen sie immer das Notfalltelefon mit sich rum und können machen was sie wollen, solange sie erreichbar bleiben und im Notfall aushelfen können. On-Call Experts kann man wirklich in den lustigsten Situationen erwischen.

Während meiner Nachtschicht, für die ich spontan eingesprungen war, lief alles glatt. Keine Probleme, es war eine ruhige Nacht. Und ich kam auch nicht in die unschöne Situation, dass nachts um 4 Uhr alle Lampen rot leuchteten, ich einen Experten anrufen musste, nur um ihm nach ein paar Sekunden zu sagen: „Ach nee, sorry, hat sich grad erledigt! Kannst wieder schlafen gehen." Obwohl jedes Mitglied der ATLAS-Kollaboration immer eine bestimmte Menge an Schichten abzuleisten hat, kommt es nicht selten vor, dass man mal mehr macht als nötig. Die Atmosphäre im Kontrollraum ist immer sehr angenehm und oft kommen die Menschen auch nur mal vorbei, um zu schauen, wie es ihrem Detektor gerade so geht.

Video

Ein kurzer Besuch bei ATLAS. Durch eine Glaswand kann man den Menschen im Kontrollraum bei ihrer Arbeit zusehen.

Puh, das war jetzt eine Reise durch die wichtigsten Detektoren. So weit, so gut. Aber ein Brocken fehlt uns noch: die Datenanalyse. Graue Theorie? Nicht am CERN.

6

Lernen, wie die Welt funktioniert: mehr über Datenanalyse

© Herbert Zimmermann

Wir Teilchenphysiker erzählen ja immer, dass alles, was wir zum Arbeiten brauchen, ein Laptop und ein Internetzugang ist. Das stimmt leider nicht ganz. Ebenso wichtig sind eine Kaffeemaschine und eine Mikrowelle in Reichweite sowie eine Notration Energydrinks.

B. Lemmer, *Bis(s) ins Innere des Protons*, DOI 10.1007/978-3-642-37714-3_6,
© Springer-Verlag Berlin Heidelberg 2014

Denn es gibt sie immer wieder, die Situationen, in denen man keine Rücksicht auf Mittagspausen, Nächte, Urlaub und Wochenenden nehmen kann. Manchmal kommen sie angekündigt, zum Beispiel vor den Deadlines der großen Konferenzen, wo sich jeder präsentieren will. Dann ist klar, bis wann ein Ergebnis fertig sein muss. Manchmal kommen sie aber auch ganz unverhofft. Letztens wollte ich abends noch schnell ein Ergebnis fertig machen und am nächsten Tag im Meeting präsentieren. Doch dann ging was schief und die Ergebnisse waren Schrott. Und dann ging sie los, die Fehlersuche. Nach Mitternacht kam unverhofft Hilfe und Kollegin Andrea tauchte auf. Weitere Unterstützung gab es zwischenzeitlich auch von dem Team aus neuem Allzweckautomaten (verkauft Tütensuppen, Strümpfe und Zahnpasta) und Wasserkocher, das ein leckeres Mahl ermöglichte. „So langsam sollte ich mal ins Bett", dachte ich. Da wars dann 4 Uhr früh. Auf dem Gang hörte man immer noch Menschen. Schien am Abend davor auch bei anderen nicht so gut gelaufen zu sein. Um 5 Uhr gab das Team aus Andrea, dem Wasserkocher und mir auf. Plan B stand bereit: Einfach die alten, nicht so coolen Ergebnisse zeigen. Am nächsten Morgen gab's dann plötzlich noch mal einen Geistesblitz. Schnell eine Änderung im Code, eine Stunde den PC rennen lassen und siehe da: Es geht! Happy End auf den letzten Drücker. Da kommt man schon mal in einen Siegesrausch und sieht den Job des Wissenschaftlers mal ganz sportlich.

Doch was macht ein Physiker eigentlich so, wenn er Programme schreibt und Daten analysiert, manchmal auch die ganze Nacht? Darum soll es in diesem Kapitel gehen.

6.1   Unsere Puzzlestücke: Objekte im Detektor

Mit Experimenten der Teilchenphysik wollen wir Teilchen entdecken und vermessen. Geht aber nicht so einfach, wie wir gesehen haben, weil alles so schnell zerfällt. Im Extremfall, so zum Beispiel beim Top-Quark, liegen zwischen der Erzeugung und dem Zerfall eines Teilchens nur 10^{-25} s.

Was dem Physiker und seinem Detektor dann nur noch übrig bleibt, ist das Aufsammeln und Zusammenbasteln der Scherben. Die Scherben sind in dem Fall (meist) stabile Teilchen. Und der Detektor schafft es dann, diese zu entdecken. Und aus denen baut man dann das Kaputtgegangene wieder zusammen.

Die wichtigsten Bruchstücke, mit denen ein Teilchenphysiker täglich zu tun hat, wollen wir uns kurz anschauen. Hierbei orientieren wir uns mal am ATLAS-Detektor und was man mit ihm so alles gut sehen kann. In Abb. 6.1 sehen wir die meisten Objekte, die wir mit einem Detektor rekonstruieren können.

Abb. 6.1   Die Aufnahme einer Teilchenkollision, gemessen mit dem ATLAS-Detektor. Man erkennt (*von innen nach außen*): den Spurdetektor (*grau*), das elektromagnetische (*grün*) und das hadronische (*rot*) Kalorimeter sowie die Myonen-Kammern (*blau*). Gekennzeichnet sind die wesentlichen Objekte, die ein Detektor rekonstruieren kann: ein Myon, ein Elektron, Jets und fehlende transversale Energie (MET). Dass es sich bei den Jets um b-Jets handelt, sieht man oben rechts an den versetzten Urspüngen der Jets. (Zugrundeliegendes Ereignisdisplay: © ATLAS Collaboration)

Erklärt werden sie in den nächsten Abschnitten.

6.1.1   Elektronen

Das Elektron ist der Klassiker unter den Elementarteilchen. Es hat einige tolle Eigenschaften: Es ist stabil, geht nicht kaputt und kommt so weit durch den Detektor, bis es all seine Energie verloren hat und gestoppt wird. Es ist elektrisch geladen und hinterlässt auf seinem Weg eine gut sichtbare Spur. Außerdem bleibt es im elektromagnetischen Kalorimeter stecken und man kann seine Energie gut vermessen. Denn elektromagnetische Kalorimeter haben eine sehr gute Auflösung und messen daher genau, welche Energie die Elektronen hatten. Ein typisches Elektron erkennt man in Abb. 6.1 an der grünen Spur und der Energiedeposition im Kalorimeter.

Das einzige Problem von Elektronen sind andere Teilchen, die eben auch eine Spur hinterlassen und schon im elektromagnetischen Kalorimeter stecken bleiben. Vor allem Jets machen das gerne mal. Um die kümmern wir uns auch gleich.

6.1.2 Myonen

Es ist vielleicht sogar des Teilchenphysikers größte Freude: das Myon. Was immer in ein Myon zerfällt, wird gerne gesucht. Schließlich könnte das Erkennungszeichen eines Myons nicht klarer sein: Es zieht eine dünne, durchgängige Spur durch den Detektor und schafft es als einziges Teilchen bis ganz nach draußen, noch hinter das hadronische Kalorimeter, wie wir in Abb. 6.1 oben links sehen können. Das Myon mit der roten Spur liegt in der Transversalebene dicht an einem Jet. In der unteren Abbildung erkennt man es besser, wie es nach oben rechts aus dem Detektor fliegt.

6.1.3 Photonen

Wie auch das Elektron bleibt das Photon im elektromagnetischen Kalorimeter stecken und hat dort einen elektromagnetischen Schauer hinterlassen. In Abb. 5.9 haben wir gesehen, dass sich die Schauer von Elektronen und Photonen sehr ähnlich sind. Für den Detektor sogar gleich. Aber beim Verhalten vor dem Kalorimeter sehen wir einen entscheidenden Unterschied: Das Photon hinterlässt dort keine Spuren. Man kann es gerne mal verwechseln mit einem Elektron, bei dem man die Spur nicht richtig gesehen hat. Oder aber mit einem Pion, das in zwei Photonen zerfallen ist, die so dicht beieinander liegen, dass sie im Kalorimeter aussehen wie eins. Oder aber es ist im Detektor einfach so nah bei anderen Teilchen, die alle Spuren hinterlassen haben, dass man gar nicht merkt, dass zwischendrin noch ein Photon war, dem eine Spur gefehlt hat.

Ein Problem bei der Rekonstruktion wird klar, wenn wir noch einmal auf Abb. 5.13 schauen: Um aufzudröseln, welche Objekte zu welcher Protonenkollision gehörten, folgt man den Spuren der Teilchen bis zum Kollisionspunkt. Dumm nur, wenn ein Photon keine Spur hat, um es eindeutig zuzuordnen. Dann bleibt einem nur noch die Möglichkeit, vom Einschlagswinkel im Kalorimeter den Kollisionspunkt abzuschätzen.

Das Photon spielte eine wichtige Rolle bei der Entdeckung des Higgs-Teilchens. Zwei möglicherweise von einem Higgs-Teilchen stammende Photonen zusammen mit ihren nicht vorhandenen Spuren sehen wir in Abb. 6.2.

6.1.4 Jets

Was die Signatur im Detektor angeht, ist ein Jet noch relativ eindeutig: Etwas hat eine Menge Energiedepositionen hinterlassen, meist schon im elektromagnetischen Kalorimeter, auf jeden Fall aber im hadronischen. Und zu einem Jet gehören meist auch einige Spuren. Das liegt daran, dass ein Jet ein ganzes

Abb. 6.2 Ein Ereignis, bei dem zwei Photonen entstanden sind, die möglichweise von dem zerfallenen Higgs-Teilchen stammen. Man erkennt sie an den Energiedepositionen im elektromagnetischen Kalorimeter ohne dazugehörige Spur. (Grafik: © ATLAS Collaboration)

Bündel an Hadronen, also aus Quarks zusammengesetzten Teilchen ist. Denn wenn bei einer Teilchenkollision ein Quark erzeugt oder aus dem Proton rausgeschlagen wird, kann es nicht frei existieren, sondern schnappt sich aus der Energie der reißenden Gluonbänder neue Quarks und Antiquarks (wie im Abschn. 2.6.3 besprochen), die dann Hadronen bilden und gemeinsam als Jet in den Detektor krachen.

Jets kommen oft vor, sind aber kein Spaß, was ihre Analyse angeht. Zum einen deponieren sie das Meiste ihrer Energie im hadronischen Kalorimeter, was meist keine gute Auflösung hat. Zum anderen kann man von einem Jet nur den Teil der Energie messen, der letztlich wieder in kleinen elektromagnetischen Schauern endet. Daher muss man relativ stark korrigieren zwischen gemessener Energie und (wahrscheinlich) im Jet enthaltener Energie. Und letztlich weiß man nie genau, was nun in einem Jet drin war. In Abb. 6.1 sehen wir auch zwei Jets. Man sieht, wie sie in beiden Kalorimetern und auch in den Spurdetektoren ordentlich ihre Spuren hinterlassen haben.

6.1.5   Nix zu sehen: Neutrinos oder sogar neue Teilchen, die nicht reagieren wollen

Wie wir im Abschn. 5.7 gelernt haben, gibt es Teilchen, die im Detektor keine Spuren hinterlassen. Aber durch kluges Ausrechnen kann man eben genau dieses nicht Gesehene auch wieder einem Teilchen zuordnen.

Die einzigen Teilchen in unserem bisherigen Verständnis der Welt, die wir nicht sehen würden, wären Neutrinos. Es liegt daher nahe, alles nicht Gesehene einem Neutrino zuzuordnen. Allerdings gibt es auch Physiker, die nach neuen Teilchen suchen, die dann eben auch nicht reagieren würden. Diese Teilchen wären tolle Kandidaten für die Dunkle Materie.

In Abb. 5.18 haben wir auch schon gesehen, wie es aussehen kann, wenn man nichts sieht und dann ausrechnet, wo genau nichts war und wo etwas war, was man nur nicht gesehen hat. Um es irgendwie in Zahlen zu fassen, sagen wir, wie viel wir nicht gesehen haben, und nennen das Ganze dann *fehlende transversale Energie*, in Abb. 6.1 als MET bezeichnet (vom englischen *missing energy in the transverse plane*).

6.1.6   Die Extrawürste: kleine Extras, die viel verraten

Wir haben im Laufe des Buches alle wesentlichen Bausteine des Universums und ihre Spuren in unseren Messmaschinen kennengelernt. Man kann nun zusätzlich alle detaillierten Informationen, die man z. B. über einen Jet hat, zusammennehmen und aus dem Wissen noch weitere Schlüsse ziehen. Man kann zum Beispiel nicht nur sagen, dass ein Haufen Energie im Kalorimeter gelandet ist, sondern auch, dass die Energieverteilung zwei Unterklumpen hat. Den kleinen, aber feinen Unterschied sehen wir in Abb. 6.3.

Vergleichen wir die beiden Abbildungen, erkennen wir, dass bei Abb. 6.3b zwei Unterklumpen in der ersten Schicht des Kalorimeters sind. Statt einem Photon, so wie in Abb. 6.3a, sind zwei Photonen ins Kalorimeter gekracht. Sie überlagern sich sogar und sind daher schwer zu trennen, kommen aber in Wirklichkeit von einem Pion, das in zwei Photonen zerfallen ist.

So wie man die Signaturen im Kalorimeter genauer unter die Lupe nehmen kann, kann man das auch mit den Spuren machen.

Teilchen, die ein b-Quark enthalten (die B-Mesonen), sind für Physiker oft von besonderer Bedeutung. Zum Glück haben sie eine Eigenschaft, mit der man sie recht gut identifizieren kann. Sie gehen nicht sofort kaputt, so dass man sie nicht sehen könnte. Sie leben auch nicht so lange, dass sie gemeinsam mit anderen Teilchen durch den kompletten Detektor bis in die Kalorimeter marschieren. Meist zerfallen sie nämlich innerhalb der Spurdetektoren. Und die Zerfallsprodukte hinterlassen dann mehrere Spuren.

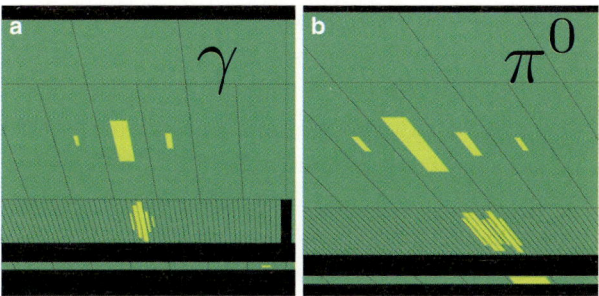

Abb. 6.3 **a** Ein im Kalorimeter eingeschlagenes Photon. **b** Ein im Kalorimeter einge-schlagenes Pion, das zuvor in zwei dicht beieinanderliegende Photonen zerfallen ist. Man erkennt die Unterstruktur des elektromagnetischen Schauers. (Grafiken: © ATLAS Collaboration)

Die Detektoren sagen einem dann: „Oh, da war etwas, was als eine Spur an-kam und dann mit mehreren Spuren weiterflog." Sucht man solche Muster in den Spurdetektoren, kann man damit B-Mesonen entdecken. Das geht nicht immer perfekt, sondern nur mit einer gewissen Wahrscheinlichkeit. Das muss man bei jedem gezählten oder eben nicht gezählten B-Meson berücksichti-gen. Wie so eine Signatur im Detektor aussehen kann, sieht man oben rechts in Abb. 6.1.

6.1.7   Gesehen oder nicht gesehen?

Sagen wir mal, in meinem Garten gäbe es einen Maulwurfshügel neben einer Hecke. Immer, wenn ich daneben auf den Boden stampfen würde, käme ein Maulwurf rausgesprungen und würde dann wegrennen. Ich glaube zwar nicht, dass das so klappt, aber wir brauchen jetzt mal ein Tier, das aus der Erde kommt.

Mit meiner Kamera würde ich dann Fotos machen, um den Fluchtweg des Maulwurfs nachzuvollziehen. Das wäre so weit alles kein Problem. Entscheidet er sich allerdings für den Fluchtweg durch die Hecke, werde ich auf dem Bild kaum noch was erkennen.

Mit unserem Detektor und den Teilchen ist es eine ähnliche Geschichte. Auch er hat Ecken, wo er nicht so gut sehen kann. Entweder hängen große tragende Elemente im Weg, es liegen dicke Kabelstränge rum oder ein Teil des Ganzen funktioniert gerade nicht perfekt. Das ist an sich alles nicht so schlimm. Wir müssen in unseren Analysen nur berücksichtigen, wie gut der Detektor ein Teilchen sieht, wenn es irgendwo war. Diesen Anteil nennen wir *Rekonstruktionseffizienz*.

Wir müssen dann entscheiden, ob wir diese Bereiche in unseren Analysen mitnehmen und auf die teilweise Blindheit korrigieren oder ob wir nur die Bereiche berücksichtigen wollen, wo auch wirklich alles in Ordnung ist. Je nachdem, was man analysieren möchte und ob es wichtiger ist, möglichst viele oder möglichst genaue Daten zu sammeln, wird die Entscheidung dann in die eine oder andere Richtung gehen. Besonders schwierig wird es vor allem an den Deckeln des Detektors, dort wo man dem Strahl sehr nahe kommt. An diesen Stellen donnern besonders viele Teilchen in den Detektor und die Signaturen im Detektor liegen sehr dicht beisammen oder überlagern sich sogar. Das macht es sehr schwierig, dort noch etwas zu erkennen. Daher konzentrieren sich viele Analysen auf den zentralen Teil des Detektors.

6.2   Schauen, was los war: Selektion und Rekonstruktion

Die Puzzlestücke sind bekannt, jetzt müssen wir nur noch wissen, wie wir sie wieder zusammensetzen. Unsere Experimente liefern uns ja wie erwähnt diese Unmengen an Daten, aus denen wir erst mal aussuchen müssen.

Das macht niemand mit der Hand. Bis Mitte 2012 hat der ATLAS-Detektor ca. 6.000.000.000.000.000 Bilder von Kollisionen angeschaut. Für meine Doktorarbeit brauche ich davon aber nur einen Bruchteil. Je nachdem, was man analysieren will, muss man sich seine Daten nach den eigenen Kriterien gut aussuchen. Weil das aber ein ganzer Haufen Arbeit ist, schreiben wir Physiker dafür lieber unsere eigene Software, die dann auf Großrechnern die Arbeit macht. Wer will schon 6.000.000.000.000.000 Bilder durchschauen?

Aber keine Sorge, es bleibt noch genug Arbeit für die Physiker übrig. Schließlich denken unsere Programme nicht mit und müssen genau gesagt bekommen, was sie tun sollen. Und was man ihnen so sagen muss, erfahren wir in den nächsten Abschnitten.

6.2.1   Was darf's denn sein? Anforderungen an ein interessantes Ereignis

Das Leben ist kein Wunschkonzert. Daher ist nicht alles, was bei Teilchenkollisionen so entsteht, auch wirklich interessant für uns. Bei ATLAS hilft uns der Trigger bereits, die Datenrate von 40 Millionen Ereignissen pro Sekunde auf ca. 200 zu reduzieren. Der Trigger wirft die Daten dann in verschiedene Schubladen und sortiert schon mal grob vor. Dafür benutzt er die Merkmale, auf die er angesprungen ist.

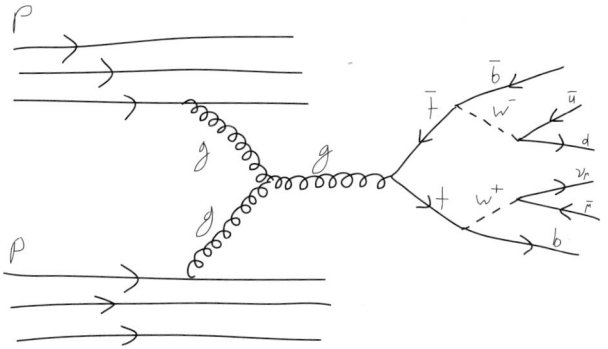

Abb. 6.4 Produktion eines Top-Antitop-Paares und dessen Zerfall in den dileptonischen Kanal

Alle Analysegruppen machen Listen, was sie für wichtig halten. Das Ganze wird dann in einem sogenannten *Trigger-Menü* festgehalten. Darin finden sich Schubladen wie „mindestens ein Elektron", „mindestens ein Myon" oder „Ereignisse, bei denen richtig viel Energie in den produzierten Teilchen steckte".

Ein Beispiel: Suche nach dem Top-Quark Die Mindestkriterien in diesen Schubladen sind allerdings bewusst recht grob gewählt, damit möglichst viele Physiker die Daten nutzen können. Die einzelnen Gruppen sortieren dann feiner vor, je nachdem, was sie untersuchen wollen. In meiner Doktorarbeit untersuche ich Ereignisse, bei denen ein Top- und ein Antitop-Quark produziert wurden. In Abb. 6.4 sehen wir, wie die beiden Top-Quarks produziert werden und zerfallen.

Ein Top-Quark zerfällt in ein W-Boson und ein Bottom-Quark. Das W-Boson hat dabei verschiedene Möglichkeiten, weiter zu zerfallen. Entweder zerfällt es in zwei Quarks unterschiedlicher Sorte. In dem Fall sprechen wir von einem „hadronischen Zerfall". Oder aber es zerfällt in ein geladenes Lepton und das entsprechende Neutrino. Dann sprechen wir von einem leptonischen Zerfall.

Wir können uns jetzt aussuchen, welche Zerfälle von Top-Antitop-Paaren wir untersuchen wollen. Generell gilt: Viele eher uninteressante Ereignisse enthalten meist nur Jets und keine Myonen und Elektronen. Wäre gut, wenn wir bei der Suche nach dem Spannenden nicht so viel Uninteressantes dabeihätten. Denn die beiden Prozesse zu trennen wird nicht leicht.

Schauen wir uns Top-Antitop-Paare an, die komplett hadronisch zerfallen, dann sind eben auch viele Ereignisse dabei, die so ähnlich aussehen, aber eigentlich nichts Besonderes sind. Um das zu vermeiden, soll schon mal zumindest eines der beiden W-Bosonen leptonisch zerfallen. Denn dann ist die Wahrscheinlichkeit, dass noch uninteressante Ereignisse dabei sind, schon viel kleiner.

Wieso sollen dann nicht gleich beide W-Bosonen leptonisch zerfallen? Dann hätten wir folgendes Problem: Wir hätten auch zwei Neutrinos. Die wird unser Detektor nicht sehen. Bei einem Neutrino hilft ja noch der Trick mit der fehlenden Transversalenergie, um dessen Richtung zu bestimmen. Aber bei zweien geht das schon nicht mehr! Flog da jetzt ein Neutrino mit viel Energie rechts aus dem Detektor? Oder zwei mit halb so viel Energie? Würde bei der fehlenden Transversalenergie gleich aussehen. Ärgerlich!

Daher hätte ich gerne, dass eines der Top-Quarks hadronisch und das andere leptonisch zerfällt. Das ist ein guter Kompromiss. Abbildung 6.4 hat uns genau so eine Zerfallssignatur gezeigt. Wir sehen in der Abbildung auch, dass neben dem einen Lepton noch vier weitere Quarks übrig sind. Die werden dann hadronisieren und im Detektor als Jets beobachtet. Zwei davon, die aus den Bottom-Quarks entstanden sind, sind mit etwas Glück auch direkt identifizierbar (wie in Abschn. 6.1.6 besprochen).

Meinem Programm sage ich also Folgendes: „Such mir bitte Ereignisse, die du in der Triggerschublade ‚mindestens ein Elektron' oder ‚mindestens ein Myon' gefunden hast. (Sollte das leptonisch zerfallende W-Boson in ein Tau-Lepton zerfallen sein, kann es trotzdem in diesen Schubladen landen, weil ein Tau sofort weiterzerfällt – oft eben auch in ein Myon oder Elektron.) Aus diesen Ereignissen nimmst du dann bitte nur die, bei denen vier Jets dabei waren. Und Transversalenergie sollte auch fehlen!" Denn die entspricht dem Neutrino, das auch entstanden sein sollte. Und mit diesen Ereignissen kann ich dann weiterarbeiten.

Ein Ereignis, das so von meinem Programm ausgesucht worden wäre, würde so ähnlich aussehen wie das aus 6.1. Allerdings wären zwei Jets mehr dabei und dafür würde das Elektron oder das Myon fehlen. Denn was wir in Abb. 6.1 sehen, könnte von einem Top-Antitop-Quark-Paar kommen, bei dem beide Top-Quarks leptonisch zerfallen sind (daher ein Myon und ein Elektron).

Andere Analysen haben vielleicht andere Anforderungen. Physiker, die nach Kandidaten für die Dunkle Materie suchen, verlangen vielleicht besonders viel fehlende transversale Energie. Denn weil man Dunkle Materie ja nicht sieht, sollte sie auch keine Spuren im Detektor hinterlassen. Natürlich kann das nur klappen, wenn zusätzlich noch Teilchen erzeugt wurden, die sehr wohl Spuren hinterlassen. Nur dann merkt man, dass auf der anderen Seite etwas fehlt. Falls bei einer Kollision nur fünf Teilchen produziert worden wären, die keine Spuren hinterließen, sähe das Ereignis aus wie eins, bei dem einfach gar nichts passiert ist. Blöd.

6.2.2   Nur das Beste: Qualitätskontrolle bei den Ereignissen

Wir haben jetzt also unsere ausgewählten Ereignisse. Bevor wir mit ihnen arbeiten können, müssen wir allerdings noch ein paar Aufräumarbeiten erledigen. So müssen wir zum Beispiel Objekte mit schlechter Qualität entfernen und schauen, ob unser Ereignis dann noch alle Kriterien erfüllt. Was heißt „schlechte Qualität"? Vielleicht wurde ja ein Jet in einer Gegend des Kalorimeters detektiert, an der an diesem Tag ein Netzteil kaputt war und die der Data Quality Shifter in der Datenbank auch als fehlerhaft markiert hat. In dem Fall würden wir den Jet eventuell entfernen.

Es gibt auch Listen, die alle Daten enthalten, die von der Qualität her ok waren. Davon gibt es verschiedene, weil jede Analyse unterschiedliche Ansprüche hat. Gab es an einem Tag vielleicht keine Informationen vom Myonen-System, kann das ja Leuten egal sein, die sich in ihrer Analyse nicht mit Myonen beschäftigen wollen. Waren die Magnete für einen Test abgeschaltet und konnten so keine gekrümmten Teilchenspuren erzeugen? Kein Problem, wenn man nur nach Photonen sucht, die haben sowieso keine Spuren.

Man kann dann noch weitere Ansprüche haben. Zum Beispiel, dass das Ereignis nicht nur vier Jets enthält, sondern dass diese alle noch eine bestimmte Mindestenergie haben. Das macht man, weil die Genauigkeit, mit der man die Energie messen kann, immer größer wird, je höher die Energie selbst ist. Und weil man die Energien ja braucht, um die Vierervektoren der Jets und damit auch der Quarks zu bauen, kann man sich sagen: „Besser, wir messen die Jets gar nicht, als dass wir sie falsch messen."

Störenfriede aus dem Weltall: kosmische Myonen Ein anderer oft benutzter Kniff zum Aufräumen der Ereignisse ist die Entfernung sogenannter *kosmischer Myonen*. Das sind Myonen, die von der kosmischen Strahlung in der Erdatmosphäre erzeugt wurden und lange genug lebten, um bis in den Detektor, der unter der Erde steht, zu krachen. Das passiert sehr häufig. Weil wir aber nur an Myonen interessiert sind, die bei einer Teilchenkollision entstanden sind, müssen wir diese kosmischen Myonen entfernen.

Das geht, indem man sich ihre Spur genauer anschaut. Denn die wird vermutlich nicht genau durch den Mittelpunkt des Detektors fliegen, wo die Kollisionen stattfinden. Also kann man bei allen Myonen, die der Detektor sieht, auch fragen: Flog das wirklich genau durch die Mitte?

Wie bei ATLAS ein kosmisches Myon aussieht, das die Software dann hinterher wieder rauswirft, sieht man in Abb. 6.5. Hier ging die Spur nicht genau durch den Mittelpunkt, was zugegebenermaßen nicht ganz einfach zu sehen ist.

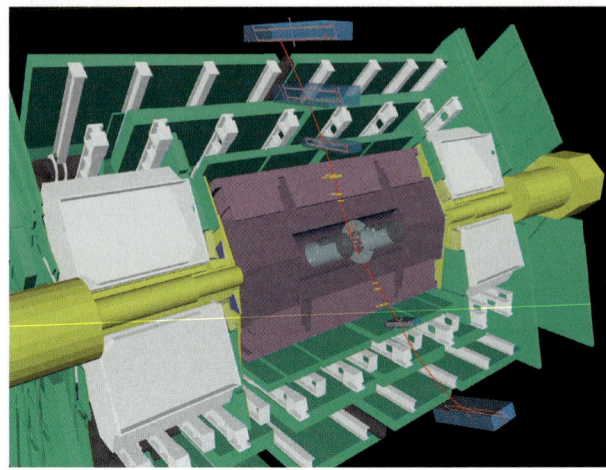

Abb. 6.5   Myonen aus kosmischer Strahlung, die durch den ATLAS-Detektor fliegen. Im Gegensatz zu Myonen, die bei den Proton-Proton-Kollisionen entstehen, fliegen diese meist nicht exakt durch die Mitte. (Grafik: © ATLAS Collaboration)

6.2.3   Zusammenbauen und schauen: Ereignisrekonstruktion

Wir wissen jetzt also, was man einem Programm sagen müsste, damit es Ereignisse aussucht, die jene Teilchen enthalten, die wir untersuchen wollen. Was könnten wir denn mal untersuchen wollen? Während meiner Diplomarbeit war es das ω-Meson.

Eine Art, wie es zerfallen kann, hatten wir in Abb. 3.8a gesehen. Es zerfällt in ein Pion und ein Photon und das Pion auch wieder in zwei Photonen. Also würde ich meinem Programm sagen: „Such mal Ereignisse mit drei Photonen." Und das, was dabei rauskommt, wären dann meine ω-Mesonen.

Schön, wenn's so einfach wäre. Ist es aber nicht. Zum einen wird nicht jedes Photon vom Detektor erkannt. Es kann also sein, dass ein ω-Meson nicht in meinen ausgewählten Daten mit drin ist, weil mein Detektor sagt: „Sorry, da waren jetzt nur zwei Photonen." Können wir ihm ja nicht übel nehmen. Wir müssen uns dessen nur stets bewusst sein!

Das zweite Problem: Nicht alles, was wir an Ereignissen mit drei Photonen sehen, war auch wirklich ein ω-Meson. Es könnte ja auch sein, dass zwei Pionen erzeugt wurden und dann einfach ein Photon von einem der beiden Pionen nicht gefunden wurde. Oder ein Pion und ein η-Meson, das auch in zwei Photonen zerfallen ist, wovon dann eins nicht entdeckt wurde. Und wie finde ich jetzt raus, welches echte ω-Mesonen waren?

Die schlechte Nachricht zuerst: Mit endgültiger Gewissheit können wir das nie sagen. Aber: Wir können einiges tun, damit die Ereignisse, die drei

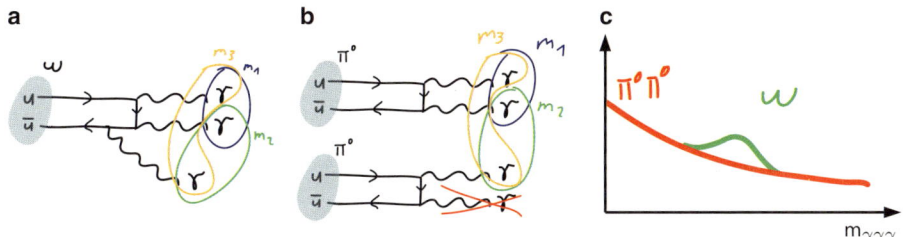

Abb. 6.6 **a** Mögliche Kombinationen der Photonen aus dem Zerfall eines ω-Mesons. **b** Mögliche Kombinationen der Photonen aus dem Zerfall zweier Pionen, bei dem ein Photon unentdeckt blieb. **c** Die gemessene Verteilung der invarianten Masse dreier Photonen mit dem Signal des ω-Mesons (*grün*) und Untergrund durch beispielsweise zwei Pionen mit einem nicht entdeckten Photon (*rot*)

Photonen enthalten, mit möglichst hoher Wahrscheinlichkeit von einem ω-Meson kommen.

Spreu und Weizen: Signal und Untergrund Haben wir drei Photonen, wissen wir erst nicht, welches davon direkt vom ω-Meson kam und welche beiden von dem zerfallenen Pion. Wir kennen die Massen von Pionen und ω-Mesonen. Also nehmen wir uns doch einfach mal zwei der drei Photonen raus, bauen über die gemessenen Energien und Impulse die Vierervektoren, addieren sie, quadrieren die Summe und haben dann ja …? Na? Die invariante Masse des Mutterteilchens, in dem Fall also des Pions.

Da können wir ja schauen, ob die der wirklichen Pionenmasse entspricht. Wird sie natürlich nie genau. Alleine schon weil der Detektor die Energien immer mit einer gewissen Ungenauigkeit misst. Aber wir können verlangen, dass die Masse im Rahmen einer gewissen Genauigkeit passt (Kombination m_2 aus Abb. 6.6a). Tut sie das nicht, können wir mal ein anderes Photonenpaar anschauen, wir haben ja insgesamt drei Photonen zur Verfügung (Kombination m_3). Passt auch nicht? Dann vielleicht das dritte Paar (m_1). Passt! Jetzt addieren wir zu diesem Photonon-Paar noch das dritte Photon hinzu und bilden wieder die invariante Masse.

Genauso, wie vorher in etwa die Pion-Masse verlangt wurde, können wir jetzt die Masse des ω-Mesons verlangen. Während der erste Test auch dann richtig gewesen wäre, wenn wir zwei Pionen oder ein Pion und η-Meson mit einem fehlenden Photon beobachtet hätten (m_1 aus Abb. 6.6b), stellt der zweite schon recht gut sicher, dass es sich um ein ω-Meson gehandelt hat.

Schrott wegschneiden Bei dieser Auswahl wurden sogenannte *Schnitte* auf die invariante Masse angewendet: Ereignisse, die von den Pion- und ω-Massen zu weit weg waren, wurden verworfen. Doch trotz Anwendung solcher Schnitte kann es passieren, dass ein „falsches" Ereignis, also kein echtes ω-Meson, sich unter die von uns ausgesuchten mogelt. In Abb. 6.6c sehen wir das gemessene Spektrum der invarianten Masse dreier Photonen im Bereich der Masse des ω-Mesons: Der grüne Anteil waren echte ω-Mesonen, die auch so gemessen wurden. Der rote Anteil war irgendwas anderes. Nichts für uns Interessantes in dem Fall.

Das sieht man auch daran, dass es links und rechts vom Signal weiterging. Physiker sprechen dabei von *Untergrund*. Kann man gegen den noch etwas tun? Leider nicht. Wogegen man überhaupt nichts machen kann, ist die Tatsache, dass man pro Ereignis, das man untersucht, überhaupt keine Aussage darüber machen kann, ob es ein echtes Ereignis oder ein Untergrundereignis war. Denn die sehen in der Tat exakt gleich aus. Das ist etwas, was jedem bewusst sein sollte, der sich mit Teilchenphysik auseinandersetzt. Eindeutig sind die einzelnen Ereignisse nie.

Dass man überhaupt Teilchen finden kann, liegt daran, dass man mehr sieht als nur Untergrund, wenn man lange genug sammelt. Man kann sich Abb. 6.6c ohne grünes Signal vorstellen: Dann wäre bei der Masse des ω-Mesons einfach nicht mehr los als roter Untergrund und das Teilchen würde nicht existieren. Trotzdem hätte man noch eine Menge Ereignisse aus dem Untergrund, die trotzdem die invariante Masse eines ω-Mesons hätten.

Man sieht, wie wichtig es ist, auch den Untergrund zu verstehen. Nicht immer sieht man ein Signal so einfach wie in unserem Beispiel. Und vor allem wenn man wissen will, wie viel Signal man sieht, muss man den Untergrund verstehen und ihn von den gemessenen Werten abziehen. Wir kommen dazu noch im Detail in Abschn. 6.5.

Da man immer Signal und Untergrund gemeinsam misst, braucht man Hilfe, um das Ganze zu trennen. Zwar nicht pro Ereignis, aber immerhin in seiner Gesamtheit. Dafür benutzen Physiker oft sogenannte *Monte-Carlo-Simulationen*. Schauen wir uns doch mal an, worum es dabei geht.

6.3 Monte-Carlo-Simulationen

„Was wäre wenn?", fragt man sich als Teilchenphysiker öfters mal. Dabei geht es aber sicherlich meist um Fragen wie: „Was wäre, wenn es ein neues Teilchen geben würde? Was würden wir messen?" Wir können uns aber auch genauso gut fragen: „Was wäre, wenn wir jetzt einfach mal Ereignisse anschauen würden und dabei genau das passiert, was wir vorhersagen?"

Messung und Vorhersage am Beispiel des W-Bosons Bei fast allen Messungen in der Teilchenphysik prüft man zunächst, ob die Vorhersage mit der

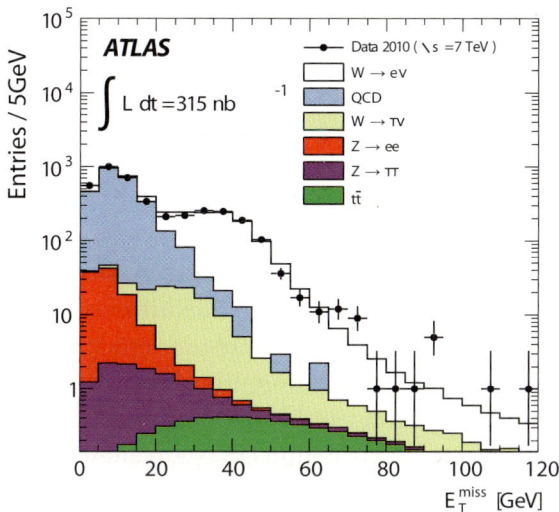

Abb. 6.7 Fehlende Transversalenergie bei der Messung des W-Bosons mit dem ATLAS-Detektor. Neben dem Signal (*weiß*) erkennt man auch die Beiträge durch verschiedene Untergründe (*farbig*). (Grafik: © ATLAS Collaboration)

Messung übereinstimmt. Während man die Messwerte (der Name sagt's ja) einfach durch Messen bekommt, muss man die Vorhersage simulieren. Betrachten wir uns dazu mal Abb. 6.7 im Detail:

Nach bestimmten Kriterien, wie zum Beispiel „ein Elektron sollte dabei sein", wurden oben jetzt mal Ereignisse ausgewählt. Für alle diese Ereignisse wurde in Abb. 6.7 die fehlende transversale Energie aufgetragen. Wir kennen sie schon aus Abschn. 5.7: Sie beschreibt die Menge der Energie, die man zwar aufgrund der Impulserhaltung erwarten würde, aber nicht misst.

Wir haben zwar jetzt in der Analyse nur verlangt, dass ein Elektron vorhanden ist. Aber ein Elektron kann nicht einfach so alleine aus dem Nichts produziert werden und dann in eine Richtung wegfliegen. In der anderen Richtung muss auch etwas sein!

Für den Fall, dass ein W-Boson produziert wurde, das in ein Elektron und ein Elektron-Neutrino zerfällt, müsste entgegengesetzt zum Elektron ein Neutrino weggeflogen sein. Weil man aber Neutrinos nicht sieht, muss dort eben erwartete Energie fehlen.

In Abb. 5.18 hat man das auch sehr schön gesehen. Da in der Analyse, die wir uns jetzt anschauen, W-Bosonen gesucht und dafür Elektronen verlangt wurden, die eine Transversalenergie (das ist der Anteil der Energie, der senkrecht zum einfallenden Strahl deponiert wurde, also in der Transversalebene) von mindestens 25 GeV haben, erwartet man jetzt zu jedem solchen Ereignis auch eine fehlende transversale Energie von mindestens 25 GeV. Denn zu jedem gemessenen Elektron müsste ja auch ein fehlendes Neutrino mit gleich großem Transversalimpuls gehören. Und genau das sieht man auch in Abb. 6.7! Der weiße Anteil sind eben die simulierten W-Bosonen. Man sieht aber auch, dass es bei der Suche nach den W-Bosonen andere Prozesse gibt, die mitgemessen werden, auch wenn man eigentlich nur nach W-Bosonen gesucht hat. Was kann denn noch alles passiert sein?

Verschiedene Sorten von Untergrundereignissen Bei dem Beispiel in Blau ist einfach ein Jet aus Versehen als Elektron identifiziert worden. Beim gelben Anteil ist das W-Boson zunächst in ein τ-Lepton zerfallen. Das ging dann aber selbst schnell wieder kaputt, wurde zum τ-Neutrino und einem W-Boson und das W-Boson dann wieder zu einem Neutrino und einem Elektron. Das sieht dem direkten Zerfall in ein Elektron und ein Neutrino sehr ähnlich, weil ja nur noch zwei Neutrinos (eins vom τ und eins, das zusammen mit dem Elektron entstanden ist) mehr dabei ist, was man sowieso nicht sieht. In Rot sieht man Z-Bosonen, die in zwei Elektronen zerfallen sind. Eines der Elektronen hat man schlicht nicht gesehen. Und schon sieht es so aus, als wäre da nur ein Elektron gewesen. Was das W-Boson mit dem τ-Zerfall gemacht haben kann, kann auch dem Z-Boson passiert sein (Zerfall in zwei τ-Leptonen, wovon eins nicht gesehen wurde und das andere in ein Elektron zerfallen ist – ist in der Abbildung lila). Oder aber es wurde ein Top-Antitop-Paar produziert, bei dem so einiges nicht gesehen wurde und letztlich nur ein Elektron übrig blieb (grün).

Richtig vorhergesagt: Übereinstimmung von Simulation und Daten Bei jedem Ereignis, das man auf der Suche nach W-Bosonen findet, kann sich einer dieser Prozesse ereignet haben. Jeder mit einer ganz gewissen Wahrscheinlichkeit. Und die Wahrscheinlichkeiten kennt man aus Berechnungen, die mit Messungen bestätigt wurden. Und jetzt lässt man Zufallszahlen spielen. Die simulieren dann entsprechend den bekannten Wahrscheinlichkeiten jede Menge Ereignisse, die bei der W-Messung zum Untergrund beigetragen haben. Und mit einer gewissen Wahrscheinlichkeit landen diese Prozesse dann in der Auswahl des Signals. Und wenn das der Fall gewesen wäre, sagt uns die Simulation dann, wo diese Untergrundereignisse aufgetaucht wären. Dass diese Verteilungen für jeden Untergrundprozess anders aussehen, sieht man auch in Abb. 6.7. Ein Beispiel: Ereignisse, bei denen gar kein Neutrino entstanden ist (hellblau), sieht man ganz links in der Verteilung. Denn hier erwartet man im Prinzip auch keine fehlende transversale Energie. Dass es dennoch bis zu 25 GeV ein paar Einträge gibt, liegt an der Messungenauigkeit des Detektors. Wenn sich ein Physiker Abb. 6.7 anschaut und zu seinem Kollegen sagt: „Hey, kannst du bitte mal dafür sorgen, dass in den gemessenen Ereignissen möglichst viele W-Bosonen und wenig Untergrund dabei sind?", kann dieser nun ganz einfach einen Schnitt anwenden: Alle Ereignisse mit einer fehlenden Transversalenergie unterhalb von 25 GeV verwirft er. Denn dort tummelt sich eigentlich nur bunter Untergrund und kein weißes Signal.

Jetzt wissen wir, wieso Physiker ihren Untergrund gut verstehen müssen und mit Simulationen arbeiten. Dass sie alles richtig gemacht haben, sieht man daran, dass die Daten (schwarze Balken) mit der Summe der bunten Untergründe übereinstimmen. Nun kann es aber passieren, dass man in einer Messung an einer ganz bestimmten Stelle mehr Daten hat, als die Simulationen vorhergesagt hatten. Was dann? Dann wird es auf jeden Fall ziemlich spannend! Und es gibt zwei Möglichkeiten: Entweder man hat ein neues Teilchen oder einen neuen Prozess entdeckt, der nicht mitsimuliert wurde, weil man ihn schlicht noch nicht kannte. Oder aber man hat einfach eine schlechte Simulation gemacht, die den Untergrund nicht richtig beschreibt und vielleicht eben unterschätzt. Ersteres ist natürlich super. Zweiteres sollte besser nicht passieren. Damit man nicht gleich „Neues Teilchen gefunden!" ruft, wenn man mehr sieht, als man erwartet hat, gelten für solche Aussagen sehr hohe wissenschaftliche Hürden. Die muss man erst mal überwinden. Man verlangt, dass die Wahrscheinlichkeit, dass etwas falsch gemessen wurde und so aussah, als wäre dort etwas Neues, in der Größenordnung von der Wahrscheinlichkeit eines Lottojackpots liegen. Eine Fehlmessung soll also mindestens so unwahrscheinlich sein wie ein Lottogewinn. Eine zusätzliche Absicherung ist, dass es am LHC nicht nur ein Experiment wie ATLAS gibt, sondern parallel noch ein zweites: CMS. So können sich beide gegenseitig kontrollieren.

6.4 Wie viel darf's denn sein? – Ansprüche an die EDV

Wir wissen jetzt, wie man aus einem Haufen gemessener Kollisionsereignisse diejenigen raussuchen kann, die einen besonders interessieren. Weil die besonders interessanten Dinge aber nicht allzu häufig vorkommen, muss man manchmal stark aussortieren. Und damit dann immer noch was übrig bleibt, muss man vorher viel sammeln. Wir haben in Abschn. 5.8 gelernt, dass das ATLAS-Experiment pro Sekunde 40 Millionen Ereignisse anschauen muss, sich davon die 200 interessantesten aussucht und diese dann speichert. Ohne die Aussucherei müssten 64 TB an Daten pro Sekunde abgespeichert werden. Das geht natürlich nicht. Aber auch nach dem Sortieren werden 320 MB (also eine halbe CD) pro Sekunde an Daten weggeschrieben. Das ist eine ganze

Abb. 6.8   Das CERN Computing Center. *In der Mitte* sieht man übereinandergestapelte Computer, *rechts im Bild* sind schränkeweise Festplatten zum Speichern der Daten. (Foto: © CERN)

Menge! Pro Jahr wird jedes der vier großen Experimente am LHC ungefähr 15.000 TB an Daten sammeln. Hinzu kommen noch die simulierten Datensätze, die die Physiker erstellt haben, sowie die Dateien der Analyseergebnisse der Physiker. Das ist eine Menge Holz und dafür braucht man nicht nur eine Menge Speicherplatz, um die Daten zu lagern, sondern auch eine Menge Rechenleistung, um alles zu analysieren. Dafür steht am CERN ein großes Rechenzentrum, das *CERN Computing Center* (CC), voller Computer, Festplatten und Bandlaufwerke. In Abb. 6.8 sehen wir einen Raum des CC.

Weltweite Arbeitsteilung: das Grid   In Schränken tummeln sich massenweise Computer. Alle ohne Monitore, sondern nur mit einem Netzwerkanschluss (um sie aus der Ferne zu steuern) und einem Stromanschluss versehen. Nur die wenigsten Computer haben eine feste Aufgabe. Die meisten sind sehr flexible Arbeitsbienen und berechnen das, was eben gerade berechnet werden muss. Fällt einer aus, übernimmt ein anderer sofort dessen Job.

Das CC hat insgesamt eine Speicherkapazität von 100.000 TB auf Festplatten und weiteren 85.000 TB auf Magnetbändern. Die insgesamt 65.000 Rechenkerne haben 220 TB Arbeitsspeicher zur Verfügung. Hört sich alles schon nach einer ganzen Menge an, reicht aber bei Weitem nicht aus, um all das auszurechnen, was so ausgerechnet werden muss. Dafür haben sich die Physiker etwas ausgedacht: das *Grid* („Gitter"). Es ist eine Zusammenschaltung aller großen Rechenzentren auf der Welt, die sich an den LHC-Experimenten beteiligen. Jedes Rechenzentrum bekommt Kopien von einem Teil der Daten und stellt seine Rechenkapazitäten zur Verfügung.

Das Grid ist in verschiedene Zonen eingeteilt, die sogenannten *Tiers* (Ebenen). Tier0 ist das CERN Computing Center. Hier liegen die Originaldaten aller Experimente und auch ein großer Teil der Rechenkapazitäten. Das Tier0 ist dabei direkt über 10 Gigabit starke Anschlüsse mit elf Rechenzentren des Tier1 verbunden. Diese sind die großen Knotenpunkte, von denen aus die Kopien der Daten weiterverteilt werden. Der deutsche Tier1-Knoten liegt beim Forschungszentrum Karlsruhe. Die letzte Stufe sind die Tier2-Rechenzentren, zu denen die Rechenzentren aller angeschlossenen Institute zählen. Wie arbeitet jetzt das Grid?

Jeder Physiker, der bei den LHC-Experimenten mitmacht, bekommt Zugang zum Grid. Wenn er etwas ausrechnen will, schreibt er sich also ein Programm und sagt, welche Daten er damit gerne analysieren will. Die sind ja schon alle grob vorsortiert. Und dann geht es los: Man rechnet mit dem Programm nicht mehr auf dem eigenen Rechner, sondern schickt das Programm an das Grid. Eine Verwaltungssoftware schaut dann: „O. k., wo sind denn überall Kopien von den Daten, die gebraucht werden? Und welches Rechenzentrum hat gerade noch Kapazitäten frei?" Entsprechend wird das Programm dann auf das Grid an verschiedene Stellen kopiert und überall ein Teil der Daten analysiert. Am Ende werden die Analyseergebnisse gesammelt und der Nutzer bekommt eine Mail mit der Meldung, dass alles fertig ausgerechnet wurde. Wenn ich auf diese Art etwas ausrechnen lasse, kann ich Dinge, die sonst auf meinem PC eine Woche rechnen würden, in wenigen Stunden ausrechnen lassen. Und ich weiß nicht mal (es sei denn, ich schaue nach), wo meine Daten gerade ausgerechnet wurden. Vielleicht war ein Teil davon in Berlin, ein Teil in Tokio und ein Teil in Manchester.

Das Grid verteilt die Lasten dabei so effizient wie möglich. Ohne das Grid müsste jeder immer genau so viel Rechenleistung einkaufen und sich aufbauen, wie er gerade braucht. Und wenn er dann mal weniger rechnen muss, haben die Rechner nichts zu tun. Beim Grid verleiht man seine Rechenleistung einfach an andere, kann sich dafür aber auch selbst bei anderen bedienen, wenn mal etwas mehr Rechenleistung gebraucht wird. Am besten schließen wir das Kapitel mit einem kleinen Beispiel ab, das ganz gut veranschaulicht, wieso man so viele Daten sammeln und auswerten muss.

Als während der Suche nach dem Higgs-Teilchen im Sommer 2012 ein neues Teilchen gefunden wurde, hatten sich bis dahin 6 Millionen Milliarden Kollisionen im LHC ereignet. Hiervon wurden ungefähr je 5 Milliarden Kollisionen von ATLAS und CMS aufgezeichnet und ausgewertet. Und von diesen sind nur etwa 400 kompatibel mit dem Teilchen, das wie ein Higgs-Boson aussieht. Das zeigt, wie viel man sammeln und auswerten muss, um am Ende überhaupt etwas zu finden.

Durch das Grid bekommt man übrigens auch einiges von der Welt mit. Denn die Natur zeigt den Nerds gerne ab und an doch noch mal, wer der Boss ist. Dann sorgt ein zum Beispiel ein fieser Wirbelsturm in New York schon mal dafür, dass meine Daten dort feststecken, solange der Strom noch ausgefallen ist. So bekommt man selbst, wenn man den ganzen Tag im Büro sitzt und arbeitet, noch mit, was draußen in der Welt so los ist.

6.5   Was man so alles messen kann: Analysebeispiele

Nach dem Sammeln der Daten und der Selektion der Ereignisse kommt die eigentliche Analyse. Man muss sich fragen, welche Eigenschaften der gefundenen Teilchen untersucht werden sollen. Ich habe mal drei Beispiele für solche Analysen rausgesucht. Das erste ist aus meiner Diplomarbeit. Hier wurde bei einem bereits bekannten Teilchen geschaut, wie häufig es unter gewissen Bedingungen produziert wird. Beim zweiten Beispiel geht es um das Thema meiner Doktorarbeit. Hier schaue ich mir bestimmte Eigenschaften eines bereits bekannten Teilchens an. Und beim dritten Beispiel wurde ein Teilchen zum ersten Mal entdeckt. Schauen wir mal, wie man so was macht.

6.5.1   Was brauch ich für dich, Teilchen? – Wirkungsquerschnitte messen

Das ω-Meson kennen wir ja schon aus Abschn. 3.4: Es ist ein Meson, das aus einem Up- und einem Antiup-Quark bzw. einem Down- und einem Antidown-Quark besteht. Dass es existiert und welche Masse es hat, war bereits bekannt. Die Idee dieser Untersuchung aber war es: Wie gut kann man es denn produzieren, wenn man es nicht im Freien erzeugt, sondern innerhalb eines Atomkerns?

Da die Masse ja so ein dynamischer Begriff ist und im Wesentlichen durch die Energie bestimmt wird, die in den Gluonen steckt, hätte sich die Masse ja ändern können, wenn man es in einen Kern steckt, wo um es rum noch jede Menge andere Gluonen schwirren. Für diese Untersuchung wurde am Mainzer Teilchenbeschleuniger *MAMI* (Mainzer Microtron) ein Strahl hochenergetischer Photonen erzeugt. Das macht man mithilfe eines Elektronenstrahls, den man dann auf einen sogenannten Radiator krachen lässt, wo er dann einen Strahl aus Bremsstrahlungsphotonen erzeugt. Und den schießt man dann auf ein sogenanntes *Target*, also eine Zielscheibe. Dafür wird z. B. Kohlenstoff oder Niob genutzt. Der Photonenstrahl bringt die nötige Energie mit, um das ω-Meson zu erzeugen. Und der um das Target gebaute *Crystal Ball/TAPS-*

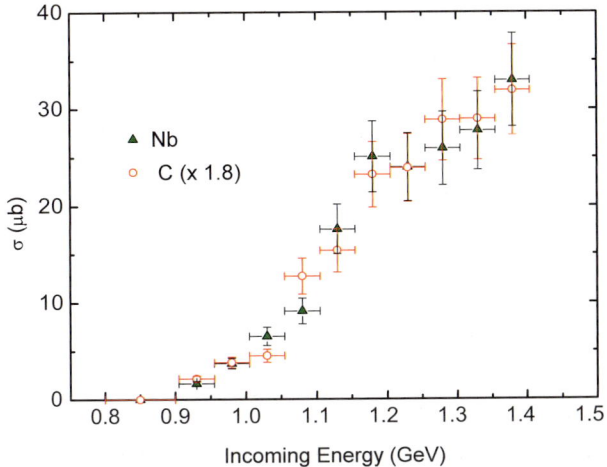

Abb. 6.9 Der gemessene Wirkungsquerschnitt des ω-Mesons in Abhängigkeit der Energie des einfallenden Photonenstrahls bei einer Produktion an einem Kohlenstoff- und einem Niob-Target

Detektor detektiert dann die drei Photonen, in die das ω-Meson zerfällt. Für verschiedene Strahlenergien habe ich in meiner Diplomarbeit gezählt, wie viele ω-Mesonen produziert wurden.

Auf der x-Achse sieht man die Energie des einfallenden Photonenstrahls. Auf der y-Achse sieht man den Wirkungsquerschnitt für die Produktion eines ω-Mesons. Der Wirkungsquerschnitt sagt, wie wahrscheinlich es war, dass etwas produziert wurde. Man muss dafür also nicht einfach nur ω-Mesonen zusammenbauen und zählen, sondern auch berücksichtigen, wie viele Photonen man benutzt hat und wie groß die Wahrscheinlichkeit war, dass man mal ein ω-Meson, das erzeugt wurde, nicht gesehen hat. Denn man will ja schließlich wissen, was wirklich war, und nicht nur, was man gesehen hat.

Um den Wirkungsquerschnitt σ zu bestimmen, wurde also entsprechend der Formel 3.9 die Zahl N der ω-Mesonen gezählt und durch die Luminosität $\mathcal{L}$ geteilt. Man sieht hier, dass erst ab einer bestimmten Strahlenergie, nämlich ca. 900 MeV, ω-Mesonen erzeugt wurden. Darunter war schlicht zu wenig Energie vorhanden, um genug für die Masse des ω-Mesons zu liefern. Man kann selbst ausrechnen, wie viel Energie man bräuchte, wenn das ω-Meson eine Masse von 782 MeV hat, nämlich 1108 MeV. Dass es darunter auch geht, liegt daran, dass die Protonen im Target nicht einfach nur rumliegen, sondern sich innerhalb des Atomkerns schnell hin- und herbewegen. Dadurch bringen sie selbst Energie mit und der Photonenstrahl braucht nur noch 900 MeV.

Ein wichtiger Punkt dieser Analyse war jetzt: Brauchte man vielleicht weniger Energie für das ω-Meson, als man dachte? Das wäre der Fall gewesen, wenn sich seine Masse geändert hätte, wenn es sich in einem Atomkern gefunden hätte. Und zwar nach unten. Daher wählte man als Targets Kohlenstoff und Niob. Sonst wurden ω-Mesonen immer an einem Target aus Wasserstoffgas produziert. Wasserstoffkerne sind ja einfache Protonen und zu klein, als dass man dort einen „Im-Kern-Sein-Effekt" spüren könnte.

Einige theoretische Physiker haben eine solche Veränderung der Masse beim Reinstopfen der ω-Mesonen in Atomkerne vorhergesagt. Hätte man vielleicht schon bei 800 MeV etwas gesehen, wäre das auch so gewesen. Hat man aber nicht. Also hat sich die Masse wahrscheinlich auch nicht verändert. Zumindest nicht so stark, dass es messbar war. Das war also die Erkenntnis dieser Messung des Wirkungsquerschnitts.

6.5.2   Was machst du da, Teilchen? – Teilcheneigenschaften messen

Jetzt mal zu meiner Doktorarbeit. Hier geht es um kein zusammengesetztes Teilchen so wie das ω-Meson, sondern um ein echtes Elementarteilchen. Sogar das Schwerste: das Top-Quark. Ich wollte mir eine besondere Eigenschaft anschauen. Nicht nur des Top-Quarks selbst, sondern eine Eigenschaft, die es sich mit dem Antitop-Quark teilt, wenn die beiden als Paar produziert werden.

Jedes Teilchen hat einen Spin, den wir in Abschn. 3.4 besprochen hatten. So ein Spin zeigt in eine bestimmte Richtung, sagen wir mal: nach oben oder nach unten. Ob der Spin eines Top-Quarks nun nach oben oder unten zeigt, ist völlig willkürlich und man kann keine Vorhersage darüber machen. Was man aber vorhersagen kann, ist die Richtung des Spins des Antitop-Quarks, wenn man erst einmal die Richtung des Spins des Top-Quarks kennt, oder umgekehrt, eben stets den Spin des einen, wenn man den des anderes gemessen hat. Die Spins sind also bei der Produktion nicht völlig unabhängig, sondern korreliert.

Wären sie komplett korreliert, würde das heißen: Immer, wenn der eine Spin nach oben zeigt, tut's der andere auch. Wären sie komplett antikorreliert, würde der eine immer in genau die entgegengesetzte Richtung zeigen als der andere. Und wären sie unkorreliert, wären sie zufällig verteilt und dem einen wäre egal, was der andere so macht.

Diese Messung macht man, weil unser Standardmodell der Teilchenphysik, also die Formelsammlung, die unser ganzes Wissen zusammenfasst, den Grad der Korrelation sehr genau vorhersagt. Wenn man ihn nachmisst und merkt, dass etwas nicht stimmt, kann man damit zeigen, dass an den Formeln etwas nicht stimmt. Es könnte sich zum Beispiel etwas ändern, wenn es mehr

Elementarteilchen gibt als wir denken. Diese könnten dann die Korrelation verändern. Für den Fall würden wir dann ein Modell mit noch mehr Teilchen mit dem gemessenen Wert vergleichen. Passt das neue Modell besser, ist es ein gutes Indiz dafür, dass es stimmt. Diese Messung ist also grob gesagt eine Belastungsprobe für unser Verständnis von Teilchenphysik und kann indirekt neue Teilchen entdecken.

Statt MAMI und Crystal Ball/TAPS brauchen wir hierfür auch den LHC und ATLAS, denn für die Produktion von Top-Quarks braucht man sehr viel Energie. Was man für diese Analyse machen muss? Man sucht sich Ereignisse, bei denen zwei Top-Quarks produziert wurden, und misst dann bestimmte Winkel zwischen ihren Zerfallsprodukten. Je nachdem, wie die beiden Spins der Top-Quarks zueinander standen, sind die Winkel unterschiedlich verteilt. Top-Quarks können auf verschiedene Arten zerfallen. Weil meine Doktorarbeit noch nicht fertig ist, kann ich hier nur einen bestimmten Zerfallsmodus präsentieren, der schon veröffentlicht wurde.

Hierbei sind beide Top-Quarks in ein W-Boson und ein b-Quark zerfallen und beide W-Bosonen dann wiederum in ein geladenes Lepton und ein Neutrino. Man nennt diesen Zerfallskanal den „dileptonischen Zerfallskanal". In Abb. 6.10 sieht man die Verteilung des Winkels $\Delta\phi$ zwischen den beiden geladenen Leptonen. Welcher Winkel ist das? Nun, stellt man sich ATLAS als eine Raviolidose vor, ist das der Winkel, den man sieht, wenn man durch den Dosendeckel schaut. Dann sieht man nur noch die Transversalebene, so wie oben links in Abb. 6.1. Und dort ist es einfach der Winkel zwischen den beiden Leptonen.

Die gemessenen Werte (schwarze Punkte) werden mit der Simulation des Untergrundes (bunt) und zwei verschiedenen Szenarien für das Top-Quark-Signal verglichen. Bei der durchgezogenen schwarzen Linie sind die Spins genauso miteinander korreliert, wie es das Standardmodell vorhersagt. Bei der gestrichelten Linie wären die Spins total unkorreliert. Man sieht: Die Daten bestätigen, dass alles so läuft wie vorhergesagt. Für den einen mag das heißen: „Hurra, unsere tollen Formeln sagen das echt super voraus!" Für den anderen vielleicht aber auch: „Och, wenn's nicht das wäre, womit wir gerechnet hätten, könnten wir uns jetzt neue Formeln ausdenken. Auch nicht schlecht!" Ansichtssache, würde ich sagen.

6.5.3   Gibt es dich wirklich, Teilchen? – Die Entdeckung des Higgs-Bosons

Bisher ging es nur um Teilchen, die man schon kannte. Da war klar, dass man auch irgendwas findet, wenn man im Detektor danach sucht. Doch jetzt kommt etwas, was für viele Physiker die spannendste Entdeckung des

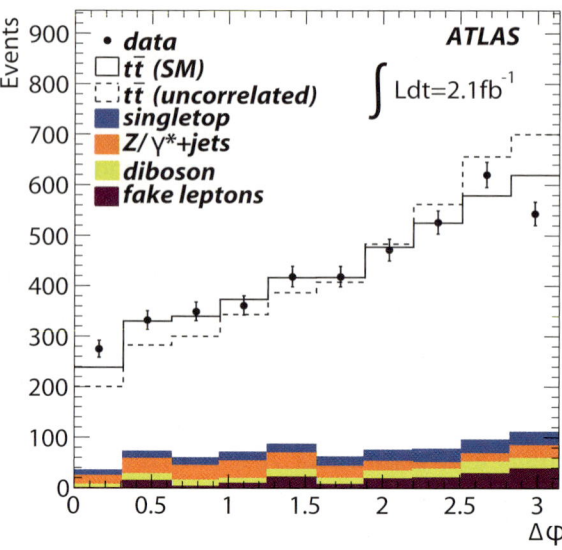

Abb. 6.10   Die gemessene Verteilung des Azimutalwinkels zwischen den beiden Leptonen, die die Zerfallsprodukte von Top-Antitop-Paaren sind. Verglichen wird die Messung mit dem Szenario korrelierter Spins, wie sie das Standardmodell vorhersagt (*durchgezogene schwarze Linie*), und einer völlig unkorrelierten Winkelverteilung (*gestrichelte Linie*). (Grafik: © ATLAS Collaboration)

Jahrzehnts war. Denn auf eine ganz fundamentale Frage hatten die Physiker noch keine Antwort: „Woher bekommen Teilchen ihre Masse?" Der Higgs-Mechanismus, den wir uns in Abschn. 3.6.2 angeschaut haben, konnte hierfür eine gute Erklärung bieten. Aber bisher war das alles nur eine Idee, mehr nicht.

Was es brauchte, um zu zeigen, dass die Idee der Wirklichkeit entsprach, war ein neues Teilchen: das Higgs-Teilchen. Daher war es eine der wichtigsten Aufgaben des Teilchenbeschleunigers LHC und seiner Experimente, dieses Teilchen zu finden. Oder eben zu sagen: „Sorry, wir haben überall geschaut, aber es nicht gefunden. Es existiert also nicht und die Theorie vom Higgs-Mechanismus ist nicht so wie erwartet. Vielleicht ein wenig anders, vielleicht komplett anders. Bitte, liebe Theoretiker, denkt euch mal was Neues aus." Aber wie findet man denn überhaupt ein neues Teilchen?

Ausrechnen, was man finden könnte: mögliche Zerfallskanäle Wenn man jetzt nicht zufällig ein neues Teilchen trifft, braucht man zunächst einmal eine Theorie. Die muss einem zumindest grob dessen Eigenschaften vorgeben: Wie schwer wird es denn ungefähr sein? Und in welche Teilchen kann es denn zerfallen, wenn es so ist, wie wir denken? Also sind zunächst die Theoretiker gefragt.

Was die Masse betrifft, haben sie sich nicht genau festgelegt. Ein bestimmter Bereich kam infrage. Das Meiste von dem Bereich wurde aber schon von anderen Experimenten ausgeschlossen. Das Fenster war also recht schmal. Für mich war es schon so schmal, dass ich zu meinem Kollegen Johannes sagte: „Also wenn sich in dem kleinen Bereich, der noch nicht ausgeschlossen wurde, wirklich noch ein neues Teilchen verbirgt, bekommst du von mir einen Döner!"

Die Masse war die eine Sache. Sie würde uns verraten, welche invariante Masse man bekommen würde, wenn man die Vierervektoren der Zerfallsprodukte addiert und quadriert. Der andere wichtige Punkt aber ist: In was kann so ein Higgs-Teilchen eigentlich zerfallen? Und wenn es mehrere Möglichkeiten gibt: Welche Möglichkeit wird wie häufig auftreten? Von dem Betreuer meiner Diplomarbeit, Volker Metag, kommt ein schöner Vergleich: Eine Ein-Euro-Münze kann in verschiedene andere Münzen „zerfallen", wie wir in Abb. 6.11a sehen. Zählt man die verschiedenen Münzen zusammen, kommt wieder ein Euro raus. Eine 50-Cent-Münze hätte hingegen ganz andere Zerfallsmöglichkeiten.

Zwei gut messbare Zerfallskanäle für ein Higgs-Teilchen Was der Theoretiker uns ausrechnet, sind Zerfallsmöglichkeiten wie in Abb. 6.11b. Das Higgs-Teilchen würde am liebsten an besonders schwere Teilchen koppeln. Schwer sind zum Beispiel die Z-Bosonen. Daher sieht man im oberen Teil von Abb. 6.11b einen Zerfall in zwei Z-Bosonen, die dann weiter zerfallen würden. Da beide Z-Bosonen zusammen eine Masse von 180 GeV hätten, was mehr ist, als das Higgs-Teilchen als Ruhemasse hat, muss mindestens eines der Z-Bosonen virtuell sein.

Im unteren Teil sieht man einen anderen wichtigen Zerfallskanal des Higgs-Teilchens, nämlich den in zwei Photonen. „Moment mal!", mag der ein oder andere jetzt sagen, „so ein Photon ist doch komplett masselos. Wie soll ein Higgs-Teilchen denn daran koppeln?" Tut es nicht. Daher haben die Theoretiker noch ein Dreieck aus Top-Quarks zwischen das Higgs-Teilchen auf der linken Seite und die beiden Photonen auf der rechten Seite gesteckt.

Top-Quarks sind sehr schwer. Macht also schon mal Sinn. Das Higgs-Teilchen zerfällt zunächst in ein virtuelles Top-Antitop-Paar. Und die beiden zerstrahlen danach auch direkt wieder, und zwar in zwei Photonen.

Für das Top-Quark ist es kein Problem, an ein Photon zu koppeln. Das macht es nämlich über die elektromagnetische Wechselwirkung, und die braucht lediglich eine Ladung. Und da das Top-Quark eine Ladung von $+2/3$ hat, geht alles klar.

Jetzt ist klar, in was ein Higgs-Teilchen so alles zerfallen würde. Also sucht man die möglichen Zerfallsprodukte eines Higgs-Teilchens und baut sie zu-

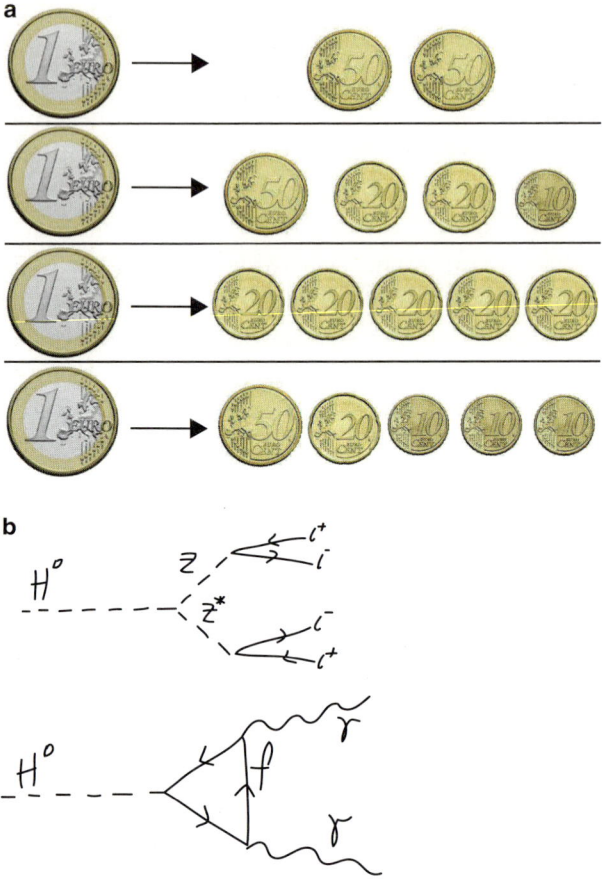

Abb. 6.11 **a** „Zerfallsmöglichkeiten" von einem Euro. (Quelle der Münzabbildungen: Deutsche Bundesbank) **b** Zwei Möglichkeiten für ein Higgs-Teilchen, um zu zerfallen: in zwei Z-Bosonen, ein reelles und ein virtuelles, die dann in jeweils zwei geladene Leptonen zerfallen (*oben*), oder über ein virtuelles Fermion in zwei Photonen (*unten*)

sammen. Das Blöde ist jetzt: Auch andere Teilchen können in diese Teilchen zerfallen und sehen dadurch genauso aus wie ein Higgs-Teilchen. Was jetzt wichtig wird, ist der Untergrund, der mittels der Simulationen berechnet wird. Man simuliert also einfach: „Was würde ich sehen, wenn alles Mögliche erzeugt wird und zerfällt, aber nichts von einem Higgs-Teilchen dabei ist?" Und dann simuliert man noch mal den Extra-Beitrag, den ein existierendes Higgs-Teilchen noch zusätzlich liefern würde. Zum Schluss wird dann das gemessene mit beiden simulierten Szenarien (Higgs-Teilchen existiert oder existiert nicht) verglichen und man schaut, was besser passt. Einen Teil der Ergebnisse, die im Juli 2012 von ATLAS präsentiert wurden, sehen wir in Abb. 6.12.

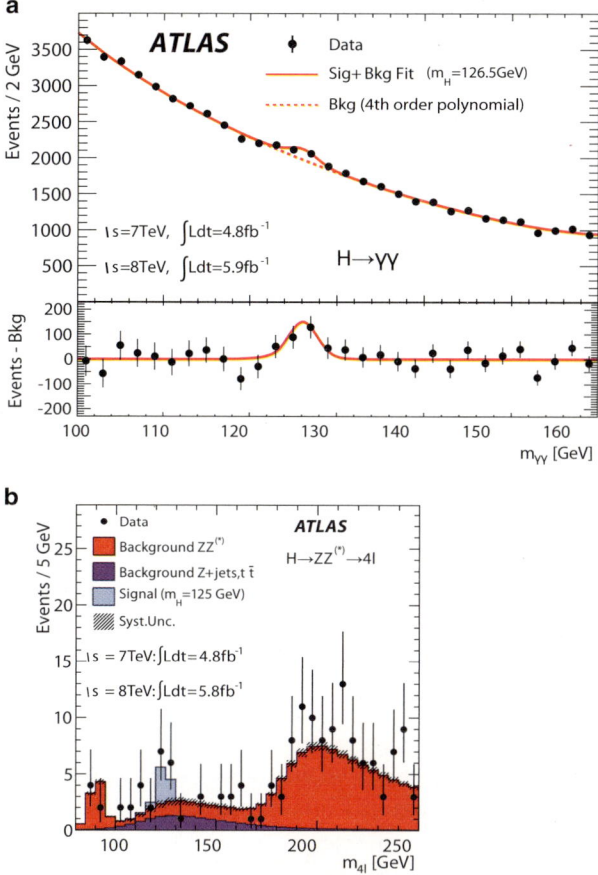

Abb. 6.12 **a** Invariante Masse zweier Photonen. Man erkennt den Untergrund und das zusätzliche Higgs-Signal (*oben*) und das Signal mit abgezogenem Untergrund (*unten*). **b** Invariante Masse von vier geladenen Leptonen. Die Messung (*schwarz*) wurde mit dem Untergrund (*rot* und *lila*) und einem möglichen Higgs-Teilchen (*hellblau*) verglichen. (Grafiken: © ATLAS Collaboration)

Abbildung 6.12a entspricht der invarianten Masse von zwei Photonen, wie sie bei einem Zerfall des unteren Diagramms aus Abb. 6.11b auftreten würden. Abbildung 6.12b entspricht dem Zerfall in zwei Z-Bosonen, also dem oberen Diagramm aus Abb. 6.11b. Was sieht man?

Der Higgs-Zerfall in zwei Photonen In Abb. 6.12b sind jede Menge Ereignisse zu sehen, die zwei Photonen enthielten. Die aus den beiden Photonen gebildeten invarianten Massen sind auf der *x*-Achse aufgetragen. Die Ereignisse gehören zu beliebigen Untergrundprozessen und lassen sich durch die rote Kurve beschreiben. Bei diesem Kanal wurde der Untergrund übrigens nicht simuliert, sondern *gefittet*: Da er sich gleichmäßig über das komplette Spektrum verteilt, kann man ihn auch einfach mit einer mathematischen Funktion beschreiben. In der Gegend der invarianten Masse von ca. 126 GeV allerdings gibt es eine Abweichung von der „Nur-Untergrund-Hypothese", die durch die gestrichelte rote Linie dargestellt ist. Oben auf dem Untergrund sitzt noch ein Höcker drauf. Kein gleichmäßiger Untergrund mehr! Und der Höcker entspricht dem Signal eines neuen Teilchens mit einer ganz bestimmten Masse, nämlich ca. 126 GeV! Der untere Teil der Abbildung zeigt, welches Signal übrig bleibt, wenn man den Untergrund abzieht. Die schwarzen Punkte liegen nicht alle auf der Linie, was aber völlig normal ist. Jeder Messpunkt hat einen Fehlerbalken, der die Messungenauigkeit beschreibt. Keine Messung ist perfekt, daher liegen auch nicht alle Punkte auf der roten Linie. Aber man sieht, dass die rote Linie die Daten gut beschreibt.

Der Higgs-Zerfall in vier geladene Leptonen Die invariante Masse von vier geladenen Leptonen aus Abb. 6.12b funktioniert nach dem gleichen Prinzip. Schwarz sind die Messpunkte. Weil man hier viel weniger Ereignisse gesehen hat, sind die Unsicherheiten auch viel größer. Rot und lila sind die Untergrundprozesse, die simuliert wurden.

Man sieht, dass es wieder bei ca. 126 GeV mehr Ereignisse gibt, als die „Nur-Untergrund-Hypothese", also die lila und roten Einträge erwarten lassen würden. Wenn man dann noch mal simuliert, dass es tatsächlich ein Higgs-Teilchen mit den vorausgesagten Eigenschaften gibt, müsste zusätzlich noch der kleine hellblaue Höcker gemessen werden. Und? Wurde er!

Fehlerquellen für Zufallsfunde Da die Fehlerbalken in jedem einzelnen Zerfallskanal noch recht groß waren, bestand bei jedem Kanal für sich genommen noch die Möglichkeit, dass das beobachtete Signal in Wirklichkeit gar keins war, sondern dass sich der Untergrund einfach innerhalb der Unsicherheiten so bewegt hat (was legitim ist), bis ein Signal entstanden ist. So ein Zufallssignal kann man nicht vermeiden, wenn die Unsicherheiten groß sind. Daher versucht man sie klein zu bekommen.

Dafür gibt es verschiedene Möglichkeiten. Man muss zunächst wissen, dass es zwei verschiedene Typen von Unsicherheiten gibt. Der eine Typ nennt sich *statistische Unsicherheit*. Er ergibt sich aus kleinen Schwankungen der Messungen, die immer wieder auftreten und unvermeidbar sind. Wenn ein Kalorimeter die Energie eines Elektrons vermessen will, muss dafür letztlich eine große Zahl von kleinen Ladungen oder Photonen gezählt werden. Wie viele davon aber wirklich die Auslese erreichen, schwankt. Mal mehr, mal weniger. Die Ungenauigkeit bei der Energiemessung enthält daher eine statistische Unsicherheit. Würde man immer wieder ein Elektron der gleichen Energie vermessen, würde mal mehr und mal weniger Energie gemessen werden. Der Mittelwert wäre aber mit der Zeit immer näher am eigentlichen Wert dran. Man sieht also das beste Rezept (und auch das einzige) gegen eine große statistische Unsicherheit: mehr messen. Hört sich einfach an, kann aber schwierig werden, wenn es einfach nicht viele Ereignisse zu messen gibt.

Die zweite Art von Unsicherheit nennt sich *systematische Unsicherheit*. Sie sagt grob: „Du hast nicht zu selten gemessen, sondern halt einfach falsch. Du weißt aber nicht genau, wie falsch, sonst könntest du es ja korrigieren. Also musst du abschätzen, wie falsch du gelegen haben könntest. Und das ist deine systematische Unsicherheit." Bei der Suche nach dem Higgs-Teilchen ist eine mögliche systematische Unsicherheit zum Beispiel die genaue Form des Untergrundes. Denn den simuliert man ja nur. Und niemand kann behaupten, dass Simulationen alles perfekt bis ins kleinste Details beschreiben.

Täuschung oder echtes Signal? Wieso jetzt diese kleine Lektion über Unsicherheiten? Nun, wir suchen ja ein neues Teilchen und die Signale haben noch große Unsicherheiten. In jedem Zerfallskanal an sich ist die Wahrscheinlichkeit also noch recht groß, dass man nur zufällig ein Signal gesehen hat. Da uns die Theoretiker aber sagen, dass die Signale in allen Zerfallskanälen ja zusammenhängen und vom gleichen Teilchen kommen, können wir die Signale kombinieren. Dann stellen wir uns nicht nur die Frage: „Wie groß ist die Wahrscheinlichkeit, dass in einem Kanal zufällig ein Signal entstand?", sondern: „Wie groß ist die Wahrscheinlichkeit, dass in allen Kanälen zufällig das gleiche Signal entstand?" Und die Wahrscheinlichkeit ist natürlich viel kleiner.

Genau das haben die Physiker gemacht. Nicht nur für ein bestimmtes Higgs-Teilchen mit einer bestimmten Masse, sondern für Higgs-Teilchen mit jeder beliebigen Masse. In Abb. 6.13 sehen wir das Ergebnis.

Auf der x-Achse sind alle möglichen Higgs-Massen aufgetragen. Für all diese Massen wurde nun getestet, was man dort so sieht. Würde es ein Higgs-Teilchen geben, sollte dort ein Signal erscheinen. Und das Signal sollte mit der Menge an genommenen Daten (die Luminosität entspricht dem ja und ist auch in der Abbildung angegeben) eine bestimmte Höhe erreicht haben. Je mehr Signal dagewesen sein müsste, desto geringer wäre die Wahrscheinlichkeit, dass es zufällig entstanden ist. Auf der y-Achse sieht man die Wahrscheinlichkeit, dass der Untergrund innerhalb seiner Unsicherheiten zufällig so geschwankt wäre, dass er aussieht wie ein Signal, das es eigentlich gar nicht gibt. Ein Wert um 1 herum sagt einem ja gar nichts. Das heißt ja: Mit 100 % Wahrscheinlichkeit war das hier nur ein Zufallsfund. Daher sammelt man erst mal viele Daten, damit die gestrichelte Linie weit nach unten läuft und Zufälle ausgeschlossen werden können, zumindest mit großer Sicherheit. Die gestri-

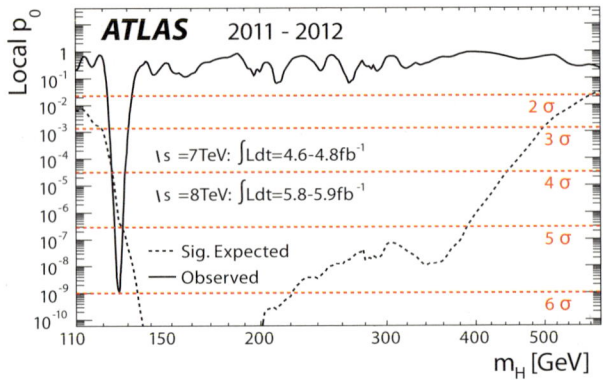

Abb. 6.13 Die Warscheinlichkeit, dass an einem bestimmten Massenpunkt (*auf der x-Achse*) zufällig ein Higgs-Signal gemessen wurde. Die *gestrichelte Linie* zeigt, was man erwarten würde, sollte es tatsächlich ein Higgs-Teilchen mit dieser Masse geben. Die *durchgezogene Linie* ist das, was gemessen wurde. Man erkennt den Punkt bei ca. 125 GeV Masse, an dem tatsächlich ein Signal gefunden wurde. (Grafik: © ATLAS Collaboration)

chelte Linie sagt also: „Was wäre, wenn das Higgs-Teilchen wirklich da wäre?" Und die durchgezogene Linie sagt: „So sieht's aus!"

Man sieht: An allen Massenpunkten nur Zufallsfunde mit hoher Wahrscheinlichkeit. Nur an einer Stelle, da passiert etwas Besonderes. Bei ca. 125 GeV sieht man ein Signal, das in dieser Stärke nur mit einer Wahrscheinlichkeit von 10^{-9}, also 1 zu 1.000.000.000 zufällig erschienen wäre. Die rote Linie, die die Bezeichnung 5σ trägt, ist die Grenze an Wahrscheinlichkeit, die eine Messung unterschreiten muss, um einen Zufallsfund auszuschließen. Erst dann dürfen Physiker offiziell von einer Entdeckung sprechen. Hier steht σ nicht für den Wirkungsquerschnitt, sondern für die sogenannte *Standardabweichung*. Sie ist sozusagen die Grundeinheit für einen Fehler. Man wählt sie so groß, dass im Falle zufälliger Schwankungen um einen wahren Wert (also in Bezug auf eine statistische Unsicherheit) 68,3 % aller gemessenen Werte innerhalb einer Abweichung von σ vom wahren Wert gemessen werden.

Riesenfreude: eine Entdeckung! Und was ist mit der magischen 5σ-Grenze passiert? Sie wurde unterschritten, Teilchen entdeckt, Freude riesig! Meine Döner-Wette habe ich also verloren. Besonders ärgerlich: Als ich die Wette abgeschlossen hatte, arbeiteten Johannes und ich in Göttingen, wo ein guter Döner noch drei Euro kostet (Abb. 1.1). Als wir die Wette einlösten, arbeiteten wir beide in Genf am CERN. Und da kostet der Döner dann mal das Dreifache. Aber ich kann sagen: Diese Entdeckung war's auf jeden Fall wert!

Und wer jetzt stöhnt: „Puh, das war jetzt aber doch ein echt kompliziertes Kapitel!", dem kann ich nur sagen: Stimmt. Aber immerhin wissen wir jetzt auch, was 6000 Physiker nach 15 Jahren Planung und Bau zweier gigantischer Experimente (ATLAS und CMS, die sahen das gleiche Signal) und zwei Jahren Auswertung von Daten aus 6.000.000.000.000.000 Kollisionen herausfanden und was in die Geschichtsbücher eingehen wird. Gute Sache, oder?

6.6 Mit Pech gemessen: Überlichtgeschwindigkeit, die keine war

Die Beispiele für Analysen, die man an Teilchenbeschleunigern durchführen kann, endete ja eben mit einem echten Highlight. Es gibt da noch eine Analyse, die für fast genauso viel Aufregung gesorgt hat, wie die Entdeckung des Higgs-Teilchens. Allerdings ist nicht nur die Analyse an sich etwas speziell, sondern auch ihr Ergebnis. Und vor allem das, was ihrer Veröffentlichung geschah. Daher möchte ich die Geschichte dieser Messung noch mal kurz erzählen.

Ich liebe die Serie *The Big Bang Theory*. Eine Art Physiker-Soap. Nicht für Physiker, sondern über welche. Und da sie auch bei normalen Menschen so gut ankommt, sieht man: Man muss die Nerds nicht hänseln und ihnen das Pausenbrot klauen. Denn eigentlich ist es ja ganz lustig, ihnen bei der Arbeit zuzuschauen und darüber zu schmunzeln, wie sehr sie *Star Trek* und Superhelden-Comics lieben und alle total nervös werden, wenn gegenüber eine hübsche Nachbarin einzieht. O. k., manchmal irritiert es mich auch ein wenig, wenn alle über eine Szene lachen und ich mir nur denke: „Wieso? Ist das nicht normal?" Anscheinend nicht. Wenn diese Serie eine Physiker-Soap ist, dann ist die folgende Geschichte sogar ein echtes Drama.

6.6.1 Teilchen, wechsel dich: Neutrinooszillation

Eigentlich war die Physik in den Kapiteln schon abgehakt, aber ich möchte noch auf eine wichtige Sache zu sprechen kommen, die bis jetzt noch nicht erwähnt wurde. Was wissen wir denn bisher über die Neutrinos, die neutralen Partner von Elektron, Myon und Tauon? In Abb. 3.5 tragen sie Masken. Da sie weder elektrisch geladen sind noch eine Farbladung tragen, können sie nur über die Schwache Kraft reagieren. Man bekommt von ihnen also relativ wenig mit und muss deshalb auch so riesige Detektoren bauen wie Superkamiokande aus Abb. 5.7a. Und in Abb. 3.14 haben wir gesehen, dass die Massen von Neutrinos bisher noch unbekannt sind. Man kennt nur Obergrenzen, und

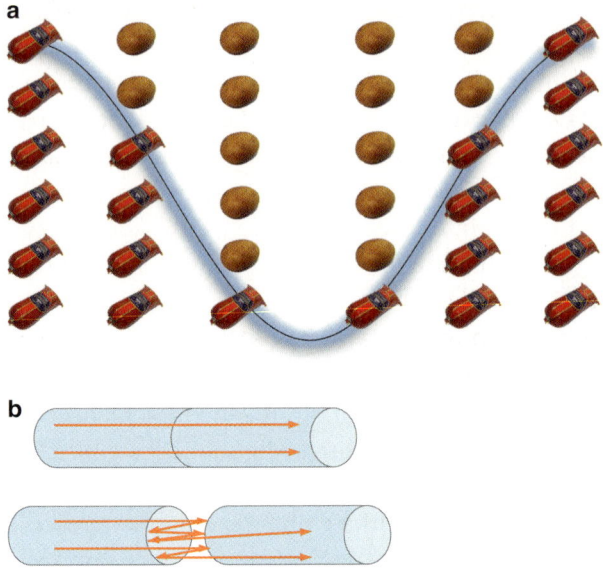

Abb. 6.14   **a** Das Prinzip der Teilchenoszillation: Eine Sorte Teilchen wandelt sich periodisch in eine andere um, wobei die Gesamtzahl der Teilchen gleich bleibt. Im Beispiel hier oszillieren Teewürste und Kartoffeln. **b** Licht, wie es durch zwei korrekt aneinandertreffende Glasfasern geleitet wird (*oben*). Zum Vergleich dazu der längere und gestörte Weg von Licht durch zwei Glasfasern, die keinen direkten Kontakt haben

die sagen, dass Neutrinos echt leicht sind. Fast masselos. Aber eben nicht ganz masselos. Und gerade das macht sie interessant. Sehr interessant!

Man kennt mittlerweile einen Effekt, der sich *Neutrinooszillation* nennt. Was ist das? Sagen wir mal, mein Kühlschrank wäre komplett leer. Kein unübliches Szenario. Nun gehe ich zum Supermarkt und kaufe sechs Packungen Teewurst. Am nächsten Morgen öffne ich den Kühlschrank zum ersten Mal und sehe vier Packungen Teewurst und zwei Kartoffeln. Vor Schreck nehme ich nichts raus, schaue nach einer Weile noch mal und entdecke dann eine Packung Teewurst und fünf Kartoffeln. „Oh Gott, Teewurst wandelt sich in Kartoffeln um!", kann man dann schnell daraus voreilig schließen.

Aber Abb. 6.14a zeigt, was dann passiert ist: Die Kartoffeln wurden wieder zu Teewürsten, bis schließlich alles so war wie vorher. Und dann geht der Spaß von vorne los.

Die Tatsache, dass sich Wurst in Kartoffen umwandeln könnte, mag schon verwirrend sein. Beobachtet hat man einen solchen Effekt jetzt tatsächlich, allerdings bei Neutrinos und nicht bei Lebensmitteln.

Was das Ganze noch kniffliger macht: Bei Lebensmitteln kann man sich eine Umwandlung ja noch irgendwie erklären. Milch wird ja auch mal zu Sahne. Aber so ein Elementarteilchen? Es kann sich ja nicht anders anordnen, keine chemischen Bindungen ändern. Es besteht ja nur aus sich selbst. Das ist also Neutrinooszillation.

Es fiel auf, als man die Neutrinos zählte, die in der Sonne bei den Kernfusionsprozessen entstehen und dann auf die Erde fliegen. Irgendwie waren es zu wenige. Während man zunächst dachte, dass man einfach falsch gemessen hätte, hat man mittlerweile bestätigen können, dass die Neutrinos schon da waren, sich aber nur in eine andere Sorte Neutrinos umgewandelt hatten. Man erwartete Elektron-Neutrinos, fand die aber nicht, da sie sich in Myon-Neutrinos umgewandelt hatten.

Dieser Prozess an sich ist schon recht faszinierend. Eines der Experimente, das ihn genauer untersuchen will, ist das *OPERA*-Experiment. Es benutzt den CNGS-Neutrinostrahl, der am CERN erzeugt wird, und misst die Neutrinos dann 700 km entfernt im Gran-Sasso-Labor. Im Abschn. 4.5 wurde ja schon angekündigt, dass das Experiment einen echten Knaller gemessen hat. Hier die Auflösung:

6.6.2 Neutrinos schneller als Licht?

Eigentlich ging es um die Messung der Neutrinooszillation. Wenn ich am CERN ausschließlich Myon-Neutrinos erzeuge, wie viele von welcher Sorte kommen dann 700 km weiter an? Doch dann dachte man sich: „Ach, wo wir gerade mal dabei sind, können wir ja auch mal ausrechnen, wie lange die Neutrinos unterwegs waren." Sozusagen ein kleines Stoppuhr-Experiment obendrauf. Und wenn man dann noch die 700 km genau ausgemessen hat, kennt man auch die Geschwindigkeit der Neutrinos. Schnell sollten sie sein, unterwegs mit nahezu Lichtgeschwindigkeit. Allerdings nicht ganz, denn sie hatten ja eine Masse. Und massive Teilchen können nie Lichtgeschwindigkeit erreichen, während masselose stets mit Lichtgeschwindigkeit unterwegs sind. Diese Geschwindigkeitsmessung war jetzt nicht ganz so einfach. Man brauchte hier eine Genauigkeit der Zeit im Nanosekunden-Bereich. Und auch die Strecke musste sehr genau bekannt sein, was auf die Entfernung selbst mithilfe von GPS & Co. nicht so einfach rauszufinden ist. So, was kam denn nun raus? Sie waren mit Überlichtgeschwindigkeit unterwegs. Völlig unmöglich, wenn man nach Einsteins Relativitätstheorie geht. Nichts ist schneller als das Licht. Und schon gar nicht, wenn es eine Masse hat, so wie die Neutrinos. Sonst würden die ja nicht von einem Zustand in den anderen oszillieren können. Also gab es zwei Möglichkeiten: Entweder ist bei der Messung etwas schiefgelaufen oder aber unser Verständnis von Physik ist nicht ganz richtig.

Bevor man hierzu etwas sagt, muss man immer erst mal auf die Unsicherheiten der Messung schauen. Wenn ich zehn Packungen Teewurst kaufe, danach ein paar Bier trinken gehe, im Anschluss im Kühlschrank die Teewurstpackungen zähle und mein Ergebnis mit Unsicherheit 11 ± 3 ist, ist das kein Grund zur Sorge.

Allerdings war die Unsicherheit auf die Geschwindigkeitsmessung so klein, dass sie die Überschreitung der Lichtgeschwindigkeit nicht erklären konnte. Also suchten die Physiker des OPERA-Experiments nach einem Fehler, und zwar lange. Doch sie fanden keinen. Also blieb ihnen kein anderer Weg als dieser:

Am 23. September 2011 machte die OPERA-Kollaboration die Ergebnisse in einem Seminar am CERN öffentlich. Der Ton war nicht: „So, Freunde, Einstein lag daneben, schaut mal, was wir hier haben!", sondern eher: „Wir haben hier etwas, das ist ganz schön krass. Eigentlich können wir es selbst nicht glauben. Aber wir wissen nicht, was noch falsch sein könnte. Hat jemand Ideen?" Das war ungewöhnlich. Viele verwirrte Gesichter. Keiner konnte und wollte das Ergebnis so recht glauben.

6.6.3 Das Drama um den Stecker

Am 23. Februar 2012 dann Neuigkeiten: Zwei mögliche Fehlerquellen wurden identifiziert. Eine davon hätte zu einer zu kurz gemessenen Flugzeit und damit zu einer zu hohen Geschwindigkeit der Neutrinos geführt. Und so war es dann auch. Der Fehler war echt, wurde korrigiert und alle Naturgesetze waren wieder in Ordnung. Was war passiert? Ein kleiner Stecker war nicht richtig drin. Oh, oh.

Klingt erst mal sehr banal. Allerdings war der Fehler nicht ganz so leicht zu entdecken. Es handelte sich nämlich um ein Glasfaserkabel. Steckt das nicht richtig drin, fällt das erst mal nicht auf. Denn die Signale brauchen keine Kupferkabel, um transportiert zu werden, sondern Licht. Das Licht wird normalerweise durch eine Faser geleitet, kann aber auch gerne mal zwischendrin durch die Luft fliegen, ohne Faserkontakt. In Abb. 6.14b sehen wir, was dann passiert. Im oberen Teil sind die Fasern korrekt verbunden und das Licht marschiert von der linken in die rechte Faser. Im unteren Teil sieht man, was passiert, wenn der Stecker nicht richtig steckt. Während der Strom aus der Steckdose entweder ganz oder gar nicht fließt, findet das Licht seinen Weg über die Luft. Dabei wird es allerdings vor- und zurückreflektiert. Dadurch kommt das Signal verzögert und abgeschwächt an. Aber es kommt an!

Daher fiel es nicht sofort auf, dass der Stecker nicht richtig steckte. Die Uhren von OPERA, die auf diese Lichtsignale angewiesen waren, warteten immer auf eine bestimmte Menge Licht. Und wenn das Licht verzögert und abgeschwächt ankommt, dauert es länger, bis diese Schwelle überschritten ist. Also war der Plan: Stecker wieder richtig draufsetzen und schauen, was danach passiert. Und plötzlich war die Welt der Physik wieder in Ordnung: Neutrinos waren knapp langsamer als Licht und Einstein konnte weiter in Frieden ruhen.

7

Teilchenphysik im Alltag

© Boris Lemmer

Sie führen schon ein witziges Leben, diese Teilchenphysiker, oder? Aber dieses ganze Rumgeforsche an den kleinsten Bausteinen der Welt, bringt uns das etwas für den Alltag? Geht es um mehr als um pure Erkenntnis, woher wir kommen, woraus wir sind, wieso wir funktionieren und was mit uns einmal passiert? Erst einmal nicht. Und es ist ja auch so schon Motivation genug. Aber ich bekomme oft die Frage gestellt: „Was bringt es mir denn überhaupt? So viel Geld für Forschung und das alles ohne konkreten praktischen Nutzen?

B. Lemmer, *Bis(s) ins Innere des Protons*, DOI 10.1007/978-3-642-37714-3_7,
© Springer-Verlag Berlin Heidelberg 2014

Muss das sein?" Nichts muss. Aber ich finde, Grundlagenforschung mit dem unnachgiebigen Suchen nach ganz fundamentalen Antworten gehört zu unserer Kultur dazu. Sicher, ATLAS ist groß und teuer. Sollten wir dann aber nicht vielleicht auch seinen genauso schweren Kollegen Eiffelturm einschmelzen und verkaufen? Oder keine Theater mehr fördern? Ich denke nicht. Und wenn man bedenkt, dass der Etat vom CERN so groß ist wie der einer normalen deutschen Universität, aber von 20 Staaten getragen wird, sollten noch mehr Zweifel abgebaut werden.

Wenn also die Teilchenphysiker ihre Forschung betreiben, lässt man sie einfach mal machen. Aber auch ganz ohne den Druck, etwas entwickeln zu müssen, was den Menschen später mal nutzen wird, kommen doch hin und wieder ganz nützliche Dinge aus dem Bereich der Teilchenphysik. Meist, ohne dass wir uns dessen bewusst sind. Mal sehen, was wir der Teilchenphysik zu verdanken haben.

7.1   CERN, Geburtsort des World Wide Web

Teilchenphysik, das bedeutet immer auch: Unmengen an Daten. Wissenschaftler auf der ganzen Welt, die zusammenarbeiten. Und das nicht erst seit heute.

Im März 1989 dachte sich der am CERN arbeitende Physiker Tim Berners-Lee, dass man sich mal was einfallen lassen müsste, um die Daten klüger auszutauschen, als man das bis dahin getan hatte. Er erklärte seinen Kollegen, was er so vorhatte: Texte, bei denen man auf Wörter klicken könnte, um dann direkt zu anderen Texten weitergeleitet zu werden, auch mit Bildern drin. Und sollte man das Original mal ändern, würden gleich alle anderen Nutzer diese aktuelle Version sehen, ohne dass man den Text neu verschicken muss. Die Kollegen fanden die Idee ganz spannend. Und so schnappte sich Berners-Lee den Computer, den wir in Abb. 7.1 sehen, und installierte darauf den ersten *Webserver*.

Da man so was damals nicht kannte, klebte ein von Hand beschriebener Aufkleber darauf: „Das hier ist ein Server. Nicht ausschalten!" Dieser ging am 20. Dezember 1990 am CERN online und man konnte sich von da an über den ersten Webbrowser mit Namen *WorldWideWeb* die erste Seite *info.cern.ch* anschauen. Ein Jahr später waren dann auch Forschungsinstitute auf der ganzen Welt angebunden und das World Wide Web wuchs rasant. Geboren war es also am CERN. Wer jetzt sagt: „Moment mal! Das Internet stammt aber doch vom amerikanischen Militär und dessen Netzwerk ARPANET!", der hat auch recht. Während das Internet eine Sammlung vernetzter Rechner ist, ist

Abb. 7.1   Der erste Webserver der Welt. (Foto: © CERN)

das World Wide Web die Schnittstelle zum Benutzer: HTML-Seiten, die man über das HTTP-Protokoll übertragen kann und die mit Links untereinander verbunden sind, kurz: was wir mit dem Webbrowser so anstellen. Und weil Physiker eben Idealisten sind, geben die alles, was sie finden, gern gratis an andere weiter. Und so gesehen haben wir schon etwas von dem, was die Teilchenphysiker damals so getrieben haben, oder?

7.2   Teilchen für einen guten Zweck: Strahlentherapie

Radioaktive Strahlung oder allgemeiner ionisierende Strahlung sind irgendwie keine schönen Begriffe. Mit denen mag man lieber weniger zu tun haben. Doch wo Teilchen beschleunigt werden, entsteht ionisierende Strahlung zwangsläufig. Zum einen gehören natürlich die beschleunigten Teilchen selbst dazu. Daher sollte man sie nur in Experimenten miteinander oder mit bestimmten Targets kollidieren lassen, nicht aber mit Menschen. Zum anderen gibt es aber auch noch zusätzliche Strahlung als Beiwerk. So zum Beispiel die im Abschn. 4.6.1 besprochene Synchrotronstrahlung.

An Stellen mit hoher Strahlung braucht man daher auch immer eine gute Abschirmung. Wenn wir Abb. 4.12 genauer betrachten, erkennen wir am Bildrand dicke Betonklötze zur Abschirmung. Da Synchrotronstrahlung (und die soll hier abgeschirmt werden) immer tangential zum Strahl abgestrahlt wird, braucht man kein Dach aus Beton, da in die Richtung auch keine Strahlung austritt.

Manche Sachen hängen aber auch direkt am Beschleuniger und können daher nicht abgeschirmt werden, vor allem Elektronikkomponenten zur Steuerung. Mein Mitbewohner Pascal arbeitet als Ingenieur am CERN und testet unter anderem elektronische Komponenten auf Strahlungsfestigkeit. Er muss dabei wissen: Was hält ein Bauteil aus, bis es nicht mehr richtig geht? Und wichtiger noch: Wie kann man elektronische Bauteile so konstruieren, dass sie möglichst viel aushalten? Oft ist hierzu teure Spezialelektronik nötig. Aber bei einem Test Ende 2012 wurden z. B. auch ganz normale USB-Kabel und -Komponenten getestet. Die Erkenntnisse aus diesem Bereich können dann später beispielsweise auch in der Raumfahrt von großem Nutzen sein. Denn oben im Weltall, wo kosmische Strahlung ohne schützende Erdatmosphäre auf die Raumstationen trifft, muss die Elektronik so einiges aushalten.

Mit Strahlung den Krebs bekämpfen Jetzt haben wir jede Menge Schlechtes über Strahlung gehört. Hat sie aber nicht vielleicht auch etwas Gutes an sich? Kann sie Krankheiten heilen, statt sie zu verursachen? Oh ja, und wie! Erkrankt ein Mensch an Krebs, versucht man den Tumor entweder chirurgisch zu entfernen, behandelt den Patienten mittels Chemotherapie oder speziellen Medikamenten oder führt eben eine *Strahlentherapie* durch. Dabei nutzt man die für Zellen schädliche Wirkung von ionisierender Strahlung. Aber eben nur für Zellen, die man bewusst schädigen will: die Krebszellen.

Man muss dann dafür sorgen, dass lediglich – oder zumindest überwiegend – Krebsgewebe bestrahlt wird. Das ist nicht ganz einfach, wenn der Tumor im Inneren des Körpers liegt und empfindliche Organe in der direkten Umgebung liegen. Strahlentherapie begann mit Elektronen und Photonenstrahlen. Die Elektronen dafür bekommt man direkt aus einem Beschleuniger, wohingegen man die Photonen produziert, indem man den Elektronenstrahl auf ein Target schießt und dann massenweise Bremsstrahlung – also Photonen – entsteht. Schießt man nun Elektronen oder Photonen auf Gewebe, verteilt sich die Energie so wie in Abb. 7.2a.

Man sieht die vom Strahl im Gewebe deponierte Energie in Abhängigkeit von der Eindringtiefe im Gewebe. Und man stellt fest: Die meiste Energie wird direkt am Anfang, also an der Oberfläche, deponiert. Hätte ich nun einen Tumor mitten im Arm, würde mir erst mal die Haut verbrennen, bevor in der Mitte der Tumor ernsthaft Schaden nimmt. Daher würde man in diesem Fall den Strahl um den Arm drehen: immer nur ein wenig Haut schädigen, aber die Mitte immer treffen. Besser geht es leider nicht.

Schonender und cleverer als herkömmliche Strahlung: Hadronentherapie
Zurück zu meiner WG in Frankreich: Während Pascal sich um Strahlenschäden der Elektronik kümmert, arbeitet mein Mitbewohner Alex an einem neuen Teilchenbeschleuniger, der für die Menschen kaum von größerem Nutzen sein könnte. Worum es geht?

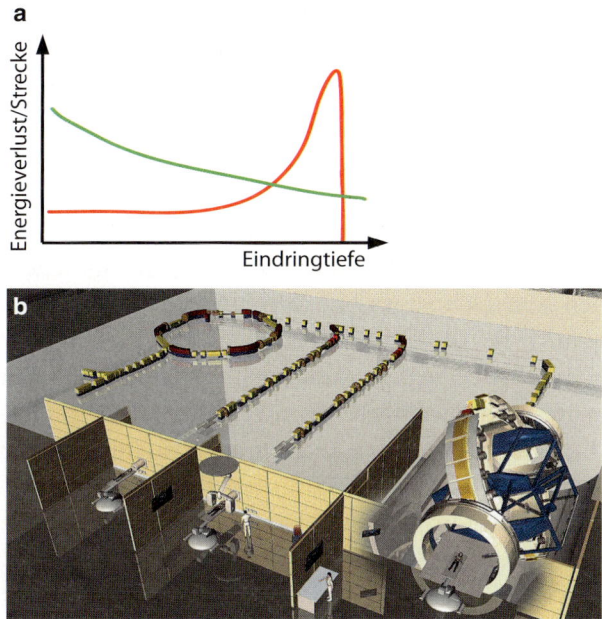

Abb. 7.2 **a** Schematischer Energieverlust pro Strecke von Elektronen und Photonen (*grün*) und im Vergleich dazu der von Protonen und Ionen (*rot*) mit dem typischen Bragg-Peak am Ende. **b** Ein Teilchenbeschleuniger zur Tumortherapie. (Grafik: © Universitätsklinikum Heidelberg)

Mitte der 1940er Jahre arbeitete der US-amerikanische Physiker Robert R. Wilson (nicht zu verwechseln mit dem Wilson von der Nebelkammer) an einem Teilchenbeschleuniger in Berkeley und berechnete die Dicke einer Bleischicht zur Abschirmung von Protonen. Der von ihm berechnete Energieverlust der Protonen, den wir auch in Abb. 7.2a sehen, gab ihm zu denken. Es wird relativ viel Energie erst am Ende der Strecke deponiert, kurz bevor der Strahl komplett gestoppt ist. Klar, das Material muss also mindestens so dick sein, dass es noch hinter der Spitze in der Energieverteilung, die übrigens *Bragg-Peak* genannt wird, liegt.

Dem Material, das zur Abschirmung benutzt wird, wird es ja herzlich egal sein, wo es wie viel Strahlung abbekommt. Aber das Verhalten der konzentrierten Energiedeposition könnte doch auch medizinisch genutzt werden! Das dachte sich Wilson und veröffentlichte 1946 einen Artikel im medizinischen Journal *Radiology* mit dem Titel „Radiological Use of Fast Protons", also „Radiologischer Nutzen schneller Protonen". Und damit war der Grundstein zur Strahlentherapie mit schweren Teilchen wie Protonen und kleinen Atomkernen gelegt. Heute sagt man dazu auch *Hadronentherapie*. Denn da Protonen und Ionen ihre Energie mit dem typischen Bragg-Peak am Ende deponieren, kann man ausrechnen, wie tief ein Tumor im Gewebe liegt und wie stark der Teilchenstrahl sein muss, um vorher im Gewebe möglichst wenig Schaden anzurichten und dem Tumor dann richtig eins auf die Mütze zu geben. Plötzlich waren Protonenstrahlen also viel mehr als nur Erkenntnisgewinner.

Es wurden Teilchenbeschleuniger benutzt, die ihr wissenschaftliches Programm für eine Weile unterbrachen und stattdessen Patienten bestrahlten. Patienten, die man sonst zum Sterben nach Hause hätte schicken müssen, da ihre Tumore für chirurgische Eingriffe sowie herkömmliche Elektron- und Photontherapien unerreichbar waren, zum Beispiel tief im Gehirn. So geschah es zum Beispiel auch bei der Gesellschaft für Schwerionenforschung (*GSI*) in Darmstadt. Wilsons Idee hat sich mittlerweile als so erfolgreich herausgestellt, dass Kliniken eigene Hadronenbeschleuniger bauen, nur um Patienten zu behandeln. In Abb. 7.2b sehen wir zum Beispiel das Heidelberger Ionenstrahl-Therapiezentrum HIT. Der Strahl wird vom Beschleuniger zu den Behandlungsräumen abgezweigt. Im letzten Behandlungsraum ist der Hadronenstrahl sogar um den Patienten drehbar. Und an solch einer Hadronentherapieanlage arbeitet auch mein Mitbewohner Alex. Sie heißt MedAustron und wird voraussichtlich 2015 in der Nähe von Wien in Betrieb gehen.

7.3   Geht da noch was?

Das World Wide Web hat uns ja schon so einiges gebracht. Und jeder durch Protonen- und Ionenstrahlen erfolgreich therapierte Patient wird auch sagen, dass ihm das so einiges gebracht hat. Und, kommt da vielleicht noch mehr? Das waren jetzt nur zwei Beispiele für das, was sich als Beiprodukt der Teilchenphysik ergeben hat. Teilchenphysiker gehen immer ans Limit. Nicht nur, was das Verständnis der Natur angeht, sondern auch bezüglich der Anforderungen, die ihre Experimente haben. Die Magnete sind immer ein wenig stärker als das, was man normalerweise so bekommen kann. Und die Rechner müssen immer ein klein wenig mehr verarbeiten, als normalerweise so geht. Und daher drängt die Teilchenphysik die Industrie immer weiter dazu, noch ein klein wenig besser zu werden. Oder sie überlegen sich selbst, wie man aus dem, was man hat, einfach mehr machen kann.

Statt also immer schnellere Rechner zu bauen, verteilt man einfach die Speicher- und Rechenlast auf das, was schon da ist. So macht es ja schließlich auch das Grid. Und auch das verteilte und dezentrale Speichern von Daten kennen wir schon: Viele nutzen schon eine *Cloud*, die viele Anbieter unter verschiedenen Namen anpreisen. Aber die Idee ist die gleiche: „Deine Daten, lieber Nutzer, sind irgendwo auf der Welt gespeichert. Mach dir keine Sorgen, wo. Hauptsache, du hast die gleichen Daten auf all deinen Maschinen zur Verfügung: auf dem Handy, dem PC und dem Laptop." Und was bisher schon weit verbreitet für das Speichern der Daten gilt, kann bald auch im gleichen Umfang für das Rechnen gelten.

Nicht nur die großen LHC-Experimente können ihre Daten auf mehreren Computern auswerten lassen. Es gibt bereits jetzt Projekte, bei denen jeder an einer großen Sache mitmachen kann und die Rechenkapazität seines PCs zur Verfügung stellen kann: sei es die Berechnung von Proteinfaltungen, die Suche nach Gravitationswellen, die Modellierung der Klimaentwicklung oder sogar die Suche nach außerirdischem Leben. Selbst Videospielkonsolen sind in solche Projekte bereits eingebunden. Zockt man nicht, falten sie Proteine. Und wer weiß, vielleicht wird einmal ein Nobelpreis für ein krebsheilendes Medikament vergeben, das erst durch die Berechnungen auf den Handys, Fernsehern und Videospielkonsolen von Millionen Menschen entstehen konnte.

8

Und weiter geht's! – Ausblick

Sie wollen bis ans Limit gehen, die Teilchenphysiker. Sie fragen: „Was ist da drin? Und dann darin? Und dann darin?", und hören nicht auf. Sie haben uns in den letzten Jahren immer neue, weitergehende Anworten auf die Frage gegeben, woraus wir bestehen. Aus Atomen! Ach nein, aus Elektronen und Kernen! Ach nein, aus Elektronen, Protonen und Neutronen! Ach nein, aus Elektronen und Quarks! O. k., für den Rest des Universums brauchen wir noch ein paar mehr Teilchen.

Ich denke, niemand aus den Reihen der Teilchenphysiker würde seine Hand dafür ins Feuer legen, dass es das jetzt war. Dass es keine kleineren Teilchen mehr gibt. Jede Antwort wurde immer nach bestem Wissen und Gewissen gegeben. Das ist auch heute so.

Aber der Fortschritt kann uns vielleicht noch ganz andere Dinge zeigen. Für den einen mag das besonders frustrierend sein. Aber ich finde, das macht die

B. Lemmer, *Bis(s) ins Innere des Protons*, DOI 10.1007/978-3-642-37714-3_8,
© Springer-Verlag Berlin Heidelberg 2014

Teilchenphysik gerade so spannend. Und da der Aufwand immer größer wird, wird man immer mehr zusammenarbeiten, über alle Ländergrenzen hinweg.

In den nächsten Jahren wird man die Eigenschaften des neuen Teilchens, das man auf der Suche nach dem Higgs-Teilchen nun auch entdeckt hat, weiter untersuchen müssen. Der LHC bekommt, nachdem er Anfang 2013 für zwei Jahre heruntergefahren wird, ein Upgrade und wird danach noch mehr Ereignisse produzieren, bei noch höheren Energien. Und wenn dann, nach ungefähr zwei Jahrzehnten, der LHC seinen Betrieb einstellen wird, werden noch über Jahre hinaus dessen Daten analysiert werden. Und dann?

Neue Beschleuniger für neue Aufgaben Die Physiker arbeiten schon an einem Nachfolger für den LHC. Unter den Namen ILC und CLIC sind neue Konzepte erarbeitet worden. Aber konkret beschlossen ist noch nichts. Nur soviel steht fest: Eine der wichtigsten Aufgaben wird es sein, Details über das neu entdeckte Higgs-Teilchen zu finden.

Um den Wirkungsquerschnitt zu maximieren, muss der neue Beschleuniger genau die Schwerpunktsenergie haben, die der Masse des Teilchens entspricht. Mit einem Proton-Proton-Beschleuniger wäre das nicht möglich. Denn selbst wenn man die Energie der Protonen fest einstellt, sind die Energien der letztlich kollidierenden Quarks und Gluonen ja verteilt wie in der Strukturfunktion in Abb. 4.19a und haben keinen festen Wert. Daher muss ein Elektron-Positron-Beschleuniger her.

Da er aber als Kreisbeschleuniger zu viel Synchrotronstrahlung abgeben würde, baut man ihn lieber als Linearbeschleuniger. Und damit dieser nicht viel zu lang wird, entwickelt man jetzt die Teilchenbeschleunigung weiter. Wer weiß, was dabei rauskommt.

Vielleicht lacht man irgendwann über die Art, wie wir heute Teilchen beschleunigen. Vielleicht kann man bald viel kleinere und doch stärkere Beschleuniger bauen. Vielleicht hat bald jedes größere Krankenhaus einen günstigen Hadronenbeschleuniger, um Leben zu retten. Vielleicht hilft es uns zu verstehen, wie die Natur Teilchen beschleunigt. Denn die Teilchen aus der kosmischen Höhenstrahlung haben teilweise viel höhere Energien, als wir sie mit unseren Beschleunigern erreichen können. Sie kommen von weit her aus dem Weltall und irgendwo dort scheint die Natur einen sehr mächtigen Teilchenbeschleuniger aufgestellt zu haben. Nur haben wir heute noch keine Ahnung, wie sie das macht.

Noch viel Unbekanntes nach dem Higgs-Teilchen Der LHC und seine Nachfolger werden sich aber nicht nur mit dem Higgs-Teilchen beschäftigen müssen. Denn auch weitere Fragen sind noch offen: Aus welchen Teilchen besteht die Dunkle Materie, die das komplette Universum ausfüllt? Existiert die Supersymmetrie, die gleich auf eine ganze Reihe von Fragen Antworten liefern würde? Stammen alle unsere Grundkräfte von einer großen, gemeinsamen Kraft ab? Bekommen wir die Gravitation auch noch mit in das gleiche Modell der Grundkräfte? Gibt es noch irgendetwas Neues, mit dem niemand gerechnet hat?

Es bleibt spannend! Nicht nur für meine Generation, sondern auch für alle nachfolgenden Generationen der Teilchenphysiker. Ich wette gerne einen Döner darauf (und diesmal gewinne ich!), dass der Tag, an dem wir sagen werden: „O. k., wir haben jetzt alles verstanden. Hören wir jetzt also am besten auf.", nie kommen wird. Gut, wird schwierig, die Wette dann einzulösen, das gebe ich zu.

Aber ich möchte alle Interessierten dazu aufrufen, weiter am Ball zu bleiben und zu schauen, was vom CERN und seinen Freunden in Zukunft noch alles gemeldet wird. Und alle, die ihre Ausbildung noch vor sich haben und über Physik und Teilchenphysik nachdenken: Es lohnt sich definitiv! Ich hoffe, dass ich das in diesem Buch gut vermitteln konnte.

Zum Schluss noch ein kleines Rätsel. Wir haben gerade einen Ausblick in die Zukunft der Teilchenphysik gewagt. Auf dem Titelbild dieses Kapitels sehen wir den Ausblick, den ich hatte, als ich auf den Reculet geklettert bin. Man erkennt den Genfer See und vielleicht sogar den 140 m hohen Springbrunnen Genfs. Der Mont Blanc hat sich am Horizont hinter den Wolken versteckt. Was man aber auch sehen kann, ist das CERN! Es ist ein dreieckiges Gelände, nahe am Flughafen, dessen Startbahn man gut sehen kann. Links vom CERN ist ein etwas größerer Wald und an der unteren Spitze des CERN-Geländes ist ein großer Kreisel. Viel Spaß bei der Suche!

Literaturverzeichnis

1. nobelprize.org

2. Ugo Amaldi und Gerhard Kraft. Particle accelerators take up the fight against cancer. *CERN Courier*, 24, December 2006.

3. Carl D. Anderson. The Positive Electron. *Phys. Rev.*, 43:491–494, Mar 1933.

4. ATLAS Collaboration. The ATLAS Fact Sheet, 2011.

5. ATLAS Collaboration. Observation of a new particle in the search for the Standard Model Higgs boson with the ATLAS detector at the LHC. *Physics Letters B*, 716(1):1–29, 2012.

6. Juerg Beringer et al. Review of Particle Physics. *Phys. Rev. D*, 86:010001, Jul 2012.

7. Bogdan Povh, Klaus Rith, Christoph Scholz und Frank Zetsche. *Teilchen und Kerne*. Springer, Berlin 2009.

8. CERN. LHC – The Guide, 2009.

9. Bundesamt für Strahlenschutz. Umweltradioaktivität und Strahlenbelastung, 2010.

10. David Griffiths. *Introduction to Elementary Particles*. Wiley-VCH, Weinheim 2008.

11. Charles E. Mortimer. *Chemie. Das Basiswissen der Chemie*. Thieme, Stuttgart 2003.

12. Robert R. Wilson. Radiological use of fast protons. *Radiology*, 47(5):487–491, 1946.

B. Lemmer, *Bis(s) ins Innere des Protons*, DOI 10.1007/978-3-642-37714-3,
© Springer-Verlag Berlin Heidelberg 2014

Sachverzeichnis

Printing and Binding: Stürtz GmbH, Würzburg